琵琶湖流域を読む 上

多様な河川世界へのガイドブック

琵琶湖流域研究会 編

琵琶湖北西部の河川

安曇川中流部．朽木村市場上空付近から上流（南）方向を望む．左岸側を走るのは国道367号．若狭と京都を結ぶかつての「鯖街道」の名残である．➡

琵琶湖の集水域は滋賀の県境とほぼ一致する．その分水嶺の山々は南部を除くといずれも山深く自然も豊かで，今でも大型動物の狩猟が行われている．

安曇川支流の針畑川で見た獲物（イノシシとツキノワグマ）↓

秋の雨の日には大型のビワマスの遡上も見られる．知内川の「カットリやな」で（II-12）．↘

2001/8/30

1989/11/25

1984/10/31

湖北の花崗岩山地と湧水

1995/5/5

赤坂山ではカタクリを始め多くの早春の花が楽しめる．中でも明王ヶ禿での琵琶湖をバックにした北方系のオオバキスミレの大群落はすばらしい（Ⅱ－4）．↑

明王ヶ禿からみた琵琶湖（知内浜）←

琵琶湖周辺では湧水が多く，飲用水源として利用されているところもある．湧水点や湧水が豊富に流入する河川ではハリヨやバイカモといった清流を好む動物が分布する（Ⅹ－4）．

浅井町尊野（そんの）の湧水←

バイカモが一斉に開花したマキノ町蛭口の農業用水路．写真上部の山頂付近に見えるがれ場が明王ヶ禿．↙

1996/5/15

新潟県から福井県にかけての日本海側多雪地帯の温帯落葉樹林下部には，低木性のユキツバキが林床に生育する．冬は積雪に保護されて常緑性を保つ．高時川流域はその分布限界である（Ⅱ－5）（北国街道椿坂峠付近のユキツバキ）．→

ユキツバキの分布下限（南限）付近では，暖帯の照葉樹林の構成種であるヤブツバキとの間の自然交雑により，色や形の変化に富んだ雑種個体が見られる．ユキバタツバキと呼ばれ，栽培品種の起源の1つともなった（余呉町針川）．→

1999/7/28　　　1996/5/15

高時川流域の自然

1992/12/26
ブナ林での冬期の調査風景（余呉町針川）．➡

淀川水系の最源流は滋賀と福井の県境の栃の木峠とされている．ここを源として南流する高時川中流の菅並付近では，川，水田，集落，集落そばのスギ・ヒノキの用材林，離れた場所に広がる落葉広葉樹の薪炭林などから成る典型的な里山景観を見ることができる．➡

1980/9/1

2000/4/15

1997/4/15

1986/12/2
今は廃村となってしまった高時川沿いの針川集落の雪崩防止林として保護されてきたブナの自然林．⬆

湖東の山と川

1982/7/31
石灰岩地では水が浸透しやすく，森林の発達が悪い．その代表ともいえる伊吹山の山頂付近は，夏には高茎草本のお花畑となる（Ⅲ-4）．

1984/5/4
湖東の霊仙山，御池岳，藤原岳などの石灰岩地では，特にキンポウゲ科の早春の花々が美しい．フクジュソウ（藤原岳にて）．

琵琶湖に流れ込む河川の大部分はかつては立派な河辺林で縁取られていたといわれるが，河辺林を伴う河川は現在はわずかしかない．愛知川の河辺林は現存する貴重な林の一つである（中央右から左へ愛知川の流れと河辺林の一部が見える）．川の水は河道外でも地下水として流れており，それを利用する渓畔木の代表的な樹種であるケヤキが，植栽起源ではあろうが小林分ながら立派に成長している（Ⅴ-2）．

1988/9/18

発刊によせて

　近江あるいは淡海(おうみ／あわうみ)というのは現在の滋賀県のことで、日本一の淡水湖・琵琶湖を擁する地という意味である。この琵琶湖には安曇川、姉川、愛知川、日野川、野洲川の5本の比較的大きな河川と、130弱の中小河川が流入している。近江の自然、地誌、歴史などが織り成す世界をこういった河川流域という単位を通して読み解いていこうという試みは、琵琶湖研究所設立時の集水域プロジェクトのメンバーとその関係者が中心となって20年前に始まった。集水域研究には人文地理、経済、水利水文、気象、陸域や湖辺の植生、生物・生態系などの幅広い分野が関係するが、それぞれ独立した分野として研究を進めても自然、社会、経済、文化などの様々な側面をもった地域について理解を深めることは難しい。メンバーはそれぞれの専門分野の知見をいかしつつ、流域という一つの空間的まとまりを通して相互コミュニケーションをしてきた。その副産物としてできあがったのがこの著作である。

　近江の河川流域を歩けば、歴史・自然のガイドブックや観光案内には掲載されていない地誌、産業、水利・水資源、気象、土地利用をめぐるさまざまなランドマークが存在する。こういったランドマークは往々にして何気なく存在するが、それゆえに、それらが、いつ、どういった経緯でできあがったのか、流域社会との関わりの歴史がどうだったのか好奇心をかきたてられる。たとえば、近江には城下町や城跡、古戦場などが多く、また戦国武将がその命運をかけて繰り広げた合戦は、地の利とともに水の利が大きな要因となった。時の権力者が琵琶湖の洪水の原因となっていた瀬田川の浚渫を許さなかったのは、歩兵の渡渉という戦略的目的のためであったというのもその一例である。また、近江には流域上下流の農業水利をめぐる葛藤の歴史が色濃く反映されている地域が多い。姉川や高時川流域における堰の操作を巡る水争いの歴史はよく知られている。また、流域の自然は地域の産業を規定し、そ

の盛衰に大きな影響を与えてきた。安曇川など湖西の大小の河川では、周辺地域の土地開発や河川整備の影響を受けつつも、今なお伝統的な漁業が営まれている。また、国友の鉄砲産業を支えたのは、姉川支流の草野川上流における鉄鉱石の産出と近隣山地一帯で盛んだった炭焼きだったし、近江を地場とする繊維関連産業が国際的な飛躍を遂げたのは、清浄かつ豊富な湖水だけでなく、山裾に源流をもち至る所に涌き出ていた豊富な河川伏流水のおかげだ。さらに、近年の滋賀県の産業発展は、琵琶湖・淀川水系の水資源開発計画と密接に関連しており、瀬田川洗堰はその象徴であろう。

　流域という概念は、自然と人間が相互に密接な関わりを持つランドマーク形成の場であると同時に、両者が「なごむ」場でもあろう。今、世界が水問題解決の一つの手がかりとして「流域の統合性」に着目しているのは、こういった自然と人間との「なごみ」を再び回復したいと、我々が無意識のうちに心に秘めている願望の現われかもしれない。ともあれ、この本を手にして近江の地を歩けば、流域の歴史ロマンと目の前にあるランドマークが時をこえてつながってくるのが楽しい。

　2003年1月

滋賀県琵琶湖研究所
所長　中　村　正　久

■ 琵琶湖流域を読む 上 目次 ■

発刊によせて

琵琶湖流域を読むために

Ⅰ. 安曇川編

- Ⅰ-1 愛宕の岩鳴り ……………………………………………… 14
- Ⅰ-2 冷温帯から暖温帯に流れる安曇川 ……………………… 17
- Ⅰ-3 朽木の植物 ………………………………………………… 21
- Ⅰ-4 安曇川河口付近の社寺林 ………………………………… 23
- Ⅰ-5 木地屋の里―木地山― …………………………………… 26
- Ⅰ-6 ホトラ山―田を支えた山― ……………………………… 28
- Ⅰ-7 筏流しとカットリヤナ …………………………………… 33
- Ⅰ-8 饗庭野と泰山寺野 ………………………………………… 39
- Ⅰ-9 安曇川中・下流域の土地・水利用 ……………………… 43
- Ⅰ-10 安曇川の水力発電 ………………………………………… 49
- Ⅰ-11 扇骨と綿織物 ……………………………………………… 54
- Ⅰ-12 朝日の森―森林環境基地― ……………………………… 56
- Ⅰ-13 朽木渓谷のエコロード …………………………………… 60

Ⅱ. 湖北の川編

- Ⅱ-1 氷期の遺存種が生息する野坂山地 ……………………… 68
- Ⅱ-2 積雪地域の水資源保全への役割 ………………………… 71
- Ⅱ-3 石田川流域の水質 ………………………………………… 74
- Ⅱ-4 石田川流域の植物 ………………………………………… 79
- Ⅱ-5 多雪地の植物 ……………………………………………… 82
- Ⅱ-6 湖北山地の人文地理 ……………………………………… 88
- Ⅱ-7 石田川・知内川流域の製鉄遺跡 ………………………… 92
- Ⅱ-8 高時川流域の民家 ………………………………………… 95
- Ⅱ-9 丹生谷の土地利用 ………………………………………… 98

Ⅱ-10	中河内の盛衰	102
Ⅱ-11	高時川上流の廃村集落	107
Ⅱ-12	知内川とビワマス漁	110
Ⅱ-13	高時川・余呉川の農業水利	113
Ⅱ-14	余呉川の改修	116
Ⅱ-15	余呉湖とその水質	118

Ⅲ．姉　川　編

Ⅲ-1	姉川の河川地形	128
Ⅲ-2	人間活動と森林	133
Ⅲ-3	クル木―姉川左岸の畦畔木―	136
Ⅲ-4	伊吹山	141
Ⅲ-5	石灰岩の山―伊吹山―	145
Ⅲ-6	姉川古戦場と国友鉄砲	147
Ⅲ-7	姉川中・下流域の土地・水利用	149
Ⅲ-8	長浜の給水系と井戸（池）組	154
Ⅲ-9	在来工業と近代工業	158
Ⅲ-10	養蚕の盛衰	161

Ⅳ．湖東三川編

Ⅳ-1	近江カルスト	170
Ⅳ-2	犬上川の河口改修とタブ林の保護	173
Ⅳ-3	芹川のケヤキ並木	176
Ⅳ-4	アケボノゾウ	179
Ⅳ-5	多賀大社	181
Ⅳ-6	佐和山城と中山道	184
Ⅳ-7	彦根城と城下町	189
Ⅳ-8	芹川と犬上川の扇状地	192
Ⅳ-9	犬上川流域の土地利用	197
Ⅳ-10	甲良町の水利用とグランドワーク	200
Ⅳ-11	彦根の給水系	205
Ⅳ-12	湖東三川流域の工業立地	208
Ⅳ-13	濁水に悩む宇曽川	212

Ⅴ．愛知川編
- Ⅴ-1　愛知川流域の水資源 ……………………………………224
- Ⅴ-2　水分条件と植生 ……………………………………226
- Ⅴ-3　愛知川流域の農業用水利用 ……………………………232
- Ⅴ-4　扇状地の地下水利用 ……………………………………238
- Ⅴ-5　愛知川流域の土地利用 …………………………………241
- Ⅴ-6　環濠集落・新海の記録 …………………………………244
- Ⅴ-7　近江鉄道 ………………………………………………250
- Ⅴ-8　近江商人―五個荘― ……………………………………252
- Ⅴ-9　木地屋のふるさと―蛭谷・君ヶ畑― …………………254
- Ⅴ-10　八風街道 ………………………………………………258
- Ⅴ-11　布施の溜池 ……………………………………………261

執筆者一覧

■ 琵琶湖流域を読む 下　目次 ■

Ⅵ．日野川編
Ⅵ-1　日野川流域の地形と水資源／Ⅵ-2　日野川流域の植生／Ⅵ-3　日野川流域にみられる蒲生累層の古環境／Ⅵ-4　佐久良川河床の化石林／Ⅵ-5　佐久良川流域―渡来人関係遺跡―／Ⅵ-6　日野川流域の農業用水／Ⅵ-7　日野川上・中流域の土地利用―近代以降の変容―／Ⅵ-8　日野菜／Ⅵ-9　日野商人／Ⅵ-10　日野売薬

Ⅶ．野洲川編
Ⅶ-1　人工化のすすむ近江太郎と水循環／Ⅶ-2　野洲川流域の植生／Ⅶ-3　鈴鹿のニホンカモシカ／Ⅶ-4　土山町のカモシカ・シカによる造林木被害と対策／Ⅶ-5　野洲川川原の足跡化石／Ⅶ-6　三上山／Ⅶ-7　服部の弥生時代水田遺跡／Ⅶ-8　野洲川流域の農業水利／Ⅶ-9　杣川流域の自然条件と農業水利／Ⅶ-10　野洲川上・中流域の土地利用／Ⅶ-11　野洲川放水路工事／Ⅶ-12　野洲川流域の農業生産／Ⅶ-13　甲賀の製薬業

Ⅷ. 瀬田川編

　Ⅷ-1　瀬田川流域の水資源／Ⅷ-2　大戸川と田上山／Ⅷ-3　大戸川流域の貴重植物／Ⅷ-4　石山・粟津貝塚と縄文時代の古環境／Ⅷ-5　千丈川のホタル／Ⅷ-6　千町・平津町の山の神／Ⅷ-7　交通の要衝／Ⅷ-8　やきものの町―信楽―／Ⅷ-9　朝宮茶／Ⅷ-10　瀬田川流域のゴルフ場

Ⅸ. 湖西の川編

　Ⅸ-1　古琵琶湖層と竜骨／Ⅸ-2　大津京と河川改修／Ⅸ-3　延暦寺の建立／Ⅸ-4　渡来系氏族と古代の開発／Ⅸ-5　隆起を続ける比良山地／Ⅸ-6　里山と棚田を読む／Ⅸ-7　琵琶湖周辺の森林変遷／Ⅸ-8　残ったアシウスギ／Ⅸ-9　比良山系の砂防工事／Ⅸ-10　暴れ川に抗した先人の知恵

Ⅹ. 琵琶湖編

　Ⅹ-1　湖上の気候／Ⅹ-2　水循環と水資源／Ⅹ-3　渇水と水資源の有効利用／Ⅹ-4　地下水流入／Ⅹ-5　琵琶湖を流れる水の道／Ⅹ-6　水質／Ⅹ-7　物質収支／Ⅹ-8　プランクトン／Ⅹ-9　湖岸・湖中地形／Ⅹ-10　湖岸の植生／Ⅹ11　島の植物／Ⅹ-12　水草／Ⅹ-13　水鳥の個体数の変化／Ⅹ-14　沖島／Ⅹ-15　近江八景と現代の景観／Ⅹ-16　水運／Ⅹ-17　観光・レクリエーション利用／Ⅹ-18　人工島・流域下水道／Ⅹ-19　底質／Ⅹ-20　内湖

　総　索　引

凡　　例

1　本書は『琵琶湖研究所所報』の第3号（1985.6.30）～第12号（1995.3.31）に連載された解説記事「流域を読む」を底本とし、加筆修正・増補したものである。
2　底本は安曇川編（3号）、姉川編（4号）、愛知川編（6号）、日野川編（9号）、野洲川編（10号）、瀬田川編（11号）、琵琶湖編（12号）の7編からなる。
3　新たに湖北、湖東、湖西の各編を加えることとし、55件（1995年に20件、2000年に35件）の追加記事を各著者に依頼した。底本からは70件の記事を選択し、計10編125件の原案が2001年に確定した。
4　再録にあたり、図表、写真などを最新のものに差し替えるようにつとめた。文章も現在時点に合わせて修正したが、執筆当時の世相などを反映した記事はそのままとし、執筆年を記すことにした。
5　注）と参考文献は各編の最後にまとめて記載した。記載方法は、研究会独自のスタイルにした。
6　年号表記は西暦を基本としたが、江戸時代以前は元号も併記するよう務めた。
7　執筆者の所属は執筆当時でなく、現在のものを記している。
8　難読地名は、『角川日本地名大辞典25滋賀県』を参照し、ルビをつけ、下巻末に地名の総索引を付した。
9　安曇川、姉川、愛知川、日野川、野洲川の河川延長と流域面積は「河川現況調査　平成14年3月　国土交通省近畿地方整備局」を、瀬田川の河川延長は「河川港湾調書　平成13年3月　滋賀県土木部河港課」を引用した。
10　本書に掲載した地図は国土交通省国土地理院発行の地形図をもとに作成した。

琵琶湖流域を読むために

　琵琶湖をとりまいて、葉脈のように広がる河川網は、集水域の山あいからたえず生気をふきこんで、琵琶湖を今日まで養ってきた。湖岸に立って波のうねりに目をとめるとき、人はその背後に谷間のせせらぎを思い浮かべるかもしれない。木の葉にかくれて所在も定かでない源流から、貯水量275億㎥の琵琶湖まで、水を介して流域はたがいに結びついている。

　湖がそれぞれ個性をもって存在しているように、琵琶湖へそそぐ各河川もまたその流域固有の性格をもつ。琵琶湖集水域は、こうした多様な個性をもつ流域によって形成された統一体をなしている。このシリーズでは、琵琶湖に流れこむ河川のうち代表的なものを順次とりあげ、その流域を読むことによって、琵琶湖集水域の全体像を明らかにしていきたい。

　通常、われわれがある地域を観察するときには、場所を移動しつつ地点ごとの特性をとらえていく。ひとわたり歩いたあと、頭のなかでその地域のイメージを構成する。このとき、地形図は地域の全体をとらえるために有効な手段となる。なぜならば、地形図は地域を構成する多様な事物のなかから特徴的なものをとりだし、記号によって表現しているので、それをたんねんに読むことによって、もとの地域像を構成し直すことができるからである。このため、今回の試みでは、地形図の解読を基礎においた。"琵琶湖流域を読む"と題したゆえんである。

　流域の個性をつくり出す事象は、地形や植生などの自然環境から、人間のいとなむ経済活動や民俗にいたるまで多岐にわたっている。これらの事象をとりあげる際、空間的には上流の山地から下流の河口まで、時間的には地質時代から現代までを含めた。1つの流域が現在の姿を形成するにいたった背後には、自然史と社会史のより合わさった長い過程が存在するからである。

＊　＊　＊　＊　＊

　湖岸から、河川を上流に向かってのぼっていくと、農地・住宅地・商店街・工場群が展開し、ときには広場や寺院・神社さらには森林も目にうつってくる。これらの事物をぬって、交通路が四方へとのびる。観察者の目にうつるこうした事物は、地上にあって個別に存在しているわけではない。それ

らは、おのおの特定の位置を占め、相互に作用しあいながらまとまった地域を構成している。われわれの目にうつるこうした事物の集まりを、景観とよぶ。景観は、自然の事物から人工的な施設まで、地域にとけ込んで一体となったものの総称である。これらの事物は、それぞれ成立の時期を異にし、また地表に刻まれた事物が他の事物と相互に作用するしかたも、その成立の時期によって異なっている。

　観察者の足が河口から山中の源流にいたったとき、その頭には、流域の具体的なイメージがうかんでくる。観察者が現地を歩く際には、目にみえる範囲に視野がとどまらざるを得ないが、地形図はそれらをつなぎあわせ、流域をひとつのまとまりとして再構成していく上で大きな役割をはたす。観察者は自己のイメージの再現のしかたを、地形図の縮尺に応じて工夫することができる。大小さまざまの縮尺をもった地形図や空中写真などを用いて流域の特徴をうかび上がらせていく作業は、われわれが日常みる景観の意味を新しい角度から認識する手助けともなっていくであろう。

　一方、大小の地形図を眺めていると、その流域に固有の地形の上を土壌や植生が覆い、人間が流域と関わりあいをもつようになって以来地表に刻みこんだ事物が、まとまった空間的な単位をつくり出していることに気づく。これらの事物の作用のしかたによって、空間的なまとまりは一筆の耕地から流域全体までさまざまであることがわかる。さらに、新しく加わった事物が地域の構成要素として定着すると、それは地域の条件となってあとから成立するものに影響をあたえることになる。こうして、流域を読んでいくことは、読み手に時間と空間の広がりを思い起こさせ、日常の経験を再考する手がかりとなっていくのである。

＊　＊　＊　＊　＊　＊

　琵琶湖集水域には、上流から湖に向かって流れる多くの河川が存在している。それらのなかには、流域面積が大きく、流路延長の長いものから、流域面積も小さくしたがって流路も短い河川にいたるまで、さまざまな類型がみられる。大きい河川は、上流・中流・下流の区分が比較的容易で、その特性もつかみ易い。湖東平野を形成した愛知川・日野川・野洲川などは、そのなかでも代表的な河川といってよい。

　堆積作用の積み重ねによって成立した流域には、人間の手が順次加わって、

多様な形態を生み出すことになった。流域がおのおの個性をもつのは、こうした自然の作用に加えて、人間の関わり方に流域ごとの特徴があるためである。ひとたびできあがった流域は、時間の経過とともに構成要素を変えていくが、流域の形態はつぎの時代にも引き継がれ、人間の活動に一定の枠組みをあたえる。自然の作用が変化し、人間の活動が変わると、新しい条件に対応するために、流域はさまざまな形態変化をおこしていく。こうした流域の構成要素がつくり出す景観と、それら要素の機能は分かちがたく結ばれて、流域を観察する者の前に現れる。

　地形や地質が道路の形態や位置に作用し、植生は土地利用を特徴づける。流域に住む人々は、このような自然の作用が織りなすモザイクと、過去から連綿とつながった地域文化のなかで生活を営んでいる。近年の社会現象は、変化のスピードが早いため、ともすれば目前の動きに目をうばわれて、生活をなり立たせている環境のさまざまな構成要素は、意識の外へはずれていくことが多い。そこで、ときおり流域の上流から下流までを歩き、自然・人文両様の景観にあらためて目をとめてみると、可視的なものの背後に、多様な構成要素を結びつける力のはたらきを感じとることができる。その際、地形図や空中写真は、個人の視界をこえた事物の関連をつかむために、多くの情報をあたえてくれる。日常歩いて得た経験上の知識が、地形図や空中写真をみることによって再確認でき、しかも、既存の知識をとりまいて新しい認識の手がかりが横たわっていることに気づくこともある。こうして、流域を読んでいくことは、日常生活のなかで事物を観察する目を養っていくことにつながるであろう。

（秋山道雄）

Ⅰ. 安曇川(あどがわ)編

- Ⅰ-1 愛宕の岩鳴り
- Ⅰ-2 冷温帯から暖温帯に流れる安曇川
- Ⅰ-3 朽木の植物
- Ⅰ-4 安曇川河口付近の社寺林
- Ⅰ-5 木地屋の里―木地山―
- Ⅰ-6 ホトラ山―田を支えた山―
- Ⅰ-7 筏流しとカットリヤナ
- Ⅰ-8 饗庭野と泰山寺野
- Ⅰ-9 安曇川中・下流域の土地・水利用
- Ⅰ-10 安曇川の水力発電
- Ⅰ-11 扇骨と綿織物
- Ⅰ-12 朝日の森―森林環境基地―
- Ⅰ-13 朽木渓谷のエコロード

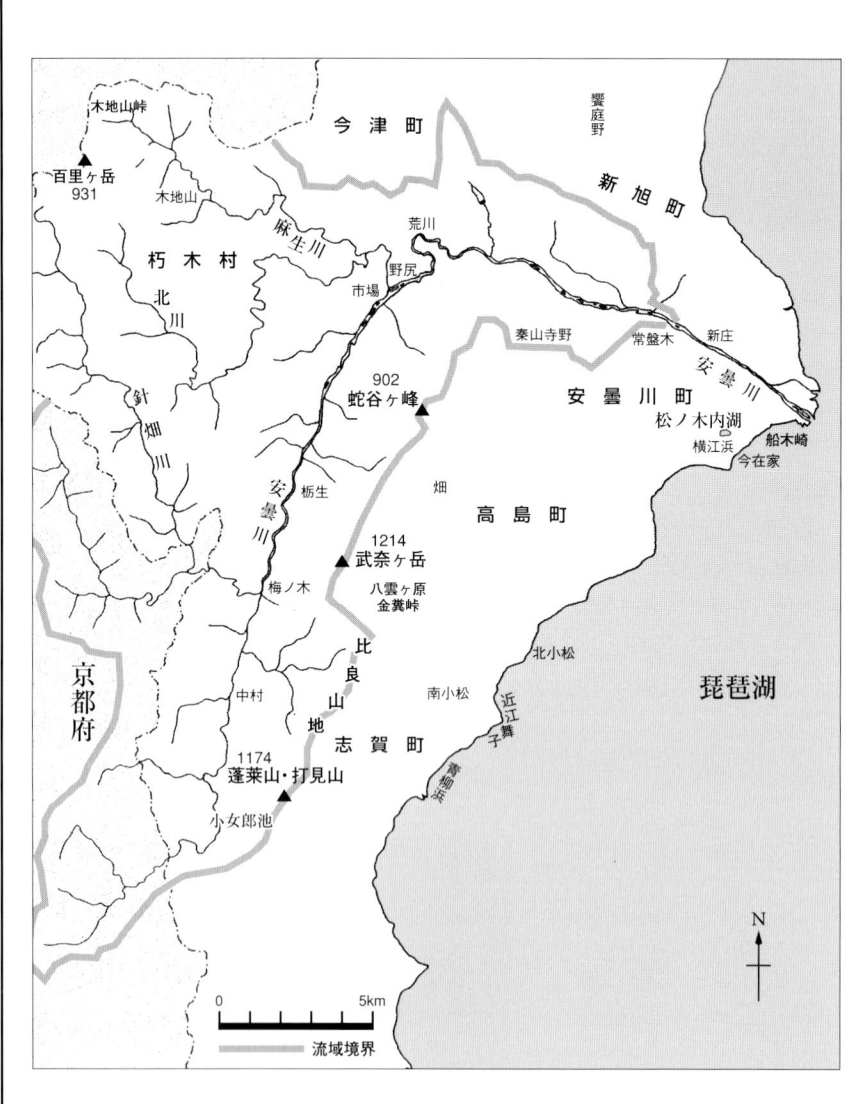

概　　要

　安曇川は、延長約58km、流域面積約306km²、湖西最大の河川である。源流は京都市北部の丹波山地にあり、比良山地の西を北流して朽木村市場にいたる。図にみるように、流れはここから東へむかい、洪積台地の間をぬけたあと、沖積低地を形成して琵琶湖へそそぐ。

　花折断層にそって朽木村を南北に縦断する道は、鯖街道として知られた古道である。京都と若狭をむすぶ街道は、琵琶湖西岸を通る西近江路がよく知られているが、鯖街道は山中をつらぬく間道であった。とはいえ、その名称からも明らかなように、若狭に陸あげされた海産物を、京都に運ぶ輸送路として欠かせないものであったことは確かだろう。

　輸送路といえば、安曇川自体も古代からその役割を果たしていた。流域の山から切り出した木材を筏に組んで、下流へくだる。上流から中流にさしかかる付近の勾配はきついから、通常の舟運は困難で、筏という形態であったからこそ輸送路として活用できた。こうした利用も昭和の初めまでで、その後はトラック輸送に変わっていった。

　安曇川流域は、滋賀県内の大規模河川としては、もっとも開発の手が入っていないところである。そのため、下流から上流まで、自然河川としての性格を比較的よく残している。こうした点が、朽木村に環境学習の拠点が立地した要因かもしれない。

　吉田東伍の『大日本地名辞書』には、「安曇川又船木川朽木川と曰ふ………」と記されている。上流と下流では、それぞれの土地にちなんだ名でよばれていた安曇川が、今日のように統一した名称となったのはそれほど古いことではない。この流域に住む人々にとっては、安曇川という名称とならんで朽木川（あるいは船木川）とよんだほうが、むしろ生活の現実にふさわしいこともあるだろう。現地の人と話しているとき湧いてくる流域のイメージは、地形図や文献に表現されたものからかなりへだたっていることがあり、それだけいっそう生活の現実に近い。われわれが流域を読む際には、まず地形図や空中写真、文献などの資料を用いるが、さらにフィールドワークを通して現実にふれ、生きた流域の姿をつかんでいくことにしたい。

　　　　　　　　　　　　　　　　　　　　　　　　（秋山道雄）

I-1 愛宕の岩鳴り

地震・地滑り

　1662年6月、近畿地方最大の内陸地震がおこった。震源域は比良山地北部、寛文2年の近江大地震である。その惨状は、「近江一国の内にて、百姓男女

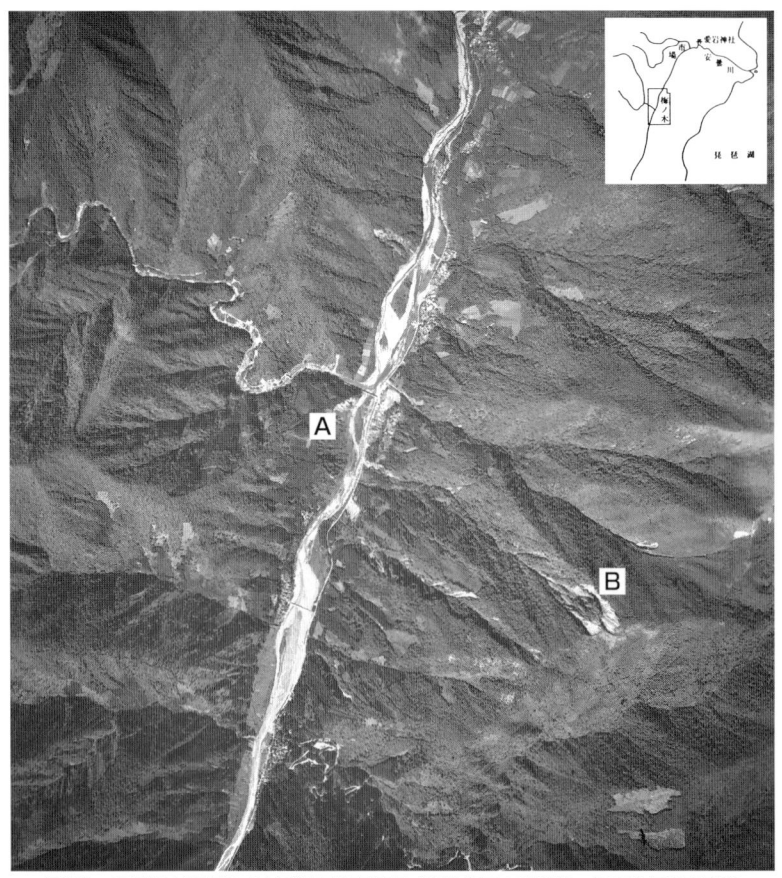

写真1　安曇川上流堰梅ノ木周辺の航空写真（建設省国土地理院　1973年9月撮影）
A：梅ノ木の地滑り地形　B：イオウの禿

420人死す。牛馬92匹たおれ、堤2200間切る」[1]と記される。そのとき、比良山地からの地滑りが安曇川上流の梅ノ木をおそった。「朽木山崩レテ朽木谷ヲ埋メ忽チ高サ2町許、長サ8町余ノ山ヲ生ス為メニ埋没セシモノ亦多シ」[2]。この地滑り地形が写真1と2で、その発生地点は「イオウの禿」

写真2　梅ノ木の地滑り地形
(1984年11月9日撮影)

(写真1のB) とよばれる[3]。さらに、地滑りの土砂が安曇川をせきとめ、ダム湖ができたが、半月後にダムが決壊したので、下流の村に洪水災害をおよぼした[4]。朽木村には次のような伝説がある。大地震や大雪のまえには、朽木村市場にちかい野尻の愛宕(あたご)神社(写真3)から"ゴウー"という大きな音

写真3　野尻の愛宕神社
(1985年3月28日撮影)

がとどろくので、村人はそれを「愛宕の岩鳴り」とよび、恐れたそうだ[5]。さぞかし、1662年の愛宕の岩鳴りはすさまじかったことだろう。

地形・地質

　琵琶湖に流れこむ川で、長さ50kmをこえるのが湖南の野洲川(やすがわ)と湖西の安曇川(あどがわ)である。安曇川の長さは野洲川に3kmおよばないが、流域面積は野洲川より30km²ほどひろい。

　丹波高地東端の朽木山地には900mほどの三国岳や百里ケ岳があり、地質(図1)は

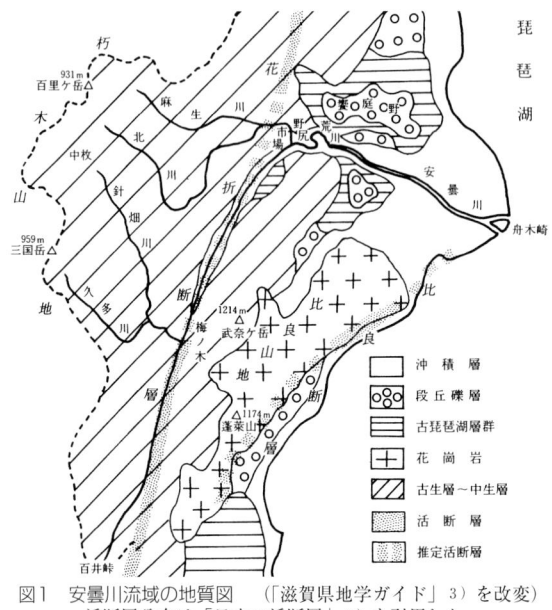

図1 安曇川流域の地質図 (「滋賀県地学ガイド」3)を改変)
活断層分布は「日本の活断層」6)を引用した.

砂岩、チャートなど古生代から中生代の地層である。一方、比良山地には1,200m前後の武奈ケ岳や蓬莱山があり、安曇川沿いの比良山地西側に朽木山地と同様な地層が、琵琶湖に面した東側に花崗岩が分布し、1662年の大地震をおこした比良断層[4]がはしる。比良・花折両断層はともに活断層[6]で、「愛宕の岩鳴り」をとどろかす地震の巣といえよう。

　安曇川は市場をすぎると大きく蛇行し、近江耶馬渓とよばれる荒川付近の峡谷から東にむかい、舟木崎で琵琶湖にそそぐ。安曇川下流域には古琵琶湖層群と段丘礫層が分布し、響庭野台地や河岸段丘などの平担地形が発達する。安曇川河口域の地形は、いかにも扇状地をしのばせる三角洲・湖岸線をえがき、琵琶湖を足の形になぞらえるときの「土踏まず」にあたる。

　安曇川流域をはじめとする湖西地域の山河は、数百万年のあいだに三重県の伊賀地方から現在の位置まで北上してきた琵琶湖に対峙しているかのようだ。はたして、琵琶湖の北上がとまるかどうかは、おもに花折断層と比良断層の活動による安曇川流域の上昇と琵琶湖の「土踏まず」を拡大する河口域の堆積作用、湖底の沈降などにみられる変動する自然にかかっている。

雪のプラス・マイナス

　1984年の冬は豪雪だった。安曇川上流域中牧の積雪は380cmに達し、1981年（56豪雪）の2倍以上も雪がふった。1984年冬の積雪量は朽木・比良・鈴鹿の各山地など琵琶湖集水域の中部地域で多く、このような雪のふりかたが中雪とよばれる。

　安曇川流域には、ほかの流域とくらべると、標高のたかい300〜700m付近に広い地形面が分布し、しかも流域面積が大きいため、安曇川流域は雪をたくわえるのに好都合な地形である。そして、中雪の分布は、広大な湖西の安曇川流域から湖東の鈴鹿山地におよぶので、総積雪水量をふやし、琵琶湖の水資源にプラスとなる[7]。

　しかし雪にもマイナス面がある。そのひとつが森林冠雪害である。これは雪の重みで木が折れたり倒れたりする雪害で安曇川流域のスギやヒノキの林に被害がでる。滋賀県森林センターの植谷の報告[8]によると、おもにスギ林の冠雪害が1981年12月の中雪で湖西の朽木村・今津町と湖東の多賀町に発生した。被害面積3,800ha[8]にも達したというから、たくさんの木が折れるときの音は、きっと、「愛宕の岩鳴り」のように大きかったことだろう。

（伏見碩二）

I−2　冷温帯から暖温帯に流れる安曇川

極相林

　滋賀県の森林は古代から多くの人為を受けてきた。1982年に志賀町南小松から出土した約3,800年前（縄文時代後期）のスギの根かぶには伐痕らしいものが見られたというし、歴史時代には炭焼きや植林などが行われ、今日で

写真4 河口付近の青柳八幡神社（1985年1月9日撮影）
高木にはウラジロガシ、タブノキ、シイノキなどが見られる.

は森林の大部分が雑木林、スギ・ヒノキ林やマツ林となっている。

　一般に裸地上に植物群落が発達する場合、一年生草本から始まり、多年生草本、成長の早い樹木、成長の遅い樹木と種類組成を変えながら、最終的には多くの種類の動植物と安定した群落構造をもち、栄養塩などの物質循環についても閉鎖性の高い極相林となる。滋賀県の場合、人為影響が全くなかった頃は、極端な土地条件でさえなければ、暖温帯の地域ではシイやカシの常緑広葉樹林が、冷温帯ではブナなどの落葉広葉樹林がひろく山野を覆っていたものと考えられている。

落葉広葉樹林と常緑広葉樹林

　比良山系の最高峰武奈ヶ岳の西側山麓、梅ノ木町で安曇川に流入してくる針畑川は、流程も長く、流量も多く、安曇川の本流と間違うほどで、源流部は滋賀県、福井県、京都府の県境をなす三国岳付近にある。この地域は京都府側には京都大学の芦生演習林があり、滋賀県側には県有林としてブナ林が保存されていることからも分かるように、自然がかなりよく残されている。これとは逆に、安曇川河口付近は、森林と言ったものを見出すことさえ困難

である。これは湖岸に近い平地部が古来から、より強く人間の影響を受けてきたことを表している。その中にあって比較的自然状態が良く保たれている社寺林と最上流部の三国岳付近の自然林の2地点（図2、3の○印）に出現した主な樹木の種類組成を見ると（図4）、上流部ではブナ、ミズナラなどの落葉広葉樹が、下流部ではウラジロガシ・サカキなどの常緑広葉樹が林を形成していることがわかる。

地形図上では同じ広葉樹の記号で示されてはいても、常緑と落葉の違いがあり、この間で気候的には暖温帯から冷温帯に移ることを示している。この

写真5　生杉ブナ林（1986年4月25日撮影）

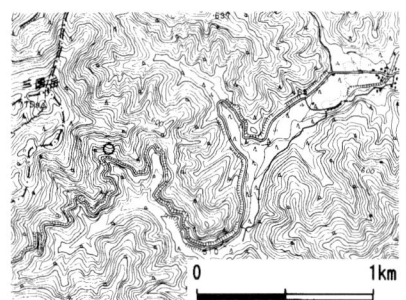

図2　三国岳付近の地形図
（国土地理院2万5千分の1地形図（古屋・1987年発行）を使用）○印は図4調査地及び5撮影写真位置を示す。

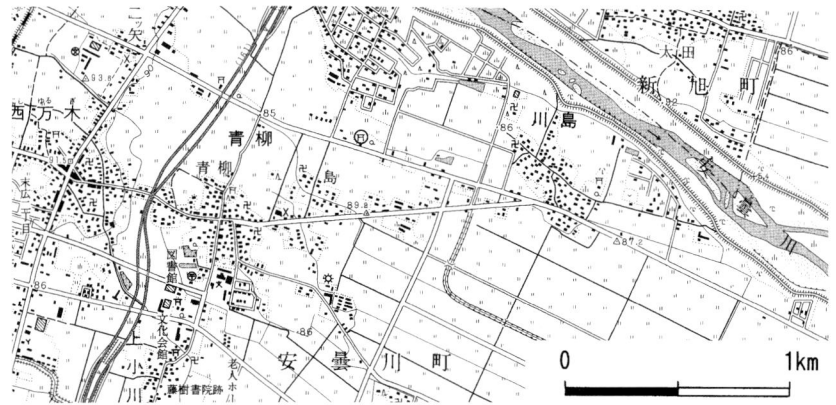

図3　安曇川河口万木付近の地形図
（国土地理院2万5千分の1地形図（勝野・平成9年発行）を使用）○印は図4調査地及び写真4撮影位置を示す。

種　名（本体のみ）	生杉ブナ林 樹高（m）				青柳八幡神社 樹高（m）				
	23〜	15〜	6〜	3〜	0.5〜	13〜	8〜	3〜	1.5〜	0.5〜
ブナ										
ミズナラ										
イヌシデ										
イタヤカエデ										
フジ										
コハウチワカエデ										
アワブキ										
クマシデ										
マルバマンサク										
アカシデ										
ユキグニミツバツツジ										
クロモジ										
リョウブ										
ヤマボウシ										
コアジサイ										
エゴノキ										
ホツツジ										
コシアブラ										
アズキナシ										
ヤマウルシ										
ウツギ										
オオカメノキ										
ウワミズザクラ										
コミネカエデ										
ハウチワカエデ										
アセビ										
エゾユズリハ										
イヌツゲ										
ヒサカキ										
ヤマモミジ										
カマツカ										
ムラサキシキブ										
ツタウルシ										
イワガラミ										
マルバアオダモ										
ミヤマガマズミ										
ナナカマド										
ダンコウバイ										
ツクバネ										
タンナサワフタギ										
キンキアメザクラ										
ウスノキ										
ウリハダカエデ										
アクシバ										
コナラ										
アオハダ										
ヒメアオキ										
ムラサキマユミ										
ヤブコウジ										
ツルシキミ										
ハイイヌガヤ										
ソヨゴ										
ウラジロガシ										
サカキ										
テイカカズラ										
スギ										
コブシ										
ナツヅタ										
ヤブツバキ										
ヤブニッケイ										
モチノキ										
シロダモ										
アオキ										
ビナンカズラ										
ネズミモチ										
ユズリハ										
シュロ										
ニセジュズネノキ										
タブノキ										
マンリョウ										
イボタノキ										
ミツバアケビ										
マメグミ										

図4　安曇川流域と河口部付近に見られる森林の構成樹種の比較　淡色は落葉樹、濃色は常緑樹の出現を示す

境界の位置は、比良山系の場合、常緑樹のなかでも比較的寒さに強いウラジロガシの分布上限高度が760m、ブナの下限が550mであることが知られている[9]が、生杉付近では両高度とも、さらに低いようである。さらに注意して図4を見ると、生杉のブナ林では、エゾユズリハ、ヒメアオキなどの低木性の常緑樹も生育しているのに気づく。この地帯は滋賀県内でも有数の多雪地帯で生杉の集落付近でも3mを越える積雪を記録することがある。常緑樹が低木状態でなら分布できるのは、こうした大量の雪による保温効果（雪の下ではほぼ零度）によるものである。寒さの代名詞にもなっている雪も、植物にとっては暖かい布団のような役割を果たし、春先の雪解け時には成長に必要な十分な水を供給してくれる重要な存在である。　　　　　（浜端悦治）

I-3 朽木の植物

はじめに

　朽木は面積が165.77km²と県下4番目の面積を有し、しかも、その約93%が森林で覆われている。針畑地区には丹波山地からのびた700〜900mの山塊が横たわり、市場(いちば)周辺には900mもの比良山地の北端が迫り、急峻な山地の間に集落が発達している。植生的には山麓に暖温帯落葉広葉樹が発達し、海抜高度の上昇とともに冷温帯広葉樹へと移行していく。また、冬期（12〜1月）の降水量が年間降水量の26%にあたるなど、冬季の降雪による降水量の多さがこの地域の特徴である。したがって、幅広い植生帯と同時に、多雪地であることなどから、雪に適応した植物が多数生育し、豊かな植物相を形作っている。

植物分布の特徴

　朽木は典型的な日本海側の気候区に属し、冬の降雪の影響から、日本海地域要素の植物群が多数生育する。この日本海地域系の植物については、前川（1977）により4つの系列に区分されている。トガクショウマ型のタヌキランは、福井県との県境付近や小入谷(にゅうだに)の急峻な沢沿いの湿地に生育する。また、表日本に対応種を持つスミレサイシン型のものはトキワイカリソウ、スミレサイシン、ユキグニミツバツツジなど多数の種類が生育する。チョウジギク型のものとしては、チョウジギクをはじめ、アクシ

写真6　朽木村の湿地に多く見られるアヤメ科のカキツバタ

バ、クルマバソウ、アスナロなどが分布する。深雪という物理的条件に適応し、圧雪により枝が圧伏され、地についたところから発根するなどの変異を生じたものに、エゾユズリハ、ヒメモチ、ツルシキミなどがある。これらは村内に広く生育する。

また、村井や小川の渓流沿いにわずかながらギンバイソウ、シケチシダなどの襲速紀地域要素の植物も分布する。

さらに、北方系要素の寒地性植物群として、ゼンテイカ、エゾリンドウ、アカモノ、サラシナショウマ、ルイヨウショウマ、オオニガナなどが見られる。オオニガナは日本海側の山地を中心に分布し、朽木村が西南限にあたる。

稀少植物と分布上重要な植物

ゼンテイカ：小入谷と白倉山などに生育している。県内では、伊吹山、霊仙山、今津町・箱館山周辺などに自生が知られているが、朽木は芦生とともに西限に近い分布として貴重である。

アオホオズキ：比良山系の北端である蛇谷ガ峰（じゃだにがみね）周辺に分布している。近畿ではまれな植物で、県内では唯一の分布である。

キバナサバノオ：近畿北部の滋賀県、京都府、兵庫県に分布しているが、非常にまれな植物（写真7）である。沢筋にわずかに自生する。

写真7　キンポウゲ科　キバナサバノオ

クラガリシダ：ブナやミズナラなどの大木に着生するまれな植物である。福井との県境付近のブナ林内に自生する。

スギラン：ブナやミズナラなどの大木に着生するシダ植物。生杉ブナ林のブナとミズナラにわずかに見られる。

サンインクワガタ：近畿北部から島根県にかけて分布す

る。県内では比良山系での自生が確認されていたが、朽木村内に広く自生する。

　ヒメヘビイチゴ：滋賀県北部に自生するが、村内には沢沿いの林道沿いに広く分布する。

　リュウキンカ：本州、九州の浅い水中や湿地に分布する植物。県下での分布は朽木だけで、針畑川の上流部に分布する。

　タヌキラン：ゼンテイカ、リュウキンカとともに針畑川の上流部に生育する。個体数は非常に少ない。　　　　　　　　　　　　　　　　（青木　繁）

I-4　安曇川河口付近の社寺林

お宮の森の古さ

　安曇川河口付近の社寺林には、ケヤキ、エノキ、ムクノキといった落葉広葉樹、その他アカマツ、クロマツといった比較的成長の早い樹木なども多く見られるが、この地帯の本来の極相林樹種と思われる常緑広葉樹のタブノキとシイ、カシ類についてその分布を考えてみる。鳥によって種子が運ばれるタブノキは、極相の常緑広葉樹林あるいは、それより一段階前の林を構成すると考えられており、湖岸の舟木付近にも生育している（図5）。しかし極相種のシイやカシ類は、湖岸より一段おくに入った藁園、太田、川島、下小川の線より内側にしか分布していない（図6）。

　森林が発達してタブ林となるのに300年、シイが出現するのには500年を要するという愛知県の新田開発地での研究例[10]があるように、シイやカシ類のドングリは非常に移動しにくく、分布を広げるのに多くの時間を要する。それゆえ、現在シイなどが分布する地域はかなり以前から神社が設けられていたか、あるいは森林があらかじめ存在していた地域と思われる。延喜5（905）

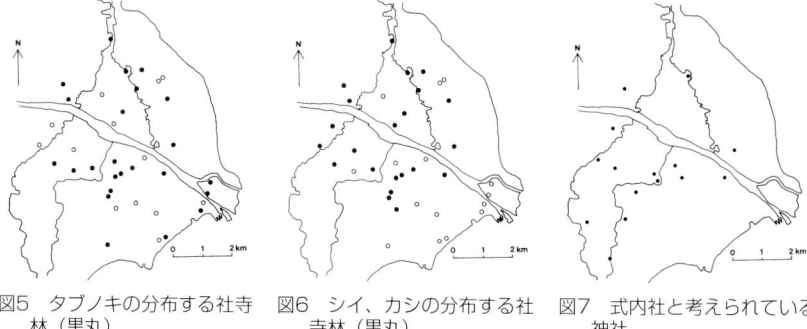

図5 タブノキの分布する社寺林（黒丸）　図6 シイ、カシの分布する社寺林（黒丸）　図7 式内社と考えられている神社

年に勅を受け編修された延喜式の神名帳に記載されている式内社が、現在のどの神社に当たるか多くの研究がなされているが、ここでは「式内社調査報告」[11]での比定地（同一の式内社で複数の神社をあげている場合もある）の位置図を図7に示す。図6、7から、大部分の式内社ではシイやカシ類が分布しているのがわかる。勿論、高木種のみではなくほかの構成種についても十分な検討を加えなければならないが、神社の古さとその社寺林の構成種との間には、かなり深い関係が有りそうである。しかし、針江の湖岸付近には弥生中期から平安時代の遺跡も確認されているにもかかわらず、現在の河口部北側には南側の北舟木・南舟木・今在家・横江浜にあたるような湖岸沿いの集落が見られないし、南側河口部でも藤江千軒、舟木千軒、三ツ矢千軒の言い伝えがあり、湖辺の集落が水没したと言われているのは、安曇川河口部の湖岸地形が、この2,000年の間でもかなり変化したことを示している。この様な変化は河口付近の植生にも影響を及ぼしてきたと思われるため、この付近に以前存在した林を推定する場合、単純に気象条件のみを考慮しただけでは十分とは言えない。

「よろづになづかしからねと、ゆるぎ森にひとりは寝じと、……」平安時代中期の清少納言が枕草子の中で、「ゆるぎのもり」について述べている[12]が、これは現在の安曇川の南側にある万木の地名と関係があるとされており、青柳には万木の森古跡がわずかながらも残っている（写真8）。膳所藩の儒

官寒川辰清が記した近江輿地志略[12]には「東万木村の二町許北にあり。其旧跡とて杉の木五六本あれども、按ずるに今の東万木、西万木の二村の近辺古昔悉く森なりし成べし。」とあり、江戸時代中期には現在同様まともな森林はすでに存在しなか

写真8 万木の森（1985年1月9日撮影）

ったが、古来からこの地域には万木の森があったと考えられている。千年以前もの林がどのようなものであったかを科学的に推定することは困難ではあるが、次の二三の文章から想像することは可能であろう。「万種の木集りて林を成せば、万木の森と曰ふとぞ。……山槐記には万木泉に作る、泉は森の誤なるべし」と大日本地名辞書[13]には書かれている。山槐記（12世紀末の記載）が正しいとするなら、泉に発達した森ととることもできる。安曇川からの堆積がまだ新しく、れき質の多かった立地では、湧水も多く見られたことであろう。現在も湖岸付近に残る落葉樹のヤナギやハンノキの林も万木の森の姿と考えられなくもないが、前の「冷温帯から暖温帯に流れる安曇川」の項でも触れた南小松での多数のスギ株の出土や、日本海に近い富山県の黒部川伏流水の湧水地帯という類似した立地にスギ林が残存していることなどから、この西万木、青柳、島あるいは川島のあたりでも同様のスギ林が発達していたのではないかと想像される。そして次の歌を読むにつけ、常緑の暗い葉の上に雪をこんもりと載せたスギ林の風景を想像してしまうのである。「雪ふれば万木の森の枝毎に夜ひる鷺のゐるかとそ見る」（好忠）[14]

（浜端悦治）

I-5 木地屋の里―木地山―

木地山 ―菊盆の生産地―

　安曇川へ流れこむ支流の1つ麻生川の上流に木地山がある。山といっても頂をいうのではなく、地域をそう呼ぶのである。地形図を眺めてみると、三国岳（775m）の名のごとく滋賀県、福井県、京都府の県境地域の山間部、滋賀県と福井県との県境にある百里ケ岳（931m）の東方に"木地山"を目にすることができる（図8）。

　昔は、轆轤（ロクロ）村と呼ばれ（明治10年区制施行まで）、漂泊の杣人である木地屋（木地師）がおおぜいいたところである。現在は、滋賀県高島郡朽木村大字木地山字中小屋といい、戸数8戸、人口15人（2002年10月末現在、熊ノ畑を含む）の過疎化の激しい山村地域で、冬には雪で閉ざされる地域である。

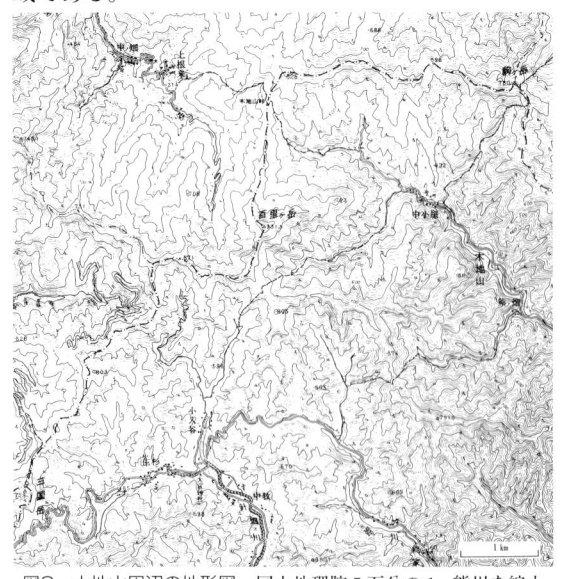

図8　木地山周辺の地形図　国土地理院5万分の1　熊川を縮小

　キジは山の木を伐ってつくる椀や盆などの素地のことで、それをつくる工人を木地屋といった。この村をもと轆轤村といったのは、木地屋の用いた工具の名にもとづいたものである[15]　木地山とか木地小屋という木地屋の漂泊と結びついた地名は全国に200以上もあるが、ここの木地屋はそ

の根元地近江の小椋谷蛭谷（滋賀県神崎郡永源寺町）の分派第1号として、木地屋社会では特別に重くみられていた[16]。

ここでつくられた挽物の盆や膳の表に、岩神村（現在の朽木村岩瀬）の塗師屋が漆をかけ、黒地に朱で大

写真9　菊盆

きな16菊をデザインした"菊盆"あるいは"朽木盆"と呼ばれた有名な盆がある（写真9）。俳人芭蕉も「盃の下ゆく菊や朽木盆」（1967年・当世男）とよんでいる。参勤交代の土産物として、朽木氏が江戸へ携えたことからいつしかそう呼ばれるようになったという。現在では、木地をつくる人もいなくなり、昔を知る人も少なくなったけれども、橋本鉄男氏は「瀬戸物の茶碗・皿・鉢などが普及する以前は、木製の食器が身近かに用いられた時分には、この地方の人々もどれくらい木地山の挽物の恩恵を受けたことか。歴史に埋れたこの木地生産のことを、朽木谷の過去を反省する上では忘れてはならないことだと思う。」と記している[15]。1983年4月に開館した"郷土資料館（文化等保存伝習施設）"（朽木村野尻）には、木地屋のなごりをしのぶ手挽轆轤、水車轆轤や木地、それに"菊盆"が展示されている。

木地山峠　―根来越―

木地山から北西に福井県との県境、麻生川の最上流に"木地山峠"がある。現在は、ここを通る人もいなくなってしまったが、昔は根来越として木地山の人々が若狭の上根来と往ったり来たりした峠である。朽木の奥の木地山では、本川筋の市場方面に出るより若狭（小浜市）へ出るほうが近く、海の幸や塩を手にすることが容易であったのである。

天保8（1837）年の近江国絵図に、「此所峯通国境、轆轤村ヨリ若狭国上

根来村迄壹里拾七町三拾五間」と記してあり、この峠の利用が高かったことを思いおこさせる。上根来も以前は木地屋仲間であって、こことの縁組は昔からあり、若い衆がヨバイ（婚い＝妻問い）に通ったという話もあるところである[16]。

　今は子供もいなくなった木地山に、ロクロ分校（朽木東小学校、1978年4月廃校）があった。当時の児童は、この木地山峠を越えて上根来まで遠足をした。上根来小学校の児童とソフトボールなどして遊び、再び峠を越え夕刻には帰った。そして、時期を変えて上根来小学校の児童が木地山を訪ねたという[17]。子供心なりに祖先の人たちが残した足跡を確めることができたであろう。また、このロクロ分校の児童たちが清川貞治先生（元・朽木村立朽木西小学校校長）の指導のもとに、木地山の民話を古老から聞いて版画に残した「木地師物語」、「ろくろ権現」、「三百谷物語」、「櫻岩の物語」、「南谷の天ぐ」[18]なども、遠い先祖からの営みをしのぶ証であろう。

　木地山峠の頂上には、伸び放題の草むらに地蔵さんがさびしげにたたずんでいる。木地屋がいなくなってしまった今、この峠を訪れる人もなく、木地山の衰退と歩調を合わせて深い眠りにつこうとしている。遠い昔の木地屋の足音を子守唄に…[19]

　　　　　　　　　　　　　　　　　　　　　　　　　　（斎藤重孝）

I－6　ホトラ山―田を支えた山―

ホトラ山

　朽木村では、昭和30年代後半まで、山で刈り取ったススキや雑木の萌芽をウマヤ（牛小屋）に入れて牛に踏ませ、厩肥を作っていた。村では、この厩肥の材料のことを「ホトラ」、その刈場を「ホトラ山」と呼んでいた。

　1895年発行の2万分の1地形図を見ると、朽木村一帯の山地のあちこちに

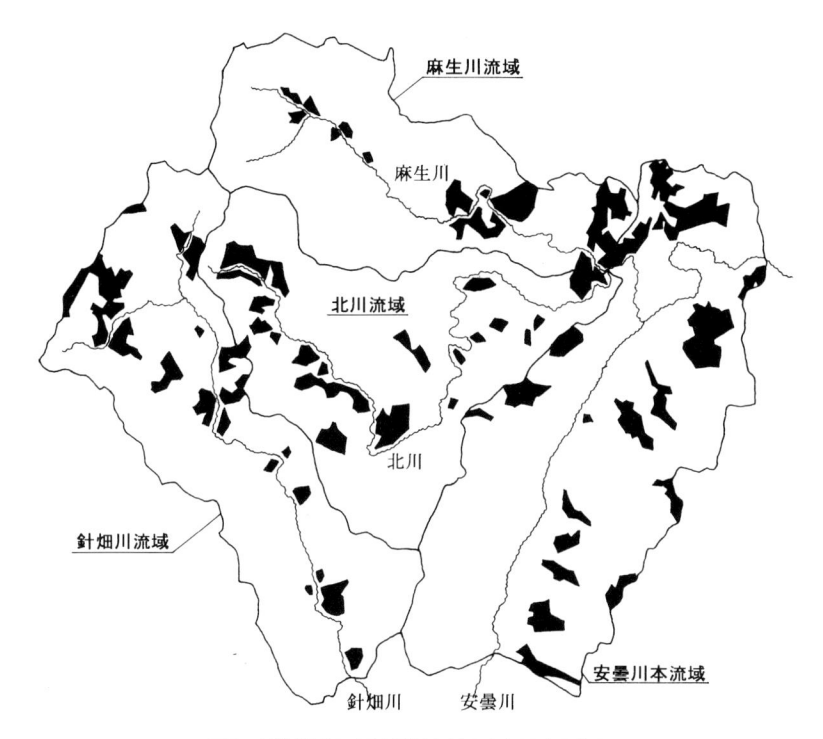

図9　明治時代における朽木村のホトラ山の分布
1895年大日本帝国陸地測量部発行の2万分の1地形図
「三宅村」「三国峠」「雲洞谷」「朽木村」「三国岳」「細川」「高島村」より作成

「荒地」に区分されているところがある（図9）。そのほとんどはホトラ山と思われ、図上で計測すると、山地部面積の約1割に達している。

　ホトラ山はそんな昔の話ではない。現在50歳以上の村人の多くが、ホトラ山にかかわった経験をもつ。ホトラという言葉も、まだ日常会話のなかに生きている。聞き取り[20]をもとに、村人とホトラ山との付き合いの概略を述べてみよう。おおよそ昭和30年代の話である。

山焼き

　雪がとけ木々の芽が開く4月の初〜中旬、よい天気が続き山が十分乾燥し

たところを見はからって、山焼きをする。火を入れると、やわらかいホトラが採れるという。

　山焼きは「総普請」（大字単位の共同作業）で、ホトラ山を持たない家も参加した。朝集合し何組かに分かれてホトラ山に着くと、周囲1mぐらいの幅の延焼防止帯を刈り払う。刈り取ったものを内側に掃きこみ、火入れにかかる。ホトラ山の上端に2人が行って火をつけ、その後は両側に分かれて燃えぐあいを監視する。ススキが多い山だとよく燃え、1ヶ所2時間もあれば終わるが、雑木が多いと燃えにくく、途中で火が消えたりして苦労した。

　各家は2ヶ所のホトラ山を持ち、1年おきに交替で使った。毎年同じ山に火入れすると「地がやせる」し、2年以上放置すると萌芽枝が固くなってしまう。

ホトラ刈り

　ホトラ刈りは年に2回。1回目は、早いところでは梅雨明け後から始めた。これは、ウマヤに入れて牛に踏ませるためのもので、「踏ませボトラ」などと呼んでいた。刈ったホトラは、現場で乾かしてから束ね、運びおろして「ホトラ小屋」という専用の小屋（写真10）に入れる。盆までに小屋を一杯にし、それが1年分のホトラになる。

　2回目は、盆すぎから8月中〜9月初めまでに刈る。これは、牛に踏ませたホトラにあとから混ぜる「混ぜボトラ」で、家や田の周辺に野積みしておいた。

　ホトラの8割は「ホウソ」（コナラ）の萌芽枝で、残りがススキやハギなど。ススキが多いと量がかせげる

写真10　朽木村大字麻生に残るホトラ小屋

が、これは谷近くに多かった。ネムノキ、ヤマツツジ、アセビなどは、ホトラに使わず残した。掘り取ってしまう人もあった。ホトラの収穫量は、土地1反あたり約30束。直径60㎝ほどの束で、全部で500束は準備した[15]。

　　「赤い襷を　千鳥にかけて
　　　　　　ホトラ刈るのは　面白や　おいでまたこい」

　　「ホトラ刈るなら　平（だいら）より迫（せこ）よ
　　　　　　鎌をさかえに　刈りゃたまる…」

　これは山への道中に歌ったという草刈り歌の一部である[15]。「面白や」というが、実際は夏の盛りの大変な仕事だった。朝早くから10時ころまで刈り、暑い日中を避けて、午後2時ころからまた夕方まで働いた。

ホトラ肥

　ウマヤでは、まずホトラ10束程度を敷き並べる。2～3日もするとぐちゃぐちゃになってくるので、4～5束の乾いたホトラを追加する。これをくり返し、ひと月に1回程度肥出しをする。ウマヤから出した肥は、盆過ぎに刈っておいた「混ゼボトラ」と交互に積み重ね、野積みする。最終的には、高さ3mものホトラ肥の山ができた。

　1反の田に入れるホトラ肥は40～50束。汁田（湿田）では、ホトラ肥のほかに、ササを刈って踏み入れることもあった。配合肥料、石灰窒素、塩安などの金肥も手に入ったが、田の肥料はほとんどをホトラ肥だけでまかなった。

ホトラはホドロから

　「ホドロ」という古い言葉がある。「ワラビの穂が伸びてほうけたもの」[21]という意味だ。ホドロのホドは、ホドキ（解き）のホドで、固く結ばれていたものがゆるむ様子を示す[22]。最初は握りこぶしのようだったワラビの葉が

開いていくのが、まさにホドで、そうして開いてしまった状態を「ホド・ロ」といったのである。

　ホトラは、このホドロが転じた言葉で、基本的には開いてしまったワラビの意味である。それが、ワラビといっしょに生えているほかの植物をも指すようになり、さらに「肥料用の雑木の萌芽枝や草」の意味に限定して使われるようになったのだろう。滋賀県で、この意味でホトラという言葉を使うのは、朽木村のほか、今津町、安曇川町、高島町、志賀町など、湖西の一部に限られているようだ[23]。

ホトラ山、その後

　山から炭焼きの煙が消えようとしていたころ、ホトラ山焼きの煙も見られなくなった。ホトラ山は、その後しばらくは放置されたというが、実際はどのように変化したのか。1895年の地形図と1981年発行の植生図とを重ね合わせ、かつてホトラ山だったと思われる場所がどう変化したかを、図9に示した4流域に分けて集計したのが、図10である。ホトラ刈りをやめてから1981

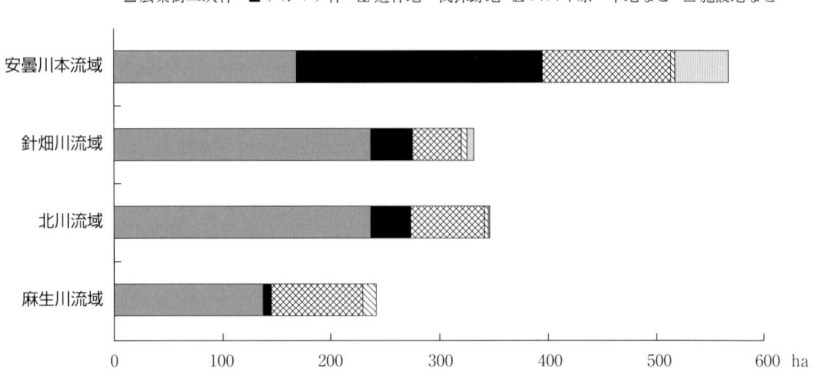

図10　かつてのホトラ山の昭和50年代中ごろの状況
「滋賀県現存植生図1」(滋賀県自然保護財団、1981)
および1895年発行の2万分の1地形図をもとに作成

年まで、20年前後が経過している。その間、多くが森林にもどり、拡大造林による人工林化も進行中だった。各流域を平均すると、約5割が広葉樹二次林、2割がアカマツ林、おなじく2割が造林地に変わっていた。現在各地に見られる広葉樹二次林の多くは薪炭林起源だが、安曇川流域には、火入れを伴ったホトラ山起源のものも少なくないのである。

　ホトラ山と炭焼きの終焉、拡大造林の進行は、ほぼ同時期のできごとである。山の風景は、このころから大きく変化し、村人の山離れも急速に進んだ。その後の朽木の山は、ある意味では「自然度」を増して豊かになったと言えるかもしれない。しかし、山を知りつくし使いきるような山との付き合いはもはやなく、山とのかかわり方が貧困化したことも一方の事実である。

（海老沢秀夫）

Ⅰ-7　筏流しとカットリヤナ

　比良山系からの木材資源の搬出の歴史は、遠く奈良・平安の時代にさかのぼる。奈良の東大寺の建築用材に利用されたことが正倉院文書（天平宝字6年8月9日の「高島作漕注文」ほか）に明らかで、また平安京建設に必要な用材を確保するために比良山の用材をみだりに伐採することを禁じていることが弘仁9(858)年の「類聚国史」に記されている。また正倉院文書には、伐り出された材木は舟木〜大津-勢多川(瀬田川)〜木津と水上輸送されたことが記されており、筏流し(写真11)の起源についても少なくともこの時代にまでさかのぼることができる。中世になると開発が進み、盛んに木材が移出され、宝徳2(1450)年には京都の材木商人が葛川に出入りするまでになった。

　「高島郡誌」は安曇川、針畑川、北川、麻生川の四つの川筋で行われていた筏流しの様子を次のように伝えている。

写真11　筏流しの様子（朽木村郷土資料館所蔵）

『安曇川の筏は古来和歌にも詠じて有名なるものなり。―略―』『―（針畑川では）春秋二季筏を通すべし。其他は猿流しのみ。猿流しと云ふは小材（スリッパ等）を流すに廻流に材の堆積するに遇へば筏師は鳶口にて下流に送る状、恰も猿振の筏を真似ぬるが如きを以てなり。―略―北川流域は二あり、一を麻生の渓谷とし、一を雲洞谷の渓谷とす。―略―共に筏を通ずべし。―筏の業は栃生、村井、荒川の間最も盛なりとす。本村山林に伐採する所の木材は専ら筏によりて舟木港に送る。筏は小木は丸材とし、大木は引割とす、丸材は九尺乃至一寸五尺を常とし、皆首尾を穿ちつむらと相する柔靭なる木を捻ぢて編み、五六連乃至七八達を縦列にして下る。之を下すに寒暑を問はず、唯水勢の適否を見る』。

このように長い歴史をもつ筏流しであるが、その輸送量が飛躍的に増大するのは明治20年代に入ってからで、30年代に入ると鉄道の枕木の用材としてクリの角材が盛んに搬出された。筏流しは大正から昭和初期にかけても盛んに行われたが、木材搬出は陸上輸送に徐々に転換され、下流の長尾の合同井堰の築造工事が着工された1949年頃を最後にその姿を消している。この間、安曇川の3つの発電所との間にはⅠ―10で触れるようなエピソードがみられた。

特権漁業　―カットリヤナ

一方、安曇川の河口で展開される独得のカットリヤナ（写真12、13）が特権的漁業として成立してからおよそ900年の時間が経過している。安曇川が

賀茂別雷社＝賀茂社の御厨(みくりや)となり、安曇川の河口部を生活の拠点とする人々が神人として、自由な漁撈と自由通行の特権が認められたのは寛治4（1090）年のことである。それ以降今日に至るまで、安曇川のみならず琵琶湖の内水面漁業の大きな柱として重要な役割を果たし続けてきた。

写真12　南流ヤナ（写真提供：滋賀県水産課）

カットリヤナをめぐる争（相）論

しかしながら、長い歴史の文脈のなかでカットリヤナは様々な試練を越えなければならなかった。社領であることに対する国司からの反発、独占的な漁業形態に対する近隣の漁業者からの妨害、治水の障害となるとの上流域からのヤナ撤去の要求などをめぐって、幾度となく争（相）論がおこっている。筏流しとの関係も例外ではない。例えば次のものがあげられている。

元禄16（1703）年　運上材木を扱う船木南浜村（＝南船木）の材木座から、北浜村（＝北船木）の張立網が材木改に差支えるという訴えがおこされる。

安永9（1780）年　小鮎と楢の小木を勝手に交換したとしてヤナ仲間の者が材木座から訴えられる。

写真13　北流ヤナ（1985年2月撮影）

寛政5 (1793) 年　ヤナにかかった松の丸太を拾い上げたとしてとがめられる。

カットリヤナは川に障害物状のものを設置することによって成り立ち、筏流しは川の自然な流れを求めるものであるから両者の衝突は避けられない関係にある。

「イカダトウシ」

現在、ヤナの中央部分には「イカダトウシ」（あるいは「イカダドオシ」）と称するものが設けられている（図11）。カットリヤナと筏流しの両立を図るための構造であるが、その起源は必ずしも明らかではない。文献には現われていないし、またヤナ漁業者の話を聞いても不明である。「北船木漁業組合沿革史」によると、カットリヤナという名称は「搔き取る所即ちカキトリ口を古来カットリ口と云い慣らしに起り自然に転じて簗自体の名称と成ったのは明治四十年頃なり別に出典はない」とある。またヤナにとって最も重要な構造となる曲線と落差をつける基礎工事に関しても同書は「往古より餘程熟練したるものの指揮に依てする工作中最重要視して来た一種秘方技術として居る」と解説し、さらにカットリ口への魚の誘導手法についても「多年実験に衣り漸次改良を施したる結果によるもの——」と記している。これから見るかぎりカットリヤナは長年の改良の結果、現在の形状になったもののようである。「イカダトウシ」についても、これは構造的にみてヤナの水理に関係するものであるウミ、筏の流下という現実的な要請を解決することと、漁法としてのヤナの構造との両立を図るための工夫が積みかさねられた結果として現在の形のものができ上がったのであろう（図11）。

長い歴史を誇るカットリヤナ漁が、最大の危機を迎えたのは我が国が近代化の端緒についた明治に入ってからである。1871年明治政府は水行（治水）にさしさわるとして、ヤナの廃止を布告したのである。ヤナの歴史始まって以来の危機に面した漁業者は、ヤナの存続を県庁（当時は大津県）に陳情を続ける一方、流し簀(す)—ヤナの構造を治水上障害なき程度に改良したもの—で

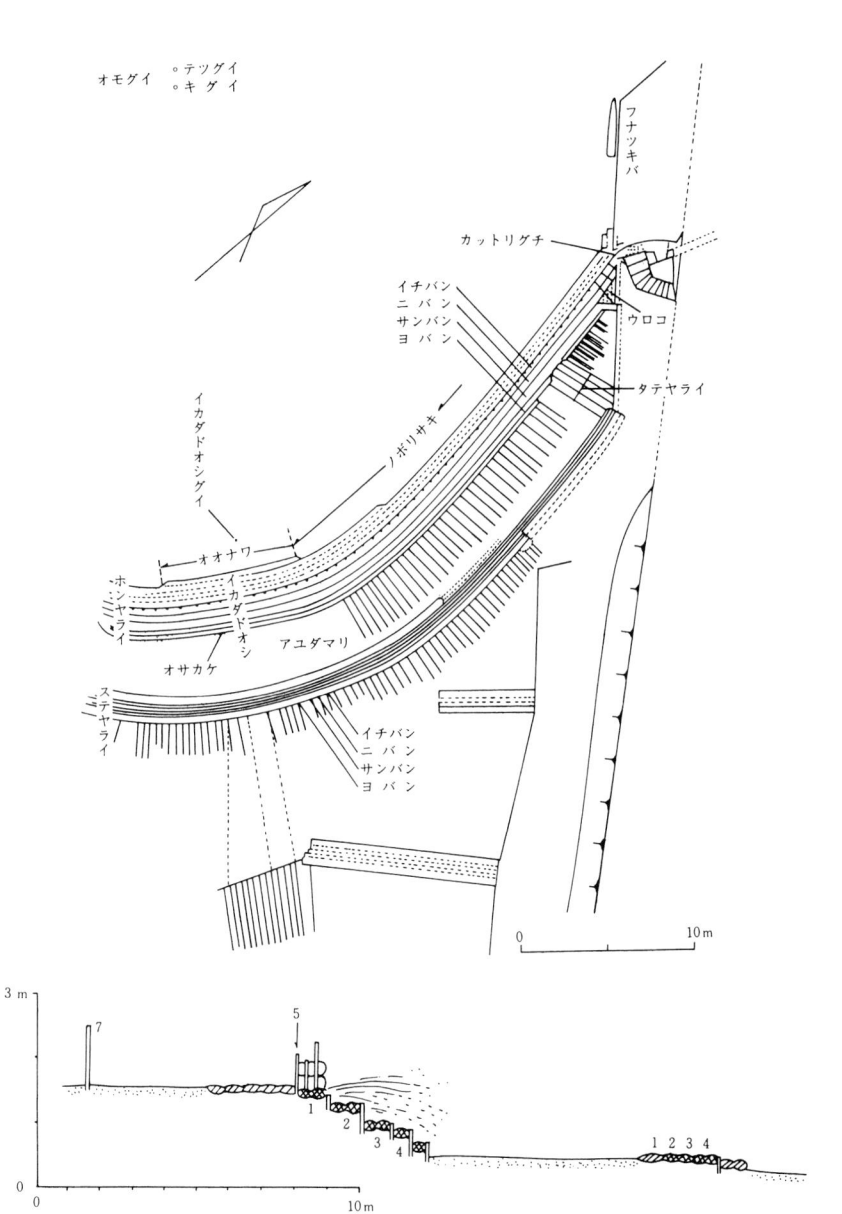

図11　イカダドオシの模式図（上）「湖南の漁撈習俗（1982）」滋賀県教育委員会より転写
イカダドオシ部分におけるヤライの断面（下）（1～4はそれぞれイチバン・ニバン・サンバン・ヨバン、5：オモグイ、6：オサカケ、7：イカダドオシグイ）

稼ぎ続けたが、これも1875年、上流の反対で撤回せざるを得なかった。1879年、一河川一漁業権の原則に従って県の漁業取締規則が施行され、ヤナの隔年免許制が実施され、さらに1895年、ヤナの連年築造が認可されることになり、ようやく現在のヤナ漁の基礎が確立されたのである。

ところで、1879年、東京上野公園で開催された全国勧業博覧会に安曇川のヤナ模型が出陳され、全国に模範的なものであるとして名声をかちとった。この模型の作者は不明であるが、この時にはすでに現在の形状のカットリヤナが完成していたのである。

最後に、北船木の漁業者から聞きとった「イカダトウシ」の利用の様子を記しておく。

＊筏がヤナに到着するのは午前11時頃から午後2時頃の間であった。

＊最盛期には幾組もの筏が次々に流下していたもので、「イカダトウシ」を下る順番を待っていた。

＊筏が来るとヤナの方から筏流しにむかって声をかけ、「イカダトウシ」の簀（す）を除き、ヤナに湛まっていた水が流出する勢いを利用して筏は下り降りる。一度簀を取るとすぐに水が減ってしまうので、何回も簀を張り直して水が湛まるまで待たなくてはならない。

＊筏師が操作を誤ると筏がヤナに横付けになってしまい、ヤナの基礎部分が崩れてしまう事があった。

＊筏流しはなくなったが、「イカダトウシ」は湛水量の調節につかう。また、ヤナのすぐ下流で行われる四ツ手網漁の船がヤナに近づきすぎないように「イカダトウシ」から放流することもある。

（宮地新墾）

I-8 饗庭野と泰山寺野

二つの台地

　北流してきた安曇川が東に大きく流路を転じる朽木村と安曇川町の境あたりから、両岸に広大な台地がひろがる。右岸が泰山寺野、左岸が饗庭野である。この二つの台地は、もともとは一続きのもので、古い時代の安曇川などによって形成された扇状地・三角州が隆起してできた洪積台地である[24]。

写真14　饗庭野遠望（2002年9月撮影）

　洪積台地は一般に水利に乏しく、近年まで開発の遅れたところが多い。この両台地の場合も永らく開発が進まないままで残されてきた。明和8（1771）年、幕府から泰山寺野の開発を命じられた田中10ヶ村と五番領村（いずれも現・安曇川町）の庄屋が、どのようにしても開発できる所ではないと大津代官に書状を差し出した例や[25]、1876年、井上馨が饗庭野の開拓を計画して土地を買収したが、実現せずに終わった例は[26]、水利の便の悪さが両台地の開発の障害となったことを物語っている。両台地の土地利用は、饗庭野では1886年、陸軍の演習場に決定され、今日の自衛隊の演習場に引き継がれてきたので、ほとんど開発されることなく現在に至っている。一方、泰山寺野では、戦後に至ってようやく開墾が始まったのであった。

饗庭野の入会と境界

　しかし、それまでは両台地が無用の土地であったわけではなかった。むしろ、今日の農業からは想像しがたくなってきたけれども、饗庭野や泰山寺野のような農村の周辺にある原野や山林は、日常の薪、田畑の肥草、農耕用牛

馬の秣などの採取地として農業には必要不可欠の場所だったのである。柴山、草刈場などとよばれて農業に利用されてきた山野は、その周辺の村々の入会地である場合が多かったので、山野の帰属と利用をめぐって争い（山論）が生じることも少なくなかった。

ところで、饗庭野における今津・新旭・安曇川の町境を地形図でみると、今津・新旭町境は谷峯筋に沿った境界線であるのに対して、新旭・安曇川町の境界線は直線的に引かれているのに気づく。山野に引かれたこのような直線的境界は県内ではほかにみられないものなのだが、この境界が饗庭野をめぐる山論のあとを示していると考えられるのである。

高島郡誌によれば饗庭野は古くは熊野山とよばれ、木津・日爪・岡・五十川など饗庭荘19ヶ村（現・新旭町）の領有とされてきた。しかし、北には今津・上弘部・下弘部などの善積荘の村々（現・今津町）、西には角川・保坂・追分の3村（現・今津町。追分は1974年に廃村）、南には上古賀、下古賀の両村（現・安曇川町）が位置し、これらの村々も饗庭野を利用していたから、境界をめぐって何度も山論が繰り返されてきたのであった。これらの山論のうち新旭・安雲川町境に関係するのは、両古賀村と饗庭荘の山論である。

写真15は、両古賀村が饗庭野を峯づたいに押領したとする饗庭荘からの訴えについて京都町奉行所が宝暦13（1763）年に下した裁許絵図の写しである。やや見づらいが、絵図面の下の方に引かれている横線は、絵図面右から桧塚〜椿木谷〜飯盛坂を結ぶ線で饗庭荘と両古賀村の境界線である。この線の南は元禄8（1694）年以前から両古賀村に入会権ありとされ[27]、この絵図では線より南の山々に上古賀村持山・下古賀村持山の記載がみえる。このときの裁許の内容は、「地元は一円饗庭荘とする。今回新たに墨引し、墨引から南は饗庭荘と両古賀村の入会とするが、

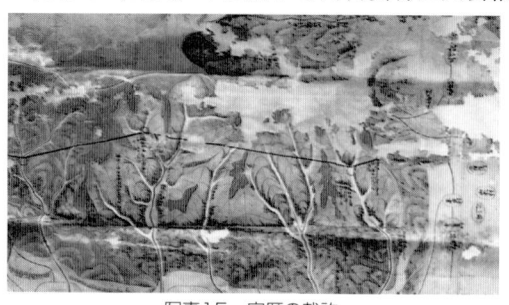

写真15　宝暦の裁許

墨引から北へは両古賀村は立ち入ってはならない。」とするものであった。その墨引は、桧塚の北西、平井村林境に新しく立てた境塚〜的谷の奥一の谷口〜浦谷の西谷奥一の谷口〜茶屋が谷の西谷奥一の谷口〜蟻が越を結ぶ線で絵図中央の横線である[28]。

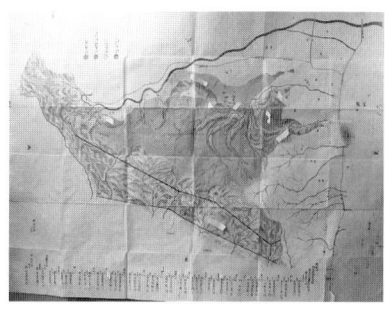

写真16 熊野山地券取調全図（新旭町役場蔵）

写真16は、この裁許から百年あまり後の1874年に作成された熊野山地券取調図である。写真15と同じ2本の境界線がこちらにも引かれており、宝暦の裁許以後、饗庭荘と両古賀村の入会境界には変更がなかったとみてよい。

その後、1875年と1879年に饗庭荘と両古賀村の間で協定が結ばれていて[27]、この頃に境界が定まったと考えられるので、この2本の境界線と現在の町境を照らし合わせてみると、若干の異同はあるが、宝暦の裁許で墨引された入会境界と現町境がほぼ一致する。このことから、山論に端を発する入会境界が現在の新旭・安曇川町境に引き継がれたものと思われるのである。

1889年に陸軍の演習場として買収され、国有地となった後も饗庭野の入会慣行は認められてきた。今日でも新旭町長から、かつて饗庭荘、善積荘、両古賀村に属していた大字の人々に年間約1,000枚の入会票が発行されている。明治期に軍事演習地となった特殊な事情が高度の土地利用を許さず、古い歴史を持つ入会慣行を残してきているのである。

泰山寺野の開発

これに対して泰山寺野では、戦後、本格的な土地利用が行われるようになった。泰山寺野の開発は、敗戦直後の開墾、高度経済成長期の開拓、昭和40年代の宅地開発の三期に分けることができる。前二者の開発では主として台地面が、後者の開発では丘陵部が対象となった。

敗戦直後の1945年は、明治末以来の大凶作であったうえ、引揚者、復員者

による人口の急増がこれに加わり、深刻な食糧危機の状況にあった。そこで、国は、開墾155万ha、干拓10万ha、土地改良210万haにおよぶ事業を実施し、300万tにのぼる食糧増産を図るという膨大な計画を開始したのであった[29]。この計画は間もなく事業量の縮小などの変更を受けるが、第二次農地改革で民有未墾地の国家買収の途が開かれたこともあって、滋賀県でも多くの原野が開墾されることになった。

　泰山寺野の最初の開発も、この食糧増産政策のもとで行われたものである。開発の対象となったのは、泰山寺野西部、今の泰山寺の集落となっているところで、1949年3月に3戸の農家が入植し、手作業によって開墾が始められた。翌1950年には当初の計画どうり20戸の農家が入植し、1954年までに田1ha、畑22haが開墾されている[30]。作物としては、この頃試作された美濃早生ダイコンが土地に適していたので、その後作付面積が急速に拡大し、今では高島郡内きっての一大産地となった。1980年農林業センサスによると、泰山寺の畑地面積は48ha余（安曇川町内畑地の38％）、農家戸数は17戸である。また、1982年のダイコン生産量は約1,350t（安曇川町生産量の85％）で[31]、主に京都市場に出荷されている。

　昭和20年代の食糧増産政策のもとで行われた一連の開拓に続いて、1961年、新たな開拓政策がうちだされると、再び泰山寺野の開発が始まる。この新開拓制度は開拓パイロット事業とよばれるもので、旧制度が入植と主要食糧の生産を中心としていたのに対し、既存農家の増反、畜産物・果物などの生産を目標にするものであった。

　泰山寺野では、旧制度のもとで開かれた泰山寺の東に連なる地域がこの事業の対象地区となった。1961～1963年度の3ヶ年で樹園地62haが造成され、主としてモモとクリが栽培されている。特にモモは、1980年でみると、作付面積で滋賀県の54％、収穫量で26％を占め、県内では有力な産地となった[32]。ただ、滋賀県は気象条件などが適していないこともあって、果樹生産は全般に停滞しており、泰山寺野の場合も作付面積は漸減の傾向にある。また、泰山寺野果樹生産組合の当初からの組合員農家も土地の転売や賃借などで果樹

生産から離脱した例が多いようである[25]。
　以上の二つの開発は、国の農業政策によって行われたものであったが、1960年代後半に入ると民間デベロッパーによる宅地開発が進行する。地形図では、泰山寺野の北、南今賀に面する丘陵、高面山(たかづらやま)の北、中野と長尾に面する丘陵に大規模な造成地がみられる。いずれも1967、1968年頃に開発されたものである[33]。土地開発ブームと湖西線の開通を間近にひかえるという条件が重なって、この時期に安曇川町で民間業者が開発した宅地面積は大津市に次ぐ規模に達している。
　分譲された宅地の大半は京阪神の人たちが購入しているようであるが、現在でも大部分が遊休地で、数戸の別荘風住宅が点在しているにすぎない。

（近藤月彦）

Ⅰ-9　安曇川中・下流域の土地・水利用

安曇川デルタの地形条件

　ここに2つの地形図がある。1つ（図12）は、1893年に作られたものであり、ほかの1つ（図13）は1993・1994年に作られた。2つの地形図をむすぶ100年は、安曇川流域の歴史においてもっとも大きい変化のあった時期にあたる。土地や水の利用は、ひとたび大きな枠組ができあがると固定化しやすい傾向にある。ところが、19世紀末から20世紀後半にかけては、地域の比較的変化に乏しい諸要素にも大きい改変がもたらされることになった。
　1893年の地形図は、近代化の過程に入る以前の安曇川を知る上で、多くの情報をもたらしてくれる。常盤木(ときわぎ)から東に湖岸までつづく平地は、安曇川と鴨川によってつくられたデルタファン（扇状地状三角州）である。扇状地と三角州の境界は複雑であるが、ほぼ90mの等高線を境に両者が区分される[34]。

図12　1893年測量の安曇川河口付近の地形図　陸地測量部5万分の1地形図、竹生嶋・多景嶋

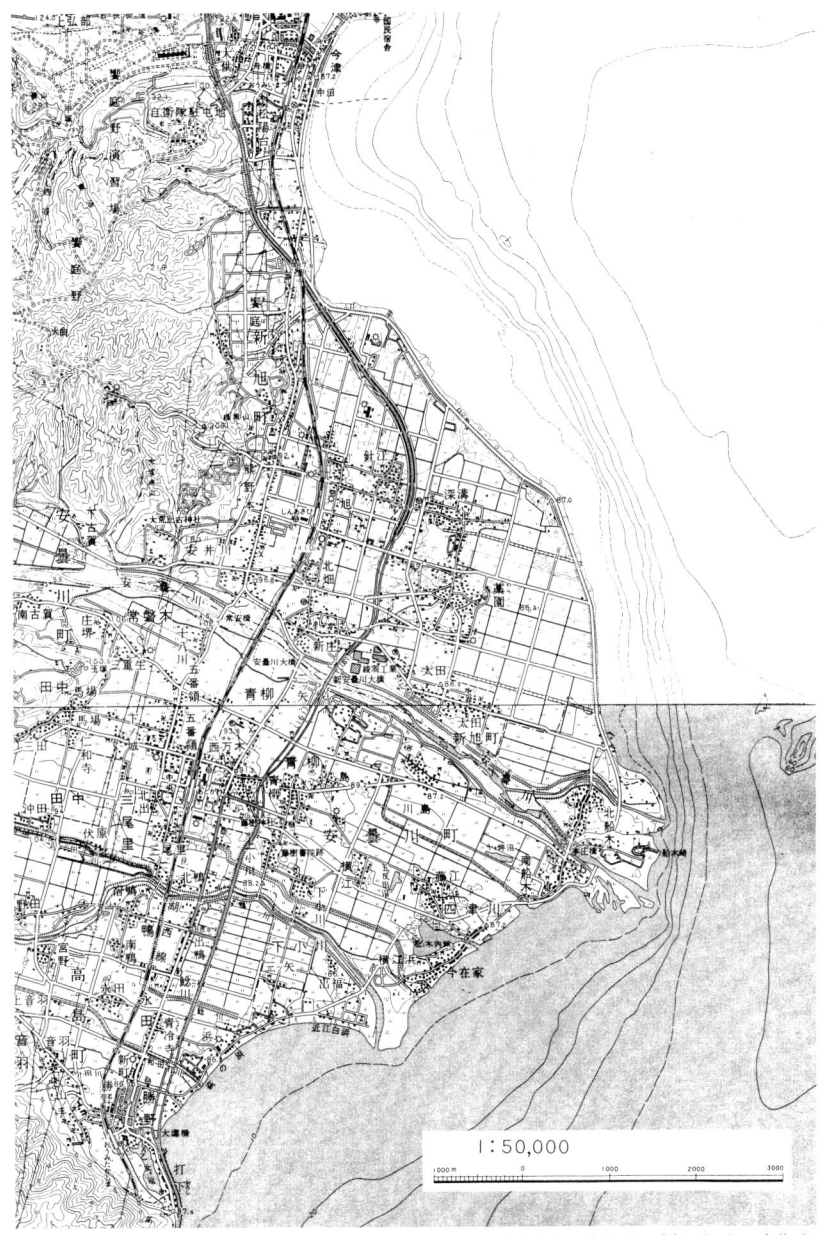

図13　現在の安曇川河口付近の地形図　国土地理院5万分の1地形図、竹生島(1994年修正)・彦根西部(1993年修正)

左岸の新旭町側では、五十川から田井、針江を経て藁園、太田の上流に至る線、右岸の安曇川町・高島町では、音羽から永田、鴨、西万木、島に至る線（図13にのっている集落を結んで、図12と対比してみるとよくわかる）が境界をなす。

地形図で乱流の跡がみられる旧河道の間には、自然堤防や中州が分布している。右岸の庄堺、三重生、十八川、島、川島、青柳、上小川、下小川といった集落や左岸の川原市、新庄、藁園、太田などは、扇状地から三角州に移行する地帯に位置する自然堤防上の微高地にある。自然堤防は主として砂礫堆からなり、比較的乾燥した土地であったため、居住に適しており、早くから集落が立地した。

安曇川中下流域の水利用

安曇川デルタの開発の古さは、条里制の遺構があることからもわかる。長い期間にわたって行なわれた水田耕作の過程で、水の利用は安曇川中下流部の地形条件と深い関連をもつに至った。安曇川に水を依存するのは、中下流部における水田のうち46％にあたる1,260ha余であった。かつて安曇川には、長尾地先から下流の右岸に5、左岸に6の井堰が存在していた。現在、安曇川町の中心部となっている田中や西万木あたりまでは、安曇川からの用水によって直接灌漑可能であったが、それより下流の青柳、上小川、下小川、横江などになると、上流部からの余水によって灌漑するほかはなかった。安曇川と鴨川にはさまれた低地に水田のあるこれらの集落では、小河川の氾濫が多く、しかも一部では地下水位が高いため、反当収量は低かった。

扇状地の端から湖辺部にかけては、「ショウズ」とよばれる湧水や「カゲラ」とよばれる自噴井などによって水は供給されていたものの、広範な湿田があり、排水不良が水問題の中心となっていた[35]。そのため、安曇川デルタにおいては、渇水年に上中流部では水不足のため収量が低下したのに、下流部では逆に収量が増加する傾向をみせた。水に対する関心はこうした条件に影響されて、デルタの上下流部の集落において対照的であった。湿田を抱え

る地区では、明治時代に排水対策事業が始まり、第2次大戦後には排水不良がほぼ改良されている。

　戦後、1949年のヘスター台風によって安曇川本川の10の井堰が流失した。これがきっかけとなって井堰の統合が構想される。1949年に着手された事業は、途中1953年の安曇川大水害をはさんで、1963年に終了した。安曇川合同井堰（受益面積2,531ha、取水量6.72㎥/s）は、はじめの計画が発電所の放水路に近かったため、計画より下流（長尾地先）に設置された[29]。これによって、安曇川中下流の水利事情は大きく変化することになったが、1970年代に入ると、住宅建設などのため河川敷で砂利採取が始まり、河床を1.5mほど低下させた。これが、井堰の機能をも低下させている[36]。

安曇川中下流域の土地利用

　安曇川デルタでは、高度経済成長の始まる1960年頃までは、ナタネ、麦、レンゲなどが栽培されていたが、現在、二毛作田はほとんどみられない。図12では、安曇川の河川敷とその周辺に桑畑がみてとれるように、明治中期から大正期にかけて、この一帯では養蚕がかなり広く行われていた。1889〜1890年頃から桑園が発達を始めたというから、図12はちょうどその時期の状況を示しているといえる。

　また、1904年には、北船木に船木万果園が設立され、ブドウ、ナシ、モモなどが栽培された。この園地は、1915年頃から安曇川の流路が変わり、毎年2〜3反が陥没したため、1918年に廃園となった。

　湖岸の陥没は安曇川デルタの広い範囲にわたってみられ、藤江や三ツ矢などでは水深2.5m以内のところに集落が沈水したという伝承がある[25]。また、新旭町では条里の遺構が水没している。こうした動きにもかかわらず、安曇川上流からの土砂の流出などによって、河口部は前進をつづけており、河口州や浜堤が発達している。

内湖とその機能

　図12と図13を比べて大きく異なっていることの1つは、湖辺に存在する内湖の状態であろう。内湖は、沿岸流によって土砂が堆積したため、もと琵琶湖の一部であったところが区切られてできた。図からも、湖岸線に沿って小規模な浜堤が発達していることがわかる。かつては、新旭町の湖岸から高島町勝野あたりまでかなりの内湖が散在していた。四津川には今日でも松ノ木内湖が残っているが、隣の梅ノ木内湖は1943年に干拓されて現在はみられない。

　内湖は、長い間琵琶湖の水位と深い関わりをもっていた。水位が上昇すると、湖辺の低地は湿地となり、内湖化が進む。内湖には水があふれ、水域が拡大していく。内湖は、水位の上昇を湖辺で受けとめ、それを調整することによって周辺にある農地への直接の影響を和らげた。治水の面からみて、遊水池の機能をはたしていたのである。1905年に南郷洗堰ができ、水位の調節が行なわれるようになってから、水位は経年的に下がり、遊水池としての内湖の機能も低下した。これが、内湖を干拓して農地を拡大し、土地利用の密度を高める結果となった。

　ところが、琵琶湖の富栄養化が進んでいる現在、内湖は平地から流入する汚水を受けとめ、自然浄化を行なう場として琵琶湖に対する水質保全の機能が見直されつつある。こうして内湖の数が減少したのちになって、琵琶湖と平地にはさまれた内湖がはたす機能は、かつてとは逆に琵琶湖にとっての防波堤の役割を担うようになった。

湖岸の変化と琵琶湖像

　1893年の地形図と現在の地形図を対比してみると、今日、湖岸に沿って道路が走り、湖水との境が明瞭になっていることがわかる。かつて湖岸にはヨシが生え、低湿地が広く続いていたこともあって、人々は容易に湖岸へ近づくことができなかった。

1884年に、深溝字中川に港ができてから、ここは大津と塩津、大津と長浜を結ぶ西回り航路の寄港地となっていた[28]。また、南船木の船木港は、明治以前から湖西の大きい港として知られている。1931年に江若鉄道が開通するまで、人々の往来は湖上を中心としたものであった。そのため、湖上から陸地を眺める人の数は多く、当時にあっては、これが琵琶湖のイメージを形成する上ではたした役割は大きい。

　湖上交通の衰えと湖岸道路の建設によって、湖上から陸地を眺める人は減り、湖岸から琵琶湖をのぞむ行為が一般化した。湖岸に立って水の色を見、琵琶湖とそのかなたの山並みに眼をはせる。今日、琵琶湖のイメージとして定着しつつあるこうした景観像の形成過程を、2つの地形図はあざやかに示している。

（秋山道雄）

Ⅰ-10 安曇川の水力発電

　安曇川には水力発電所が3ヶ所に立地している。下流から荒川、栃生(とちう)、中村の各発電所でいずれも大正年間（1912～25）の創業で90年を越える歴史をもっている。

　明治20年代（1887～）の初めに東京、神戸、大阪、京都であいついで開業された我が国の電気産業は、1892年に疏水水力を利用した京都市の蹴上発電所（京都市水利事業所）の開業を契機に、それまでの主力であった火力発電に水力発電が加わることになる。とくに京都電燈株式会社（現在の関西電力）では、燃料であった石炭の高騰と疏水水力に余力があったため、1894年に火力を全廃し水力利用に転換している。

　日清・日露の両戦役と第一次世界大戦をのりこえて我が国の産業界は活況を呈し、工場の新設や規模の拡大が相次ぎ、また石油、ガス、蒸気機関から

電力への動力の転換が行われた結果、電力需要の大幅な増大をみることになる。近畿でも電灯の取り付けの順番を何か月も待たされたり、京都市営の電気料金にプレミアムがつくといった異常な事態まで起こっている。

このような時代的背景のなかで、高圧発電・遠距離送電を可能とした技術革新もあって着目されたのが安曇川の豊富な水力である。

荒川発電所

写真17　荒川発電所高岩堰堤
（2002年9月金網越しに撮影）

写真18　荒川発電所の流筏路（2002年9月撮影）
A：隧道出口　B：下流端

最初に造られたのが荒川発電所（写真17）で、1921年の発電開始。図14で見ると朽木村荒川付近で形成されている安曇川の一大遷急部をショートカットするように掘られた約1,400mの水路によって有効落差を得ており、針畑川や北川などの有力な支川を集めた豊富な水量で、安曇川では最大の発電能力を持つ。この発電所に関して記録すべきことは、かつて安曇川のほぼ全域で盛んに行われていた筏流しのための専用水路（流筏路という）が設置されていることである（写真18のA、B）。この水路は、高岩橋に発電取水用の堰堤がつくられた影響で筏の流下が困難になったことに伴う対策として設けられたものである。上流から流下してきた筏は、高岩橋の堰堤から発電用水路に入り約100mほどの開渠を

図14　荒川発電所付近の地形図
国土地理院2万5千分の1、饗庭野（1986年修正）
1:25,000

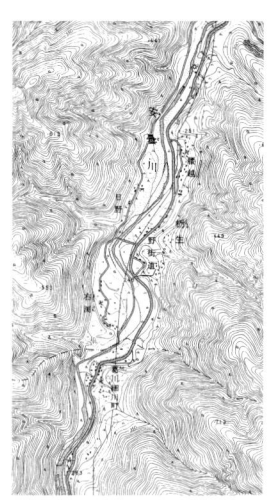

図15　栃生発電所付近の地形図
国土地理院2万5千分の1、北小松（1986年修正）

経て随道に入る。筏には人が乗ったままである（大きい筏で5〜6人、小さい筏で2〜3人）。発電所の手前で随道（写真18のA）を出た筏は発電用水路と並行に設けられている流筏路（写真18のB）を通って本流に戻される。発電用水路とほぼ同じ急勾配を人を乗せたまま一気に筏が下り降りる光景は、さぞ勇壮なものであったであろうと想像される。奈良・平安の時代にまでさかのぼることのできる安曇川流域の代表的な地場産業の筏流し（林業）と近代産業を支えるエネルギー供給施設との共存が図られた当時のやり方は興味深い。

栃生発電所

　栃生発電所（図15、写真19）は1924年の発電開始。取水口は大津市堅田町貫井、放水口は朽木村栃生に位置する。ここの取水用堰堤にも、現在は改築されてみられないが左岸側に流筏用の水路が設けられていたようで、筏がくれば発電所の水路員が角落としを上げ筏の流下に協力したとのことである。発電用水路は安曇川本流と併行して標高約250mのコンター付近沿いに暗渠と開渠によってつくられており、細川・野街道・腰越の集落を経る。ここで

興味深いのは、この発電用水路を通る水が、通過する集落の農業用水として利用されていることである。発電所建設に先立って京都電燈株式会社と地元集落の間で交わされた協定にもとづくもので、かんがい期に現在も利用されている。

中村発電所

最上流部に位置するのは中村発電所（図16、写真20）で発電開始は1923年。この発電所の堰堤にも左岸側に筏流し（ほとんど単木流しだけであったようである）用の水路が見られ、流筏がくれば電力会社の水路員が出て、水量調節にあたったとのこと。ここでも地元林業との協力が図られていた。しかし一方では、1926年の滋賀県議会の花折峠開削決議のなかで「―近年、京都電燈株式会社ガ発電所ヲ設置セシ以来、流筏ニ拠ル木材ノ搬出ニ悩ミツツアル地方ノ苦痛ヲ軽減シ―」とあることからみて、問題がなくはなかったのであろう。

写真19　栃生発電所用水路（貫井）（2002年9月撮影）

写真20　中村発電所取水堰堤（2002年9月撮影）

ところで中村発電所は上の2つの発電所とは創業の事情を異にする。荒川、栃生両発電所が当初から電灯用電気供給施設として発足したのにたいして、この発電所はもともと大津と京都の中心街を直結する京津電気軌道株式会社（現在の京阪電車京津線）の専用の電気供給施設として造られたものである[37]。京津電気軌道は1926年、大阪と琵琶湖観光を結びつけることに意欲的な京阪電車と合併したが、このとき中村発電所の施設は京都電燈に譲渡されている。

　取水口は堅田町坂下左岸で、取水された用水はいったん足尾谷川（上流の京都市域では芦火谷川）に設けられた堰堤に導かれ、そこから堅田町中村の発電所に落とされる。有効落差は約109mと長いが、上流部のため水量が少なく発電能力は小さい。安曇川本流から約1kmほど入った足尾谷川の堰堤にいってみると、苔むした用水路が渓谷の景観に溶け込んでおり、この発電所の長い歴史を感じさせてくれる。

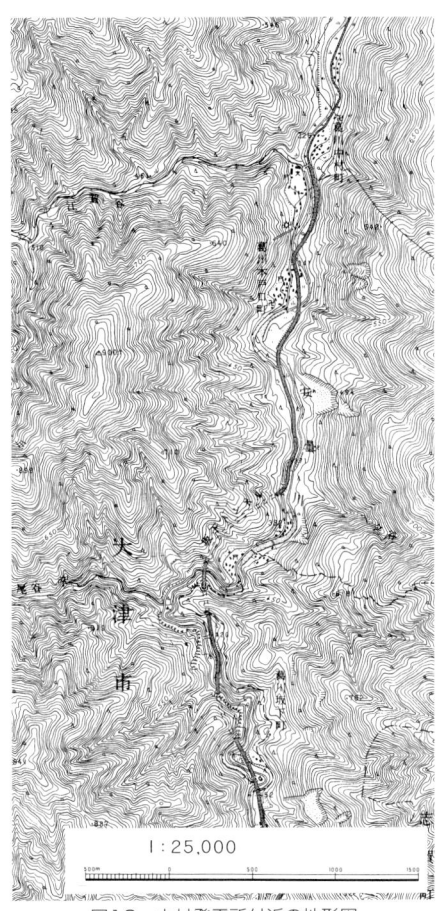

図16　中村発電所付近の地形図
国土地理院　2万5千分の1、花背（1998年修正）

（宮地新墾）

II-11 扇骨と綿織物

安曇川と扇骨業

　国道161号を北上して安曇川の堤防にさしかかると、沿岸に竹林がみえてくる。安曇川は平地部へ出て以降天井川となっているので、古来より氾濫がしばしば起こり、水害が激しかった。これを防ぐため、江戸時代に沿岸一帯に竹が植えられた。竹林の分布は、44ページの地形図からも読みとれる。この竹を素材として扇子の骨組みをつくる仕事が、江戸時代の後期に新庄（図17）で発生した。新庄は、その昔安曇川右岸の西万木(にしゆるぎ)領内にあったといわれるが、水害のため左岸に移った。堤防周辺の竹林は、左岸のみならず右岸のものも新庄の居住者が所有する[38]。

　新庄で起こった扇骨(せんこつ)業は、やがて明治も後半の今世紀に入って右岸の西万木に移り、大正期には周辺の村にも広がっていった。大正期までは、扇骨業

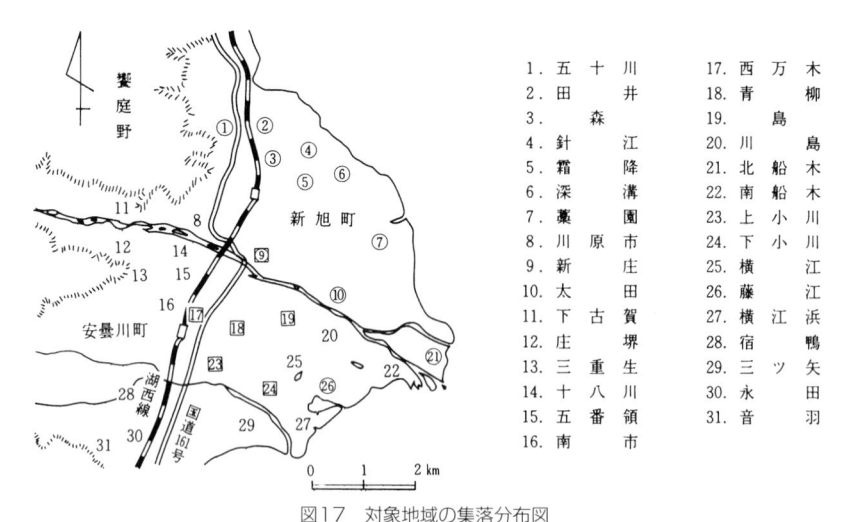

1. 五十川	17. 西万木
2. 田井	18. 青柳
3. 森	19. 島
4. 針江	20. 川島
5. 霜降	21. 北船木
6. 深溝	22. 南船木
7. 藁園	23. 上小川
8. 川原市	24. 下小川
9. 新庄	25. 横江
10. 太田	26. 藤江
11. 下古賀	27. 横江浜
12. 庄堺	28. 宿鴨
13. 三重生	29. 三ツ矢
14. 十八川	30. 永田
15. 五番領	31. 音羽
16. 南市	

図17　対象地域の集落分布図
注）○印は、1984年に高月織物協同組合加入の業者が10以上存在する集落。
　　□印は、1981年に扇骨業者が10以上存在する集落。

者のうち専業は90％ほどあったが、1950年代に入ってから生産量の増大につれて農家の兼業が増えた[39]。1950年代の後半には年間1,300万本を生産したが、1960年代になると扇風機やクーラーの普及につれて生産量は減少し、現在は450万本あまりになっている。扇骨業は注文生産が80～90％で、12～5月に問屋の注文が集中する。そのため、農家の労働力の季節的な配分が可能で、産地を形成する大きい要因となった[40]。

　大正中期には竹の需要が増加したため、地元の竹では絶対量が不足するようになってきた。しかも、漁業用材としても用いられていたので、価格は上昇した。このため、原料の竹は熊本、大分、島根、愛媛やさらに台湾からも入れられることになった。地元竹の使用比率は低下していき、戦後には特殊な扇骨を除くと親骨に用いられるのみとなっている。道路や堤防の改修工事によって竹林の面積は減少しているので、地元竹の消費はますます減少の傾向にある。

　生産の中心地は西万木、青柳、新庄などであるが、発祥地とみられる新庄の衰退ぶりがめだっている。安曇川左岸で扇骨業が伸びないのは、織物業が進展したためであろう。安曇川デルタでは、図17からも明らかなように、両業種がかなり明瞭な地域分化をみせている。

織物業の展開

　高島縮として知られる綿織物の生産は、江戸時代後半に始まったといわれる。綿織物は75～80％の湿度があると、糸が切れにくい。安曇川中下流部は、夏には南東風によって琵琶湖の水蒸気が吹きつけ、晩秋から初春にかけては高島しぐれによって曇天や雨雪の日が多い。今日、大工場では調湿機が採用されつつあるが、年平均湿度78％という高島郡の気候条件は織物業の成立にとって重要な要因であった[41]。さらに、安曇川中下流域の地下水は豊富で、しかも軟水であるため、撚糸や綿織物の洗浄、処理に適していた。

　織物業の事業所は、新旭町と安曇川町で全体の90％をこえる。1950年頃から農家の副業として下請機業の数が増え、繊維産地として地域的な分業が進展

した。親機は約70%が新旭町に集中し、とくに藁園、太田に多い。親機は5〜60戸の下請業者を抱え、親機の多い集落に下請業者が集中する傾向にある[42]。現在、これら親機は主として大阪にある紡績企業や商社と結びついている。

地域の変化と地場産業

　安曇川流域の地場産業は、地域とのかかわりからみると徐々に地域のもつ自然条件との関連を低下させ、現在、地域的分業という形をとって地元の労働力と結びついている点に特徴がある。しかし、1974年に湖西線が開通した前後から、この地域も京都や県南部への通勤圏に組み込まれるようになった。しかも、両業種の従業者の高齢化が進んでいるため、労働力の確保が重要な課題となっている[43]。こうした問題に加えて、製品の需要傾向や市場での競争条件をも考慮すると、時代の動きにふさわしい形で存続するためには、狭義の産業論的な視点をこえる対応が求められているのかもしれない。

（秋山道雄）

I-12 朝日の森―森林環境基地―

森林環境基地「朝日の森」

　「朝日の森ってなんですか」とよく聞かれるが明確に即答しにくい。森林公園でもなくアウトドアの施設でもない。一番簡単な答えは「民間で森林を運営し、多方面にわたる活用を図る場所」というところだろうか。杓子定規にいうと「森林文化の理念に基づいて森林文化を実践する基地」ということになる。

　「朝日の森」は、新聞社が1978年に設立した財団法人・森林文化協会によって運営されている。場所は安曇川の上流の高島郡朽木村麻生、地子原地区

にまたがり、面積約150ha、標高約200〜400mの山林が舞台となっている。

施設は、150人ほど宿泊できる「自然研修所」をメインに、森の管理・育成、試験研究をするほか、外部の研究者らが宿泊・利用できる「森林環境研究所」などからなっている。

森林はスギを中心にした造林地が面積で約17%を占め、残りはかっての薪炭林や採草地が放置された二次林が大部分となっている。

森林文化と「朝日の森」

1994年度の林業白書では、「森林文化の新たな展開を目指して」という章がもたれ、かなりの部分で森林文化に言及している。白書では「森林を保全しながら有効に利用していく知恵やその結晶としての技術、制度およびこれらを基礎とした生活様式の総体を『森林文化』と呼ぶとする」、「人類と森林の『共生』関係や森林のもつ『循環』作用の認識が基礎となって形成されたもの」としている。

これは、「朝日の森」の理念に共通する。これまでの活動が国の政策を先取りし、広く認識されつつあると考えている。森林文化の概念はまだ固まったものでなく走りながら考えている状態だが、ここでは、設立当初から謳っている、▽自然の尊さをおそれる▽自然の美しさをうやまう▽自然の摂理をまもる▽自然の厳しさを体する▽自然の温かさにとけこむ、という要綱を紹介するのにとどめる。

何をしてきたか

「朝日の森」の目的は、「林学に基づいた試験研究およびその普及啓発活動」と規定されている。実際にしていることは現在の森林に係わる活動を網羅しているのではないだろうか。森自体は特別なものではなく、森と人が有機的に結び付きながら森林を育て利用してきたのが特徴だろう。

ハードとして、施設のほかに約15kmの遊歩道、現地の圃場で実生から育てた広葉樹による植林地、松茸など林産物を生産するための里山、理想的な手

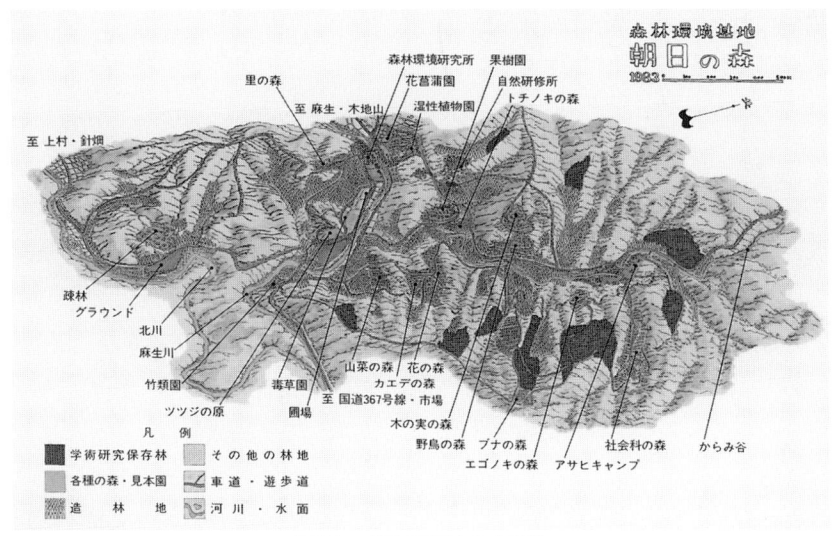

図18　「朝日の森」みとり図

写真21　プログラムのひとつ「山菜教室」

写真22　シンボルツリーのユリノキ

写真23　客が参加しての道づくり

写真24　ハンカチノキの花

入れをされた造林地などを整えてきた。

　ソフト面での特徴としては、森と来訪者を仲立ちする大学生による「グリーンボランティア」を組織している。現地には、森林管理、試験研究をしている研究員が常駐し、この両者が一体となって自分たちの体験をフィードバックしながら年間数十回のプログラムを展開している。

何を目指すのか

　「朝日の森」が開設されてからの20年間で森林を取り巻く環境はどう変わっただろうか。林業はさまざまな努力にもかかわらず木材価格の低迷、労働者の高齢化で山村の経済を担う存在から程遠いものになってしまったし、山村の過疎化を解決する出口も見えていない。その半面、人々の自然や森林に対する関心の多様さ、真剣さは増す一方と見受けられる。森林を総体的に捉える森林文化の考えはこれらの問題を解決する方法として重要性を増すだろう。

　また、「朝日の森」は琵琶湖の上流に位置することから美しい琵琶湖の存

続に川上からの答えを提供する必要がある。滋賀県琵琶湖研究所とのプロジェクト研究「森林伐採が環境に及ぼす影響」ではフィールドを提供すると共に森林を育てながら環境を良くするという森林文化的な解答を探ろうとしてきた。

　今後も森林と人との真の「共生」を目指して長期の視点で森林と接する場を提供していきたい。

(島田佳津比古)

Ⅰ-13 朽木渓谷のエコロード

エコロードとは

写真25　サツキ

　道つくりが、単に通路としての機能性だけでなく、環境保全や景観保全に配慮して作られたのが、エコロードである。いわゆる、自然にやさしい道、生き物にやさしい道のことである。実際の建設にあたっては、自然豊かな地域を通る場合は、その地域の自然に配慮した道づくりをするということになるが、生き物が棲める本来の自然環境がなくなった地域においては、新たに動植物の棲息環境を作りだすということも、エコロードの考え方である。後者は、創出型のエコロードと言われ、都市部などで最近積極的にとりいれられている。

県道小浜—朽木—高島線

　県道小浜—朽木—高島線は、県下でも有数の景勝地である朽木渓谷を横断する道である。また、付近は、西山の山麓にあたり、クリやコナラなど落葉広葉樹を主体とした里山地域で、古くから人間の営みが盛んで、かつ、生き物が多数棲息する自然豊かな地域である。

　現在の道は、安曇川朽木渓谷の右岸にあり、道路建設により削り取られたV字谷の斜面はコンクリートで固められている。数年前には、壁の一部が崩落し、道路を封鎖した。道が曲がりくねっていることと、崩落

写真26　ロードキル（キツネ）

写真27　ボックスカルバート

の危険があることから、朽木渓谷の左岸に新たな道路がつくられている。左岸側は、昔、道があったところで、比較的なだらかな斜面が、城跡である西山山頂に続く。この地域は懐が深いことから、シカ、カモシカ、イタチ、テン、タヌキなどの動物が多数棲息している。さらに、天然記念物のヤマネも付近に棲息することが確認されている。また、コブシ、ミツバツツジ類、ウスギヨウラクなど、春先に花を咲かせる樹木も数多く生育している。さらに、渓谷特有の植物であるサツキは、本地域が滋賀県唯一の自生地である。

生き物にやさしい道つくり

　現在ある朽木渓谷右岸の道は、削り取られた斜面と切り立った崖により、ロードキルの件数は少ない。しかし、今回建設される道路は、豊かな森林地帯から安曇川へとなだらかに続くため、森林帯と安曇川とを行き来する生き

写真28　中型動物用トンネル

写真29　スロープつき側溝（ハイダセールブロック）

物にとっては、道路建設により、棲息域の分断がおこり、移動が困難になることが予想される。最近、朽木に限らず自然豊かな地域を横断する道路では、ロードキルがめだつ。周辺地域では、シカ、カモシカ、タヌキなど様々な生き物の棲息が確認され、このまま道路を建設すればロードキルの被害は、多くの動物に及ぶことが予想された。そこで、まず道路周辺の生き物の確認を、聞き取り、フィールドサイン、ぬたば、獣道などの調査を行い、動物にあわせた対策が講じられた。

動物の通り道をつくる

　今回の工事で、大型動物に対しては、獣道の調査から道路下に高さ４ｍ、横幅４ｍのボックスカルバート（写真27）が１ヶ所設置されている。トンネルの周辺は草木を植栽し、自然な感じに仕上げると同時に、トンネル内へと無理なく誘導できるようになっている。また、人にとっては利用しづらいように、道路から直接トンネル付近に下りられないようになっている。中型動物に対しては、さらに、ヒューム管が３本通してある（写真28）。ヒューム管の中は、落ち葉や土が敷きつめられている。また、側溝はスロープつきのものを随所に設置して、小動物が溝から這いあがれるような配慮（ハイダセールブロック）がなされている（写真29）。

（青木　繁）

注

1) 震災予防調査会（1904）「大日本地震史料（1973年複刻）」，思文閣，東京．
2) 小鹿島果（1893）「日本災異志（1982年覆刻）」，五月書房，東京．
3) 滋賀県高等学校理科教育会地学部会（1980）朽木谷．「滋賀県地学ガイド」40-50．コロナ社，東京．
4) 萩原尊禮（1982）古地震．東京大学出版会．
5) 滋賀県小学校教育研究会国語部会（1980）滋賀の伝説．日本標準，東京．
6) 活断層研究会（1980）日本の活断層—分布図と資料．東京大学出版会．
7) 伏見碩二（1984）琵琶湖の雪—暖地積雪の構造．琵琶湖研究所所報第2号，79-117.
8) 植谷俊治（1984）滋賀県における昭和56年12月発生の森林冠雪害について．昭和59年度日本雪氷学会秋季大会講演予稿集，p 121.
9) 吉良竜夫ほか（1979）びわ湖集水域の生態地域区分．「びわ湖集水域の環境動態—昭和53年度報告(1)」，58-66.
10) 倉内一二（1953）沖積平野におけるタブ林の発達．植物生態学報，3(3)：121-127.
11) 式内社研究会（1981）式内社調査報告（第12巻東海道1．近江）．皇学館大学出版部，伊勢市．
12) 寒川辰清（1734）近江輿地志略（第2巻）．大日本地誌大系（蘆田伊人編1977），雄山閣，東京．
13) 青田東伍（1900）「大日本地名辞書第二巻上方（増補八刷1982）」．富山房，東京．
14) 前掲注12），曾禰好忠；10世紀の歌人．
15) 橋本鉄男（1974）「朽木村志」．朽木村教育委員会．
16) 橋本鉄男（1982）「木地屋の民俗」．岩崎美術社，東京．
17) 伏木貞三（1972）「近江の峠」．白川書院，京都．
18) 草山万兎・清川貞治（1981）「ろくろっ子」．小学館．
19) 京都新聞社（1980）「京・近江の峠」．京都新聞社．
20) 海老沢秀夫（1994）ホトラ山について（Ⅰ）—聞き取りを中心として．森林文化研究，15：185-190.
21) 岩波書店（1978）「広辞苑（第二増補版）」．
22) 大野晋・佐竹昭広・前田金五郎（編）「岩波古語辞典」．岩波書店．
23) 海老沢秀夫（1995）ホトラ山について（Ⅱ）—ホトラという言葉をめぐって．森林文化研究，16：222-223.
24) 水山高幸ほか（1971）琵琶湖周辺の地形．「琵琶湖国定公園学術調査報告書」，71-105．滋賀県．
25) 安曇川町史編集委員会（1984）「安曇川町史」．
26) 滋賀県史編さん室（1971）「滋賀県百年年表」．
27) 新旭町（1910）饗庭野原野貴書類綴（新旭町役場蔵）；内田実（1968）：饗庭野の土地利用と入会の関係．札幌大学紀要教養部論集，1：47-84．に所収．
28) 高島郡教育会（1976）「増補高島郡誌全」．弘文堂書店，大津．
29) 滋賀県史編さん委員会（1976）「滋賀県史昭和編第3巻」．
30) 滋賀県（1956）「昭和29年度滋賀県統計書」．
31) 農村問題調査研究会（1984）都市化・工業化にともなう琵琶湖集水域における水・土地利用と地域構造の変化に関する研究．「昭和58年度琵琶湖研究所プロジェクト研究報告書」．
32) 近畿農政局滋賀統計情報事務所今津出張所（1981）「高島の農業」．滋賀県農林統計協会．

33) 高島高校歴史研究部（1972）歴史研究12—安曇・広瀬地区調査報告書．
34) 福田徹（1974）安曇川下流域における条里制の復原．人文地理，26(3)：1-28．
35) 武邑尚彦（1978）西江州における稲作村落の社会構造．滋賀県立短期大学術雑誌，19：111-120．
36) 池上甲一（1984）安曇川中下流域における農業水利構造の変化．「昭和58年度琵琶湖研究所プロジェクト研究報告書（農村問題調査研究会編）」，109-116．
37) 電気鉄道公社による都市近郊への電気供給は近畿地域の電気事業の特色の一つで，阪神電気軌道，箕面有馬電気軌道（現・阪急電鉄），京阪電気鉄道，大阪電気軌道（現・近畿日本鉄道）などが沿線の町村に電気を供給していた．
38) 藤本利治（1955）稲作卓越地に於ける兼業の成立について—安曇川三角州新儀村の扇骨の場合—．立命館文学，121：50-60．
39) 滋賀県立高島高等学校歴史研究部（1971）扇骨の生産．歴史研究，11：129-152．
40) 小林博（1981）安曇川の扇骨．地理，26(7)：116-123．
41) 滋賀県立高島高等学校歴史研究部（1973）高島織布工業．歴史研究，13：145-168．
42) 川端弘（1968）高島織物工業の存立形態．「人文地理学の諸問題」．小牧実繁先生古稀記念事業委真会編，181-196．大明堂，東京．
43) 八田良一（1975）「高島織物史全」．高島織物工業協同組合，新旭町．

参考文献

Ⅰ-3）小西民人・青木繁（1991）朽木の植物相．「滋賀県自然誌」．1077-1115．滋賀県自然保護財団．
Ⅰ-3）横内斎「長野県植物分布の由来」．信濃教育会出版部．
Ⅰ-3）村瀬忠義（1979）滋賀の植物地理概説．「滋賀県の自然」．899-929．滋賀県自然保護財団．
Ⅰ-13）亀山章（1997）エコロード，生き物にやさしい道づくり．
Ⅰ-13）村田源・小山博滋（1980）襲速紀地域を中心とした日本太平洋側フロラの特性について．国立科学博物館研究専報．
Ⅰ-13）滋賀県今津土木事務所・株式会社新州（1997）主要地方道路小浜—朽木—高島線単独道路改良自然環境調査．
Ⅰ-13）滋賀県土木部（1995）「公共工事の環境対策の手引き」，第2章自然にとけこむみちつくり．

Ⅱ. 湖北の川編

- Ⅱ-1 氷期の遺存種が生息する野坂山地
- Ⅱ-2 積雪地域の水資源保全への役割
- Ⅱ-3 石田川流域の水質
- Ⅱ-4 石田川流域の植物
- Ⅱ-5 多雪地の植物
- Ⅱ-6 湖北山地の人文地理
- Ⅱ-7 石田川・知内川流域の製鉄遺跡
- Ⅱ-8 高時川流域の民家
- Ⅱ-9 丹生谷の土地利用
- Ⅱ-10 中河内の盛衰
- Ⅱ-11 高時川上流の廃村集落
- Ⅱ-12 知内川とビワマス漁
- Ⅱ-13 高時川・余呉川の農業水利
- Ⅱ-14 余呉川の改修
- Ⅱ-15 余呉湖とその水質

高時川

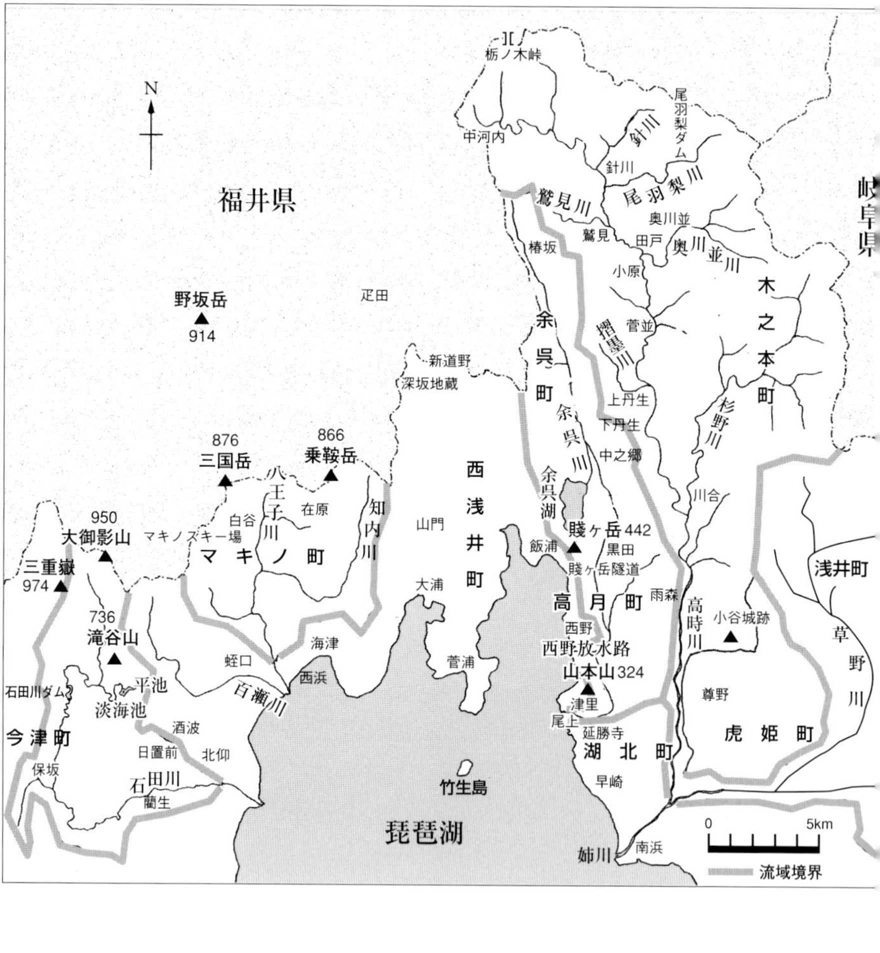
N
福井県
野坂岳
914
疋田
新道野
深坂地蔵
栃ノ木峠
中河内
尾羽梨ダム
針川
針川
尾羽梨川
鷲見川
鷲見
椿坂
奥川並
田戸
奥川並川
小原
菅並
摺墨川
木之本町
上丹生
下丹生
杉野川
中之郷
川合
余呉町
余呉川
余呉湖
賤ヶ岳 442
黒田
賤ヶ岳隧道
飯浦
雨森
高月町
西野
西野放水路
山本山 324
津里
尾上
延勝寺
湖北町
早崎
高時川
小谷城跡
尊野
虎姫町
浅井町
草野川
岐阜県
西浅井町
山門
大浦
菅浦
竹生島
琵琶湖
姉川
南浜
876
三国岳
866
乗鞍岳
八王子川
白谷
在原
知内川
マキノスキー場
マキノ町
海津
蛭口
西浜
百瀬川
950
大御影山
三重嶽
974
736
滝谷山
平池
淡海池
石田川ダム
今津町
酒波
日置前
北仰
保坂
石田川
藺生
0
5km
流域境界

概　　要

　ここにあがっている地域は、海津大崎から東山を経て北にのびる山地によって東西に分かれる。西が湖西地域、東が湖北地域にあたる。ここは、湖西と湖北の分水嶺となっているだけでなく、行政領域の境界線ともなっていた。湖西北部では、石田川、百瀬川、知内川が野坂山地を源流にして琵琶湖へと向かう。湖西最大の河川、安曇川は、この図よりも南に位置しているが、安曇川とくらべると、湖西北部の河川は流路延長・流域面積ともに小さい。とくに流域面積は、数分の一から数十分の一という規模である。湖東や湖南の河川にくらべ開発の手がそれほど入ってこなかったので、河川の自然な姿を比較的よく残している。とくに百瀬川は、典型的な扇状地の事例として教科書にもよくとりあげられてきた。

　石田川の下流に位置する今津町は、若狭街道や西近江路の結節点にあたり湖西北部の中心地として機能している。野坂山地をこえれば、若狭國がすぐ北西に隣接しているので、古代からその影響を受けてきた。また、湖西北部から湖北にいたる琵琶湖の沿岸域は、山地が琵琶湖の間近に迫る地形であることも作用して、典型的な奥琵琶湖の景観を形成してきた。

　湖北地域は、大別して余呉川流域と高時川流域に二分される。西を流れる余呉川は、吉田東伍の『大日本地名辞書』に、「柳瀬川とも山本川とも曰ふ、源は片岡村椿坂に発し柳瀬駅を過ぎ南流、余呉湖の剰水を容れ、浅井郡山本村（今朝日村）に至り、西に屈折し、尾上湊にて琵琶湖に入る………」とある。羽柴秀吉と柴田勝家の合戦で知られる賤ヶ岳を南においた余呉湖は、琵琶湖集水域ではめずらしい自然の湖沼である。現在は、琵琶湖岸の飯浦から琵琶湖の水をここにあげ、余呉川を通じて湖北平野に農業用水を供給する貯水池の役割をはたしている。高時川は、姉川にたいして妹川とも称されるように、支流の扱いではあるが、流路延長は約47.5kmで姉川よりも長く、滋賀県のなかでは源流がもっとも北にある河川である。湖北平野を北から南に貫流して、この地域一帯の農地を潤してきた。古くから開発が進んだため、複雑な水利慣行が存続してきたが、戦後の土地改良事業によって状況は変わった。今日、その水流は湖北の景観に彩りをそえている。

　　　　　　　　　　　　　　　　　　　　　　　　　（秋山道雄）

Ⅱ-1 氷期の遺存種が生息する野坂山地

活断層が集中する近畿三角地帯の頂点

　野坂山地は、敦賀湾—伊勢湾線、花折断層・有馬—高槻構造線および中央構造線に囲まれた近畿三角地帯の頂点部にあたる（図1）。

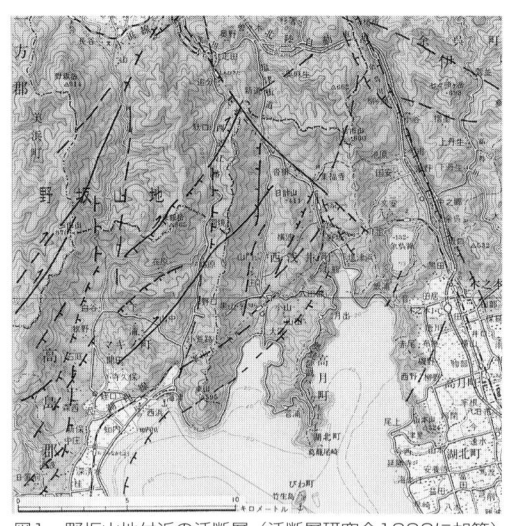

図1　野坂山地付近の活断層（活断層研究会1992に加筆）

　近畿三角地帯の地殻変動は「六甲変動」[1]とよばれ、現在の山地と盆地の起伏が形成された断層運動である。この変動はおおよそ50万年以降活発になったと考えられている。活断層の方向は南北走向、北西—南東および北東—南西走向の3系統がある。このうち後の2つはそれぞれ「左ずれ」（柳ヶ瀬断層や集福寺断層）、「右ずれ」成分（敦賀断層や路原断層）が卓越する共役性の横ずれ断層である（写真1）。

　これらの断層活動に伴って野坂山地は小地塊化している。兵庫県南部地震以降、当地域の活断層のトレンチ調査[2]が行われた（写真2）。このうち柳

ケ瀬断層の調査は椿坂付近で行われ、最新のイベントが正中2（1325）年の地震に対応するという結果が報告されたが、椿峠北の調査では、最新活動は7000〜7200年前との結果で、柳ヶ瀬断層全体が同時に動いてはいないと考えられている。駄口断層は15〜17世紀に活動したと推定され、寛文2（1662）年の琵琶湖西岸地震でも動いた可能性があると指摘されている[3]。

写真1　余呉湖の北東方向にある柳ケ瀬断層を望む

写真2　椿坂峠北の柳ケ瀬断層のトレンチ調査

大川は北流していた

集福寺断層に沿って琵琶湖にそそぐ大川沿いには新道野面と沓掛面[4]が発達している。この両地形面を構成している堆積物（図2）は、上部（中・古生界起源の礫）と下部（花崗岩起源の礫および砂）とで礫種が異なっている。これは新道野川（笙ノ川水系・福井県側の水系）の上流部にあたる現在の大川（流域には花崗岩が分布）が、集福寺断層の活動に伴って断層の南西側が相対的に沈下した結果争奪されたことを示している。

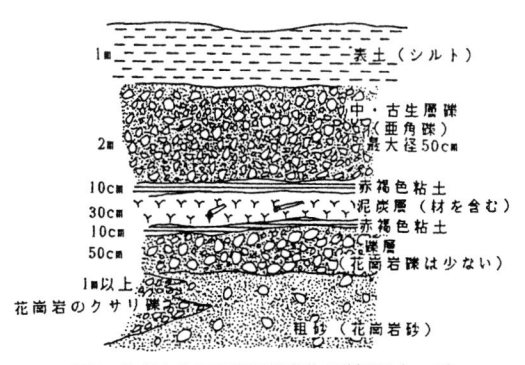

図2　集福寺北西の段丘堆積物の断面スケッチ

高層湿原：山門湿原

　多くの断層活動によって、小地塊化した野坂山地内には、小盆地が発達している。このうち西浅井町地先にある山門(やまかど)湿原（写真3）は、氷期の代表的な草本であるミツガシワの群落をはじめ氷期の生き残り（遺存種）と考えられる生物が生息しており将来にわたって保全すべき貴重な自然である。

　湿原内にはハッチョウトンボをはじめとして37種ものトンボ類が確認されているほか最盛期には300個以上ものモリアオガエルの卵塊が見られる。周囲の山地には、標高280mからブナが分布し、同時にアカガシの群落が広く分布するという県内でもまれな地域である。この湿原のボーリング資料[5]によれば地下6mと2.8mにそれぞれ姶良火山灰とアカホヤ火山灰が分布し、湿原の成立が約3万年前に遡ることになる。堆積物の大部分はミズゴケからなり高層湿原となっている。現在の地表部には、池塘とブルテの微地形やごく一部に谷地坊主も存在する湿原らしさが残っているが、大半は灌木帯で遷移が進行している。高層湿原の構成要素であるミズゴケは、オオミズゴケとハリミズゴケからなっている。湿原に山地から流入する水の酸性度は、6.5前後であるが、湿原内のそれは5.5前後で年間ほぼ一定である。この酸性度と周囲の山地が花崗岩であることが、湿原の貧栄養性を維持し生物相の特異性が持続されている主因である。

写真3　山門湿原と西部山地

（藤本秀弘）

II-2 積雪地域の水資源保全への役割

豪雪地帯

1980年末から1981年初め、日本列島は寒波にみまわれた。北陸地方を中心に大雪となり交通網が寸断され、新潟県などで大規模な雪崩災害が発生した。これが56豪雪である。

滋賀県最北の村、中河内では、積雪が655cmにもなった。道路事情の悪い湖北地域は、甲賀～甲津原間、高時川の菅並～中河内間などの村々が長期にわたり孤立した。湖北地域は、北陸地方からつづく豪雪地帯なのである。

豪雪という言葉には、どうしても暗いイメージがつきまとう。1963年の38豪雪のあと、高時川上流の奥川並などの村々は廃村になった（写真4）。湖北の山村の過疎化は、豪雪とも関連した社会現象である。だが豪雪地帯にあっても、甲津原のようにスキー場関連の民宿村として、村づくりに雪を利用したところもある。甲津原の伝統的なカヤぶき屋根[6]はトタンに変わった（写真5）とはいえ、昔ながらの屋根型を保っている。

写真4　奥川並廃村（1986年4月18日撮影）

湖北の大雪は、1974、77、81、84年などにおこっているので、およそ3～4年ごとの大雪は、湖北の人たちにとっては宿命ともいえるのではなかろうか。これまでは宿命にあまんじ、雪害に苦しめられてきた「耐雪」から、新

写真5　甲津原の民家（1986年4月18日撮影）

しい山村づくりをめざす「利雪」の動向があらわれている。

　富山県では、「利雪」および「活雪」・「親雪」の考えで"総合雪対策条例"をつくり、村づくり・町づくりにとりくんでいる。滋賀県でも「総合的な雪対策に関わる調査」が実施され、地元の人たちのなかに「湖北総合雪対策推進（湖北ホワイトピア）構想」が生まれた。

気候特性

　琵琶湖集水域は、若狭湾から関ヶ原、そして伊勢湾を結ぶ日本列島の地峡帯にある。北部の野坂山地の標高がさほど高くないため、冬は雪雲が通過するルートになりやすい。

　冬の日本海側気候区と太平洋側気候区の境界は日本列島の背梁山脈とほぼ一致するが、その境界線は琵琶湖の上を通る。したがって、「国境の長いトンネルを抜けると雪国であった」という川端康成の『雪国』のイメージと異なり、たとえば湖東地方でも「愛知川を渡ると雪国であった」ということがおこる。滋賀県は、冬の対照的な気候区の両方に属するので、日本の気候区のなかでも特色のある地域といえる。もし琵琶湖の北側にも、本州北部にある背梁山脈のような大きな地形的障壁があったなら、滋賀県の冬は乾燥した太平洋側気候になるため、冬から春にかけての水不足は深刻になるだろう。

　滋賀県は、冬でも気温がプラスになる場合が多く、雪どけが進んで融雪水が琵琶湖に流入するため、冬の渇水期の水資源として、雪の役割は大きい。

逆に北海道など日本北部の積雪地域では、融雪水は冬の水資源としてはほとんど期待できない。1985年2月に琵琶湖水位が-95cmまで低下した渇水の際、2月から急速に水位が回復したのは融雪水におうところが大きい。雪は雪害をひきおこすが、水資源にとって重要な役割も果たしている。

水資源保全

「奥伊吹の隠れ雨といって、ほかよりもミノカサがよけいにいるんです」と甲津原の人が話すように、湖北の山地では地形の影響をうけて雨が多く降るところがある。ところが、気象観測所のほとんどが標高の低い平野部や谷間にあるので、降水量分布を知ることが水資源管理の基礎であるにもかかわらず、山地や湖面上の降水量分布はよく判っていなかった。

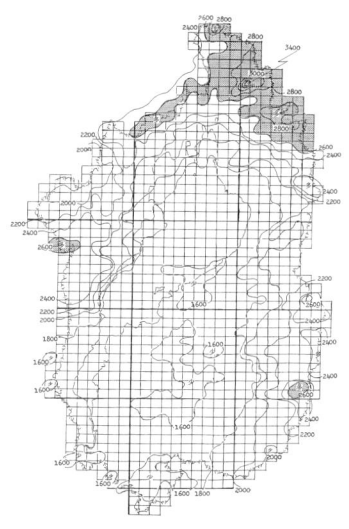

図3　年メッシュ降水量による等雨量線分布（単位：mm）

年降水量分布（図3）[7]をみると、2,800mm以上の多雨域は、奥伊吹から菅並、中河内付近にかけての湖北地域に現れており、「奥伊吹の隠れ雨」などの山地地形に対応した降水量の分布特性がよく示されている。一方、県南部の年降水量は1,600〜1,800mmと少なく、北部多雨域との違いが大きい。これは県南部には年2回の降水期（梅雨・台風）があるのに対し、湖北地域には冬の雪が加わり年3回の降水期があるためである。年降水量の分布に南北の違いがあるのは雪の寄与によることがわかる。

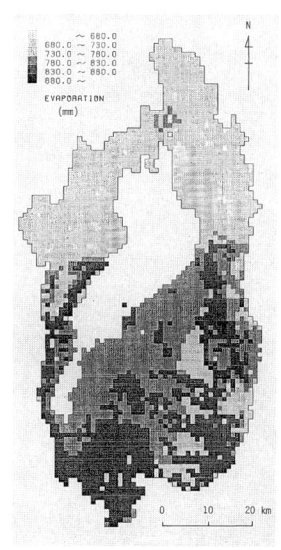

図4　年蒸発散量分布（単位：mm）

一方、年蒸発散量分布（図4）[8]は、年降水量分布と逆の地域差を示し、900～550mmの範囲で県南部の森林域から平野部、そして県北部へと向かうにつれて減少する。

つまり、湖北は多雨域で蒸発散量が少なく、県南部は少雨域で蒸発散量が多い。湖北の河川は水量が豊かであり、琵琶湖の水資源への寄与が高い。しかも湖北の河川の水質を南部のものと比較すると、富栄養化の原因となる窒素、リンなどが少ないので[9]、湖北の河川は良質な水の供給源といえる。

湖北地域の河川は、水量・水質の面から琵琶湖の水資源保全にとってかけがえのない役割をはたしている。　　　　　　　　　　　　　　（伏見碩二）

Ⅱ-3　石田川流域の水質

石田川流域の概況

石田川は福井県との県境付近から今津町真ん中を東西に流れる、全長26.8kmの川である。昔から暴れ川として知られたびたび氾濫を繰り返してきたため、1970年、角川上流にロックフィルダムが建設された。

石田川流域は滋賀県北部の野坂山地の西南部に位置する。野坂山地は近畿三角帯[10]の西縁をなす花折断層などの断層系と東縁の柳ヶ瀬断層にはさまれた山地で、構造歪が集中し、顕著な変動地形がみられる[11]。地質は丹波帯の中古生層で、粘板岩が主体となっている[12]。本川の上流部および中流部では断層に沿って川が流れている。下流部は饗庭野台地の北側の沖積低地を流れ、JR近江今津駅の北方で琵琶湖にそそいでいるが、流域の大部分は山地である。また土地利用[13]では、広葉樹林の占める割合が過去より高くなった（明治・大正期18%→現在48%）。集落、水域、田畑、果樹園、竹林、荒地などは大きな変化は認められない。したがって当流域は、石田川の水質に著し

い影響をおよぼす人為的活動が比較的少ない流域であるといえよう。気候的には降雪量が多いのが特徴的で、3m以上の積雪が見られる年が多い。

出水時において溶存物質と浮流物質はどんな変化をするか

　台風時（1982年8月1〜2日の台風10号）、融雪時（1983年3月23〜26日）、梅雨時（1983年7月21〜22日）の3回、石田川ダム流域のX地点（図5）に自動採水器を設置して河川水を1時間ごとに採取し、溶存物質と浮流物質の濃度を測定した[14),15)]。

図5　水質調査地点

　台風10号時の8月1日15時〜2日7時までの総雨量は100mmであった。数十年に一度程度の規模で水位が上昇し、採水器が浸水したため4時間の欠測が生じてしまった。この時のハイドログラフ（時間曲線：図6）を見ると、

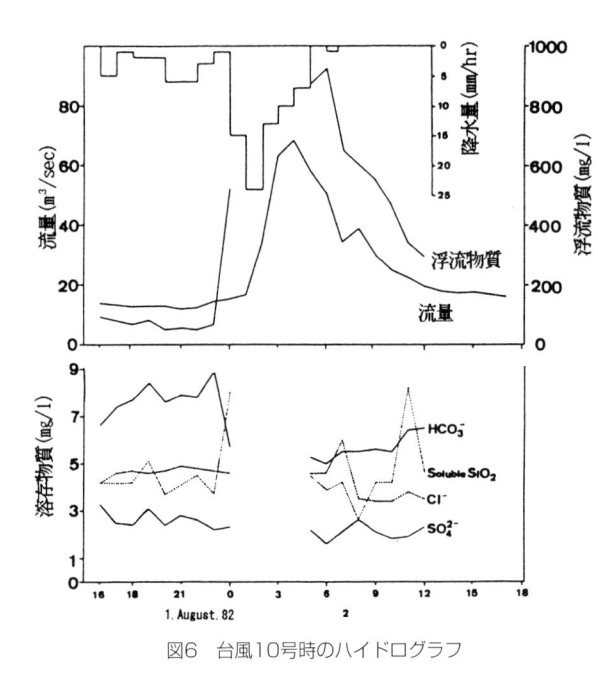

図6 台風10号時のハイドログラフ

欠測のため出水による水質変化はわかりにくいが、雨量ピークに2時間遅れて流量ピークが観測されていたことがわかる。浮流物質濃度は流量よりも早い立ち上がりがあったが、欠測部がありピーク時刻は確定できない。溶存物質濃度の変化については流量の増加に伴い、炭酸水素イオン（HCO_3^-）の希釈が顕著であった。また8月2日0時には炭酸水素イオン、溶存シリカ（SiO_2）および浮流物質の濃度が急変した。その後の変化がわからないので確実なことは言えないが、植物体や地面の表面に集積していた風送塩などが降雨初期に洗い流された可能性がある。その他、塩素イオン（Cl^-）と溶存シリカの濃度には減水時に顕著なピークがみられたが原因は不明である。

次に梅雨時のハイドログラフ（図7）を見ると、降水量のピーク時刻をすぎても、流量が降水前の状態まで落ちないのが特徴的である。雨量ピークに2時間遅れて流量ピークが観察されており、浮流物質濃度ピークは流量ピークに比べて2時間早い。浮流物質濃度は、降雨のピーク付近で変化が顕著であった。浮流物質と炭酸水素イオンを除く溶存物質に不規則な脈動がみられるが原因は明らかでない。このような脈動の成分を除去して考えると、塩素イオンと溶存シリカは、出水にともなう希釈の効果を受けていたようである。

最後に融雪時のハイドログラフ（図8）を見る。この時、流域には1m程度の積雪があり、降雨量は無積雪期に比べて少なかったが、全般的に流量が大きく、また大流量が数日間にわたっているのが特徴的である。雨量ピークに4時間遅れて流量ピークが観察された。浮流物質濃度は流量と同様の変化をしており、そのピークは流量のピークに対し、数時間の遅れがあった。溶存物質は全体的に希釈の効果がみられるが無積雪期に比べ塩素イオンの濃度が高い。

石田川中流域のH地点で夏期・融雪期の水質を調べた結果[14]、夏期は、低水時に$Na, Ca-HCO_3$型、出水時に$Na-Cl \cdot HCO_3$型が卓越する一方、融雪期に

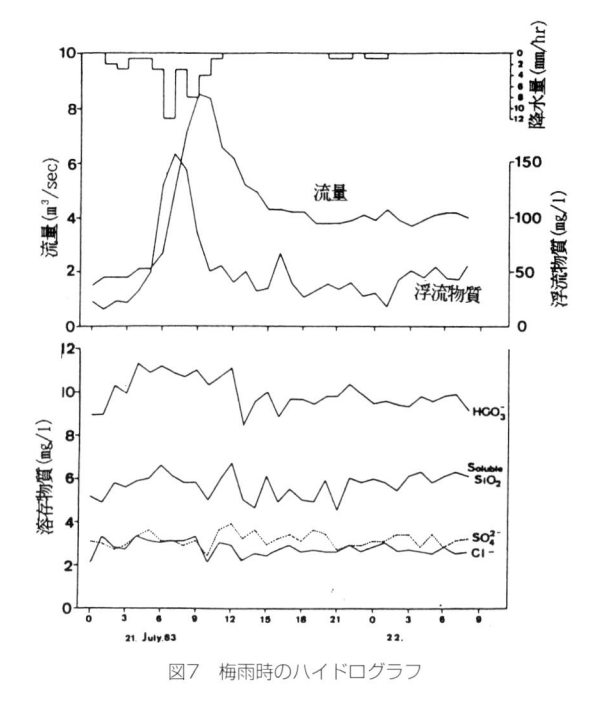

図7　梅雨時のハイドログラフ

図8　融雪時のハイドログラフ

は低水時と出水時のいずれもNa-Cl型が卓越する傾向があることが判った。石田川の水質には、季節風や雪などの気象要素が関与するものと推測される。

流下にともなって水質と流量は変化するか

　石田川において、塩素イオン、炭酸水素イオン、硝酸態窒素（NO_3^--N）、アンモニア態窒素（NH_4^+-N）、リン酸態リン（$PO_4^{3-}-P$）の各濃度が、平水時の流下にともなって変化する様子[16]を図に示した（図9上段）。

　リン酸態リンの濃度は上流のB→G地点にかけて漸増するが下流域では痕跡程度になっている。アンモニア態窒素の濃度はB→E地点（検出不能）に向かって大幅に減少するが、H地点まで増加に転じ、そしてJ地点（検出不能）に向かい再び減少に転じる。硝酸態窒素の濃度は、B→H地点までほぼ変化がないが、I地点からは濃度増加が認められる。炭酸水素イオンの濃度はB→D地点で増加、その後I地点までは漸減するが、再び増加に転じる。下流域で濃度が増加する傾向は硝酸態窒素と類似している。塩素イオンの濃度は、下流域のH地点以降に若干の増加が見られる。

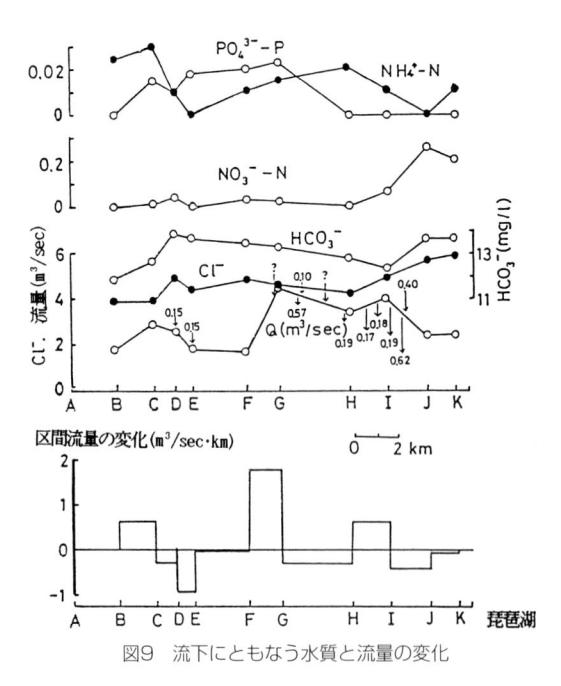

　次に、本川の流下にともなう流量の変化の様子をみてみよう。図中で流量（Q）を示す実線の上側に記した↓印は支流から本川への流入量を、また実線の下側に記した↓印は本川から頭首工を経由する取水量を表してい

図9　流下にともなう水質と流量の変化

る。区間流量（図9下段）は、B～C地点間で増加（0.63㎥/sec・kmで河川に流入）、F～G地点間で大幅に増加（1.8㎥/sec・km）、その後は減少傾向を示すが、H～I地点間で再び増加（0.61㎥/sec・km）がみられた。一方、流量の減少区間はC～EおよびI～J地点間などにあり、0.45～0.96㎥/sec・kmの流出量が観測された。

　石田川の流程にともなう水質と流量の変化については、今後のより詳しい調査に期待したい。　　　　　　　　　　　　　　　　　　　　　（吉岡龍馬）

Ⅱ－4　石田川流域の植物

はじめに

　石田川は県下でも比較的自然度の高い川で、中下流の河辺はケヤキを主体とした森林に縁取られ、林床には数多くの山地性植物が生育する。源流域は野坂山地の南方に位置する今津の最高峰三重ガ岳（974.1m）や大御影山（おおみかげやま）など福井県との県境の峰々である。山頂付近にはブナを主体とした冷温帯落葉広葉樹林が広がり、北から分布を広げた北方系の植物が生育する。また、このあたりは日本海から吹き付ける北西の季節風で、冬季はかなりの積雪に見舞われ、多雪地特有の植物も数多く生育している。

源流域の植物

　石田川を遡ると人造湖である処女湖（しょじょこ）（淡海湖（たんかいこ））をへて源流域のひとつである平池（たいらいけ）に到達する。平池はもともと石田川であったが、百瀬川（ももせがわ）の上流部で頭部侵食が強まると、上流部を奪われる河川争奪がおこった。このことにより流れが変わり、石田川の上流部に土砂の堆積が進行してできたのが平池である。周囲約1kmの小さな沼で、南の端にはミズゴケなど植物遺体の堆積した

小さな浮島が見られる。池の周辺と浮島には数万株とも言われるカキツバタとともに、ショウブ、トキソウ、エゾリンドウ、オオミズゴケ、ミズオトギリ、モウセンゴケ、コバノトンボソウ、レンゲツツジなどが生育している。池周辺は道路と池との間にスギが植林され、東側にはミズナラを主体とした落樹広葉樹林が広がっている。池周辺にはバイケイソウ、ジャコウソウ、ビッチュウフウロ（写真6）などが生育する。ビッチュウフウロは長野県南部から中国地方にかけての日本海側に分布するが、近畿では兵庫県但馬地方とこのあたりにだけ分布する植物である。

処女湖は灌漑用のため池であるが、この池のそばにザゼンソウが一株ある。以前からこの一株がほかから持ち込まれたものなのかわからなかったが、道を隔てた谷筋を少しさかのぼると点々とザゼンソウが生育している。県内には今津町弘川と余呉町、奥伊吹に生育が知られているが、野坂山地周辺には、今後新たな生育地が確認できるかもしれない。

石田川は、処女湖から数kmは激しく蛇行しながら流れ、数十mにもおよぶ断崖絶壁をなす先行谷となっている。中でも特に切り立った名勝として知られる天狗岩には、絶壁の水のしみ出たわずかなテラスや谷筋にニッコウキスゲ（写真7）の群落が生育している。県下では朽木村小入谷、朽木村白倉山、伊吹山山頂、霊仙山などに自生が確認されているが、このあたりは日本の分布の西限に近い貴重な分布地でもある。

写真6　ビッチュウフウロ

写真7　ニッコウキスゲ

もう一方の源流域、三重ガ岳の植物

　石田川の源流域をなす峰は福井県との県境をなす山々と今津の最高峰、三重ガ岳である。三重ガ岳山頂にはブナが生育するとともに、この山域には北から分布を広げてきた、ヒメヘビイチゴ、ヤマブキショウマなどの北方系の植物や、オオバキスミレ、サンカヨウ、オオケタネツケバナ、モミジチャルメルソウ、サンインシロカネソウなど日本海型の分布を示す植物が生育している。サンカヨウは北海道から本州の温帯から亜寒帯にかけて分布する植物で、県下では伊吹山、金糞山などに生育が確認されているが、三重ガ岳より南では見られない植物である。オオバキスミレ（写真8）は日本海側に分布する植物で、滋賀県ではマキノ町赤坂山、三国岳に数多く生育している。三重ガ岳や滝谷山および福井県境との山にも、点々と分布している。

写真8　オオバキスミレ

ブナの巨木が生育する近江坂ブナ林

　石田川の源流域の一つと言える、福井県美浜町との県境付近に大御影山がある。そして、この大御影山をはさんで、今津町酒波と三方町能登野との間には、近江坂と呼ばれる古道がある。酒波から酒波林道を通り、平池から滝谷山の東を通り県境の尾根にたどりつく。そのあとは県境の尾根道から能登野へ向かう。大御影山の北西側の尾根に数キロにわたって続くブナ林がある。特に巨木が多く胸高周囲3.72m、3.29mと3mを超える巨木が生育する。また、付近にはアシウスギの巨木も多く、低木層や草本層はハイイヌガヤ、エゾアジサイ、スミレサイシン、オオカニコウモリなど日本海要素の植物が生育する、典型的な日本海型のブナ林である。ブナ林は垂直分布で700m付近まで発達している。

下流域の植物

　今津町蘭生から平地にでた石田川は、上流から流されてきた土壌とともに氾濫原を形成しながら東へと流れ、浜分で琵琶湖にそそぐ。肥沃で湿潤な氾濫原や自然堤防にはケヤキやエノキを主体とする落葉広葉樹林が生育し、河辺林を形成する。本来このあたりはシイやタブなどの生育する暖温帯常緑樹林が発達する地域である。ところが、川辺という大変不安定な条件のため、常緑樹林が持続的に成立できずにできた、土地的極相林がこのケヤキ河辺林である。この河辺林には、キクザキイチゲ、ワサビ、ヒメエンゴサク、ナツエビネ、ミヤマベニシダ、シナノキ、レンプクソウなど冷温帯に分布の中心をもつ植物が数多く生育している。　　　　　　　　　　　（青木　繁）

II-5　多雪地の植物

冷温帯で多雪地である滋賀県北部地域

　滋賀県は冷温帯と暖温帯の境界に位置するため、人為影響がなければ、北部はブナ林が、南部はシイやカシの照葉樹林が発達する。また北部は冬期の雪による降水量が多く、かつて観測所が置かれていた余呉町中河内の記録では、1917年から1956年までの平均最大積雪深は237cmもあり、県内屈指の多雪地帯となっている[17]。この冬期降雪量の差が、県北部の2,400mm以上と南部の1,600mm以下の年降水量の違いとなる。さらに蒸発散量は北部が800mm以下、南部はそれ以上あるため、降水量から蒸発散量を引いた水収支量は、北部が1,600mm以上、南部が800mm以下となり、北部は南部に比べ2倍の水資源量を持つことになる。冬に厚い雪で覆われることや豊かな水量は、植物の分布にも影響を及ぼしている。

雪に守られる植物

滋賀県現存植生図[18]を数値データ化し、市町村別の集計を行うと、自然性の高いブナ林が余呉町の10.7%を占めていることがわかった[19]。しかし滋賀県がブナ帯と照葉樹林帯との移行帯に位置するため、これらのブナ林は代表的な分布地のものに比べると、林床構成種に常緑低木を多く含むなどの差異が見られる。

冬期の高時川上流域は、上記のように厚い雪に覆われるため、外気温は低くても雪の下では氷点下にはならない。この保温効果のおかげでハイイヌガヤ、チャボガヤ、エゾユズリハ、ユキツバキといった常緑低木がブナ林の主な林床植物となっている。いずれも太平洋側の暖温帯にはイヌガヤ、カヤ、ユズリハ、ヤブツバキといった種類があり、多雪地のものはそれらの変種とされている。いずれも背が低くて匍匐性があり、よくしなうという雪の下で越冬するのに適した性質を持っている。

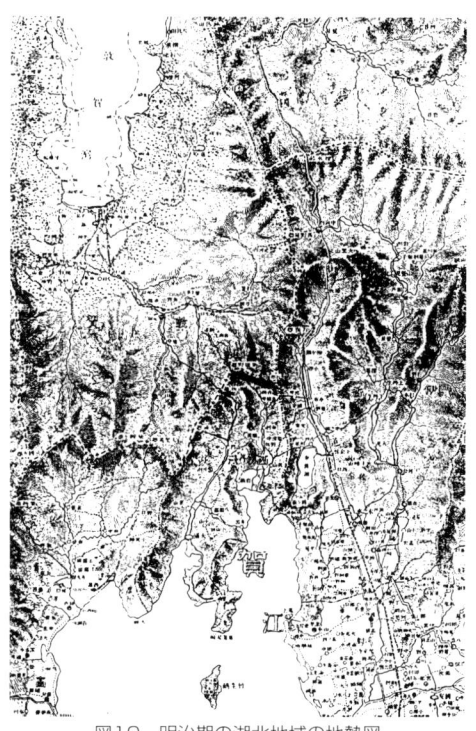

図10　明治期の湖北地域の地勢図
(陸地測量部発行の20万分の1地勢図（岐阜・1888年発行）を使用)

ユキツバキは日本海側の新潟県などが主な分布地であり、滋賀県の北部の山地が南限となっている[20],[21]。福井県との県境付近の標高の高い地域にあるものがユキツバキで、標高が下がるにつれてヤブツバキとの雑種の程度が増すと考えられている[21]。この雑種はユキバタツバキといわれ、花に多くの変異が見られる。花色が真紅のものから桃色、白色のもの、茶花のように清

写真9 余呉町で見られるユキツバキやユキバタツバキのいろいろ
高時川上流では、雄ずいの裂開したユキツバキ（95/3/29）（上左）やいろいろな形や色のユキバタツバキ（97/4/15）（上右）が見られる．ユキバタツバキには白花（97/4/15）（下左）や八重（79/5/10）（下右）も見られる．いずれも針川付近で撮影．

楚なものから、八重咲きのものまであり、4～5月ごろの高時川沿いは、ツバキの花を見ているだけでも飽きることがない。

北国街道とツバキの品種

　信濃の国を通る中山道から追分で分かれ、小諸、長野を経て直江津で北陸道に通じる道が北国街道であるが、それにならって滋賀県でも、彦根市の鳥居本で中山道と分かれ、米原、長浜、木之本を経て椿坂峠、栃ノ木峠を越え福井県の今庄で北陸道につながる道も北国街道と呼んでいる。この道のうち両峠を含むそれまで未整備であった今庄から柳ヶ瀬の間を、道幅三間（約5.5m）それに側溝までを備え、道敷七間（約12.7m）にもおよぶ計画案で街道として整備したのは、織田信長の家臣の柴田勝家であった。しかし、信長の越前攻めの際、徳川家康の一隊はこれらの峠を越えて板取に出たと伝えられているし、朝倉氏はそれ以前に椿坂や中河内に陣地をしき信長に備えていた[17]ことから、整備以前からもこのルート利用はされていたと考えられる。

中尾佐助[22]は、ツバキの栽培品種は室町時代に形成されたと考えている。そのころのツバキの鑑賞者は京都の公卿が中心で、変わりもののツバキの供給地として、北陸の越前、加賀、能登を想定している。しかし、高時川の最上流部では今日も多くの花の変異が見られることや、北国街道として整備され、人の往来が盛んになったであろうことを考えると、この地域からもツバキの品種が、京都に運ばれた可能性もないとはいえない。京都の寺院に残るツバキの古木の類縁関係が詳細に解析できるようになれば、それらの中から湖北山地をふるさとにするツバキが見つけられるかもしれない。

豊富な伏流水を利用する植物

静岡県の清水町を流れる柿田川は狩野川の支流で、長さ1.2kmほどの短い河川だが、この川を一躍有名にしたのは梅の花に似た五弁の白い花を咲かせる沈水植物のバイカモであった。この水草は特に湧水などの清水を好むことで知られており、柿田川も富士山の湧泉を水源とし、年間を通して15℃前後の水温と豊富な水量が維持されている。

十分な水資源量を持つ滋賀県の北部地域は地下水量も豊富で、柿田川同様、バイカモが生育する河川が知られている。米原町醒井の地蔵川が有名であるが、同町の丹生川上流、マキノ町蛭口（写真10）、余呉町余呉川（写真11）などでも見ることができる。いずれの川も湧泉を水源とするか、湧水が多量に流入している。

バイカモは沈水植物ではあるが、春に山裾の水田わきなどで黄色い花を咲かせるウマノアシガタ

写真10　花吹雪を敷き詰めた様なマキノ町の水路(96/5/15)

写真11　かろうじて残る余呉川のバイカモ(91/5/23)

などと同じキンポウゲ属の一種で、花弁の黄色を帯びた基部付近に小さな蜜腺があり、陸生植物の面影をとどめている。この水草の花期は長いが、特に春から夏にかけて、水面や水中で一斉に開花している様子を見ることができる。滋賀県では希少種として指定し保護を求めている。きれいな水草なので、地蔵川では手厚く保護されているが、ほかの地域ではこの水草の希少性が認識されず除草の対象となることもあるようだ。

余呉湖にバイカモがあった？

1993年に余呉町で講演をさせていただいたことがあった。こうした際、担当の方から得られる情報には、なかなか興味深いものがある。この時は、余呉町の役場の方から「かつて余呉湖には大量の湧水があり、バイカモが生育していたが、北陸線が余呉湖畔を通過することになりバイカモが見られなくなった。新線によって地下水脈が分断されたからではないか」ということをお聞きした。この話を聞いて以来、バイカモの採集記録などを探しているが、余呉湖で採取された標本やあるいは記録をまだ見ていない。しかし1km程度しか離れていない余呉川では現存しているので、余呉湖にあったとしてもおかしくはない。

北陸新線と余呉湖のバイカモ

北陸線は1869年から計画され、西南戦争による資金難や日本最長のトンネルとなった柳ヶ瀬トンネルなどのために完成は遅れたものの、1884年という早い時期に、福井県側の金ヶ崎から柳ヶ瀬トンネルを経て中之郷、木之本、そして長浜までの42.5kmが開通している（図11）。それは敦賀と琵琶湖とを結ぶ運河計画があったことからもわかるように、日本海の諸港との物資輸送を重視したためであった。その輸送力増強のために、それまでの木之本から北の柳ヶ瀬トンネルまでの間は北国街道同様、余呉川左岸を走るルートであったものを、余呉湖の北側を通過し、余呉トンネル、深坂トンネルを経て敦賀へ至る新線に変える工事が1938年から開始された（図12）。戦時中ながら

両トンネルは1943年に貫通し、その後戦争の激化に伴う工事の中断を経て、1957年に単線営業、1958年に複線営業が始められている。ちなみに、中之郷・柳ヶ瀬を通る旧線は1957年に柳ヶ瀬線に格下げされ、敦賀・米原間では最大の駅であった中之郷駅も1964年に廃線となり、構内面積約4 ha、上下線別々のプラットホームを、今はそのプラットホームを残すのみとなっている。

もしバイカモが余呉湖にかつて存在し、北陸新線の工事による影響で消滅したとするなら1930年代以前の記載を探す必要があるだろう。山口征矢ら[23]はそれまでの資料を整理し、1930年代以前に比べ1950年代以降は透明度が急速に低下していることを示しており、第2次大戦を境として余呉湖の水質に変化があったようである。しかし、余呉湖の水草についての学術報告は、琵琶湖の水草を研究していた山口久直[24]が1951年に調査を行ったものが最初で、それには優占種のセンニンモとクロモをはじめ、ホザキノフサモ、イバラモ、セキショウモ、マツモおよびフラスコモ属の7種類が記載されているにすぎな

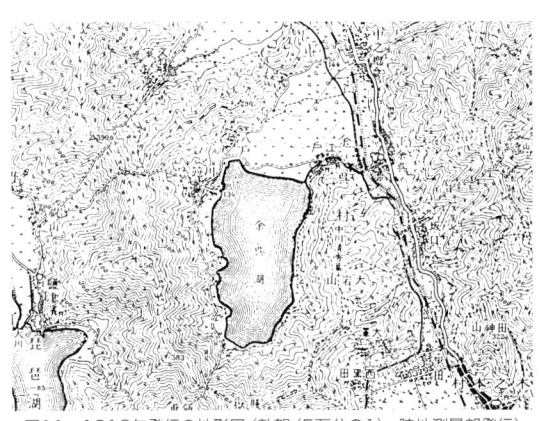

図11　1913年発行の地形図（敦賀（5万分の1），陸地測量部発行）
余呉川左岸を走る旧北陸線には敦賀～米原間では最大の駅であった中之郷駅が示されている

図12　1978年発行の地形図（敦賀（5万分の1），国土地理院発行）
北陸線の新線は余呉湖の北側を通過する．これによって余呉湖への地下水供給量が減少した？

い。優占種から判断すると、底泥が堆積し、富栄養化が進行していたことがうかがわれる。宮地伝三郎・間直之介[25]は1930年に行った余呉湖での調査結果を詳細に報告しているが、その対象は底生動物であるため、水草については分布が水深6〜7mまでであることと、最も深くまで分布するのがエビモであることしか記載していない。エビモは夏にも見られるが群落は主に冬に発達させるので、周年調査をした宮地・間[25]らが記載し、8月の調査しかしていない山口[24]が見落とした可能性は十分にあり、この種類の有無だけでは水草の組成に変化があったとは言えない。これまでのところ、報告書や採集標本からは、バイカモが余呉湖にあったという確証は得られていないが、宮地[26]は、「流入河は周囲の山より出づる細流の他に特に記すべきものなく、主として湖底よりの湧水によりて養れつつあるものの如し。(略) 北岸には「ヨシ」の類を生じ浅き湖底には水生顕花植物を密生す」と余呉湖に関する記載を残しており、この水生顕花植物がバイカモのことではなかったのかと思い続けている。

(浜端悦治)

II-6 湖北山地の人文地理

　滋賀県の地図をみると、湖北山地はもっとも北にあるので、ここは県のなかでも周辺部に位置すると見られやすい。しかし、近畿全域をカバーした地図をみると、日本海との距離が意外に近いことを実感できる。「意外に近い」と感じるのは、現在、滋賀県の中心が湖南地域にあり京都や大阪と強く結びついている、という認識を無意識のうちに前提としているからであろう。京阪神都市圏との結びつきを意識すると、目はそちらに向かいやすい。それに対して湖北山地周辺にすむ人々は、日本海が近いという認識を古くから身近な感覚としてもっていた。

湖北山地は、東の美濃山地と西からのびる丹波高地との接合部に位置して、近江盆地と若狭湾とを隔てている。南北に走る断層が複雑な地形を発達させてきたが、高度は西部で800〜900m、東部で500〜600mとなっていて、日本海に面した山地のなかではそ

写真12　塩津街道・沓掛のたたずまい

れほど高くはない。そして、これがこの地域を特徴づける2つの要因となった。
　1つは、水分を多量に含んだ冬の季節風が、ここでそれほど遮られることなく近江盆地に入り、周辺の山地に雪を降らせるので、琵琶湖への貴重な水源涵養となっていることである。ここが、中部地方の脊梁山脈のような高度であったなら、積雪による琵琶湖への水供給がそれほど期待できないから、琵琶湖の姿はいまとはよほど異なったものになっていたかもしれない。
　いま1つは、1,000mをこえる山地にくらべると、人間にとって相対的に通行が容易であったということである。日本海沿岸は、古来より中国大陸や朝鮮半島からやってくる人々の最初の到達地点であった。ここから内陸へ入っていく際に、山地の高度が進行方向の決めてとなる。そのため湖北山地は、若狭湾と近江盆地を結ぶ交流の結節点となっていった。とりわけ大和地域が政治の中心となってからは、琵琶湖を経て日本海沿岸に出るルートが、瀬戸内海を西に向かうルートとならんで2大動脈を形成することになった。
　伊香郡の丘陵部には、数々の古墳群が残り、式内社は県下でもっとも多い46座を数える。北に隣接する越前國敦賀郡の式内社も43座あるから、湖北山地を挟む南北両地域は、古代に相当な規模の文化圏を形成していたと推測できる。つまり、古代においては先進地域のひとつであったということになろう。
　湖北山地における人間活動でとりわけ注目されるのは、この山地のもつ回

廊的性格である。それは、政治や経済の動きに応じて歴史的に変化してきた。

　滋賀県から福井県に抜ける道路は、西の高島郡で２つ、東の伊香郡で３つあった。西でよく知られているのは、京都から西近江路（琵琶湖西岸）をとおって越前に抜ける道路である。今津から北上し、海津を経て湖北山地に入る。峠をこえて敦賀市疋田町(ひきだ)に至る距離が七里半であったため、七里半越といった。疋田町には、奈良時代に愛発関(あらちのせき)がおかれていたので、愛発越(あらちごえ)ともよんだ。この道は、近江國と越前國とを結ぶ交通路のうち、もっとも古くから利用されてきたため、北陸道ともいった。またこの道は、琵琶湖水運とも結びつきが強く、海津が両者をつなぐ港であったから、海津越という名もある。現在の国道161号のコースが、ほぼこの道路と重なっている。

　もうひとつ、今津から北西に向かい小浜に至る道を、若狭街道とよんだ。今津から小浜までの距離が九里半あることから、九里半越という名称もある。京都方面から安曇川に沿って朽木谷を北上してきた道は、今津町保坂(ほうざか)で若狭街道と合流し、小浜に向かう。これは、鯖(さば)街道として知られた間道である。

　伊香郡を通る３ルートのうち、古くから利用されてきたのが北国街道である。彦根市鳥居本は中山道の宿場であるが、ここを起点として米原・長浜・木之本と北上し、県境の栃ノ木峠を経て福井県今庄に向かう。栃ノ木峠を越える道は、間道として利用されていたのを、織田信長が柴田勝家に命じて開いたものである。近世に入って加賀藩が参勤交代に利用するようになってから、北国街道と称するようになった。しかし、琵琶湖水運が盛んになり、敦賀と塩津が結ばれるようになると、行程が長くけわしい北国街道は衰微していった。

　北国街道の西に位置する塩津と敦賀を結ぶ街道を、塩津街道といった。塩津と敦賀の間が五里半なので、これを五里半越ともよんだ。このルート上にあった深坂峠は急坂で難所であったが、信長・秀吉の時代に深坂峠の東側を迂回する道（新道野越(しんどうのごえ)）が開かれ、以後ここが主道となった。新道野越（海抜270m）は、深坂越（380m）や愛発越（390m）と比べて高度が低く勾配もゆるやかであったことが、主道となった原因である。

　塩津の西に位置する大浦は、塩津・海津とならんで琵琶湖水運の三港とし

て機能してきた。大浦から4kmほど北上して西に向かい、峠をこえて山中で西近江路に合流するルートを大浦道とよんだ。幕末に塩津街道の通行量が多くなると、敦賀からの貨客が塩津ではなく大浦に向かうというケースもみられた。

写真13 大浦の港

敦賀と海津・大浦・塩津三港を結ぶ道は互いに競争関係にあったが、江戸期には西回り航路が開拓されて以降、敦賀から陸路を経て琵琶湖水運と結びついた輸送路は衰退するようになった。三港は互いに競争しつつ、しかもほかのルートと競争するという状況におかれていたといえる。

　これら三港と結びついた道が、さらに変化を迫られるきっかけとなったのが、明治に入ってからの鉄道の開通であった。京都と敦賀を結ぶため、1884年に琵琶湖水運を一部利用して長浜―敦賀間が開通した。北陸線の建設は全国的にみても早いほうで、長浜と敦賀を結ぶ沿線の地域は湖東地域よりも一足早く鉄道交通に接したが、その利用は必ずしも多くはなかった。しかし、鉄道の開通によって、陸路3ルートはさらに衰退していった。

　湖北山地の集落は、交通路の沿線に立地する宿場か、もしくは山林を生業の場とする山村が主体であった。雑穀の栽培、養蚕、薪や炭の生産など、時代の推移につれて主産物を変えながら維持されてきた山村は、第二次世界大戦後、域外への人口流出が決定的となり、過疎化を余儀なくされている。

　古代からの流れをたどってみてわかるのは、滋賀県における周辺部あるいは過疎化の著しい地域といった今日の現象からうけるイメージでこの地域をとらえると、その潜在力を見誤ってしまうということである。21世紀に日本海沿岸が新しい状況に入っていくと、この地域もまたその展開をうけて変貌していくことであろう。

(秋山道雄)

II-7 石田川・知内川流域の製鉄遺跡

　湖西北部、高島の地は、継体天皇の出自とかかわる伝承がある。『日本書紀』継体天皇即位前期には、継体の父彦主人王が高島の三尾の別業にあったとき、越前三国の坂中井の振姫を娶り、ここで継体は生まれたという。この伝承は現高島郡南部の高島町・安曇川町に基盤をおいていた古代豪族三尾氏と関連するものであるが、本流域にかかる高島郡北部の今津町・マキノ町に関しては豪族角氏がいた。石田川北岸の今津町北仰には祭神に紀角宿禰・武内大臣等を祀り、角大明神と称され角氏の祖先を祭ったと伝える津野神社がある。角氏に関しては次のような記録がある。恵美押勝（藤原仲麻呂）の乱の際、琵琶湖西岸から湖上を経て、北陸へ落ちのびようとした仲麻呂一行は、高島郡の前少領角家足の邸で一夜を過ごすが、戦いに敗れ、勝野の鬼江（乙女ヶ池付近）で斬首された。また、『続日本紀』の天平宝字6（762）年2月条には、恵美押勝は国家から浅井・高島2郡の「鉄穴」各一処を与えられている。奈良時代、この地は鉄の産地で、盛んに製鉄が行われていたとみられる。恵美押勝と地元の豪族角氏とのかかわりは、この「鉄穴」経営に関連して結び付いたものと想像する。恵美押勝は角氏を現地での責任者として位置付けていたのではないだろうか。現に、この流域一帯には製鉄遺跡が多く発見されている（図13）。

　石田川南岸では東谷遺跡、弘部野竿頭遺跡がある。東谷遺跡は支流天川と東谷の合流点にあり、2ヶ所に巨大なケラ塊ないし鉄滓塊が露頭している[27]。長さ3mを越す大きなもので、これらは製鉄の操業中に温度が下がり失敗したものとみられ、それに対する疑問が提示されていたが[28]、最近の調査で、鉄滓や鉄塊が凝結して二次的に形成された酸化物の再結合滓との見解が強くなった。また、この調査で排滓場や流路跡などの遺構、鉄滓・製練滓・炉壁・鉄塊系遺物・鉄鉱石・木炭などと共に7～8世紀の範疇内に作成された須恵器片なども検出され、奈良時代前後の製鉄遺跡であることが判明した。

この遺跡全体の製鉄関連遺物は100トン以上と推計され、全国有数の規模であることが明らかになっている[29]。弘部野竿頭遺跡は製鉄工房とまではいえないが、3cm角ほどの磁鉄鉱石10数個の入った土坑が検出されている。

石田川北岸の平野部の最奥部に、谷八幡遺跡・山本遺跡の2ヶ所の製鉄遺跡がある。いずれも発掘調査されていないため詳細は不明である。谷八幡遺跡は八幡神社の南西約100mの山裾にあり、宅地造成で削られた断面に幅

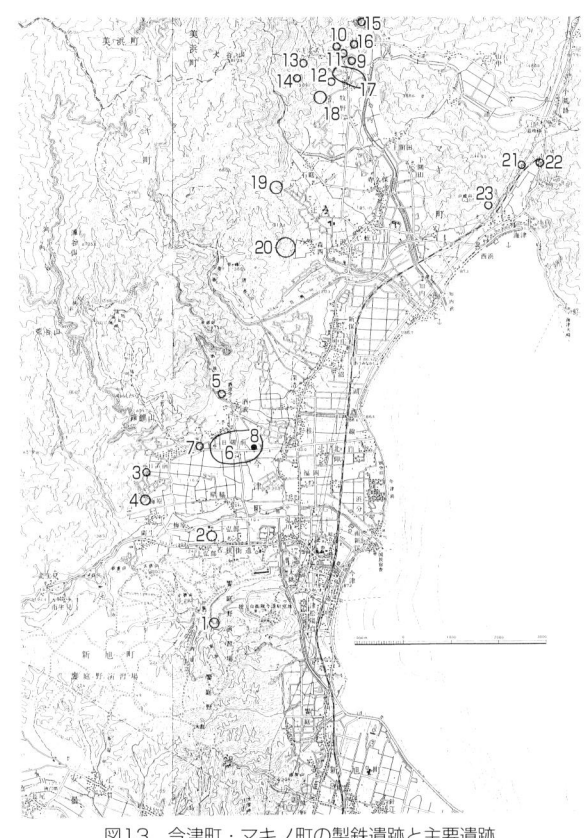

図13　今津町・マキノ町の製鉄遺跡と主要遺跡

1. 東谷遺跡
2. 弘部野竿頭遺跡
3. 谷八幡遺跡
4. 山本遺跡
5. 酒波谷遺跡
6. 日置前遺跡
7. 日置前廃寺
8. 王塚古墳
9. 北牧野A遺跡
10. 北牧野C遺跡
11. 北牧野E遺跡
12. 北牧野D遺跡
13. クチナシ谷遺跡
14. 大谷川遺跡
15. 白谷遺跡
16. 両方谷古墳群
17. 北牧野古墳群
18. 西牧野古墳群
19. 伏ノ木古墳群
20. 青地山古墳群
21. 海津A遺跡
22. 海津B遺跡
23. 天神社裏山遺跡

約4m、深さ約1.5mの、焼土や炭、灰を包含するU字状の落ち込みが認められ、周辺の断面には鉄滓、炉壁を多量に含む包含層も確認されている。山本遺跡は谷八幡遺跡の南約600mにあり、一帯は宅地造成されているが、鉄滓の散乱が認められ、製鉄遺跡のあったことが知られる。

また、酒波寺のある酒波(さなみ)谷沿いにも鉄滓・炉壁が散乱する製鉄遺跡の酒波

谷遺跡が存在する。

この石田川北岸の日置前の緩傾斜をもつ平地には、東西約1,100m、南北約800mの広がりに方格地割をもつ「都市」的な遺跡、日置前遺跡がある（写真14）。8世紀前半から12世紀前半ころにいたる掘立柱建物、塀（柵）、溝、井戸などが1町を基本単位に区画された内部に整然と配置されるもので、中心的な政庁区と考えられるものや居館、倉院、工房、集落的な性格の遺構が検出されている。郡衙とみる見解もあるが、今ひとつ決め手に欠ける。この遺跡の西側には白鳳期とみられる日置前廃寺が、東方の一角には直径約56m、高さ約7mの二段築成の円墳、王塚古墳もあり、古墳時代中期から平安時代にかけて石田川北岸は高島郡北半部の中心的地域であった。

写真14　日置前遺跡

知内川の中流域の牧野には著名な北牧野製鉄遺跡をはじめ、大きく分けて2地域、11の製鉄遺跡が知られている。

一つは知内川中流域のマキノスキー場を中心とする地域の牧野遺跡群（7遺跡）、もう一つは東の海津から小荒路にかけての地域の海津遺跡群（4遺跡）である。

牧野遺跡群中の北牧野A遺跡では発掘調査により製鉄炉が検出されている[30]。東南に面したゆるやかな斜面に幅2.2m、長さ10.5mの長方形を呈する「炉場の穴」が発掘され、その奥部を製鉄炉に、その下手を湯道・排滓溝に推定されている。この炉の構造については方形ないし円形の自立炉あるいは長方形箱型炉などの見解がある。伴出した土器から8世紀代のものとみられている。

牧野遺跡群にはほかに炉壁や鉄滓・木炭などが散在する北牧野C遺跡、炉壁材や鉄滓・平安時代ころの土師器の散在する北牧野E遺跡、鉄滓の散在す

る北牧野D遺跡、奈良〜平安時代の製鉄に伴う炭窯とみられる遺構のあるクチナシ谷遺跡、地元民が鉄穴と伝え、鉱石採掘穴や鉄滓状の塊などのある大谷川遺跡、崖面に焼土や灰層が露呈し周辺に鉄滓が散在する白谷遺跡などがある。

　この一帯には、古墳時代後期の群集墳、両方谷古墳群（4基）、北牧野古墳群（96基）、西牧野古墳群（46基）、伏ノ木古墳群（15基）、青地山古墳群（10数基）などがあり、平野の少ないこの地に200基近い古墳が築かれる背景には鉄製産との関連が考慮されるが、これらの製鉄遺跡が古墳時代後期までさかのぼる確証がまだないため、今後の課題である。

　海津遺跡群には海津A遺跡、同B遺跡、天神社裏山A遺跡などが知られ、いずれも鉄滓の散布が認められる程度で、詳細は明らかでない。

（林　博通）

Ⅱ-8　高時川流域の民家

民家の類型と分布

　最上流地域の栃木峠には、後述の若狭Ⅱ型に類似する民家が分布する。中河内には、余呉型でも若狭Ⅱ型でもなく、いくつかの形式が混合した型の民家が分布し、半明には若狭Ⅱ型と余呉型が混在して分布する。尾羽梨は1982年時において、寺と半壊状態の妻入三間取広間型の民家1棟を残すのみであった。廃村となった奥川並は、奥川並川沿いの約30戸の集落で、余呉型民家が分布していたという[31]。

　鷲見の集落は、高時川と鷲見川との合流点から西に遡る鷲見川の両岸に形成され、古くは22戸、1991年では19戸で、入母屋造草葺トタン被の余呉型民家が妻面を川に向けて整然と建ち並んでいた。家屋は石段を一段高く積んだ

敷地に建ち、別棟の隠居を付属していた。

　田戸(たど)の集落は、1937年頃で12戸、1991年頃で11戸からなる。民家の形式は鷲見の民家と規模・形式ともに酷似しているが、〈にわ〉の〈ねま〉側部分に床を設け、いろりを移す形式が一般的であった。

　小原(おはら)は9戸の小集落で、余呉型民家かそれを基本とした切妻造瓦葺民家であった。

　菅並、上丹生(にう)、下丹生の集落には、今も余呉型民家が点在しており、多くは妻入りであるが、南（下流）に行くに従い、平入りが混在し、また、次第に多くなっている。

余呉型民家の形式

　余呉型民家は余呉町周辺のみに分布するのではなく、塩津街道から東南部一帯に渡り、米原町に至る範囲に分布している。その特徴は、

(1)　入母屋造妻入りで、妻飾りは①湖北の民家の特徴といわれる麻殻や葦・茅を並べ、藁縄か竹で押さえたものと、②菱型に茅を浮き出したものとがあり、この流域ではこの形式である。棟は杉皮で葺き、5本の竹で押さえていた。破風は竹を斜めに組んだ菱格子であったが、屋根をトタン被せにすると同時に、この部分もトタンで被う。

(2)　小屋組は合掌組であり、上屋梁は3間のものもあるが、2間半のものが多い。桁行は5間か5間半ものが多い。

(3)　平面構成は土間の〈にわ〉、土座の〈だいどこ〉、板張の〈おくのま〉・〈ねま〉からなる三間取広間型である。〈にわ〉と〈だいどこ〉境には建具はなく開放的で、天井はともに上屋梁の上に敷いた簀子天井で、〈にわ〉と〈だいどこ〉の空間は一体的である。余呉型でいう〈だいどこ〉は、一般的にいう広間型の広間であり、家族の炊事・食事・農作業などに多目的に使用されている。

　土座は落ち間ともいい、籾殻をいれ、むしろを敷いた形式で、入地ともいう。

時代が下がると、〈ざしき〉にブツマとトコノマ、さらに〈ねま〉にオシイレを設ける。規模を拡大する場合は、桁行方向に〈ざしき〉・〈ねま〉に続いて〈おくざしき〉・〈おくねま〉を設ける。

(4)　架構は〈にわ〉と〈だいどこ〉境の2本の上屋柱と、その柱に架かる十字に組んだ梁とが特徴的であり、①合掌の梁間が3間、②2間半に関わらず、前面の上屋柱から一間半の位置で大梁上に十字に桁行方向の梁が架かる。また、③大梁を背面（ねま側）の側壁まで伸ばし、合掌尻の下に位置する上屋柱を抜いている。

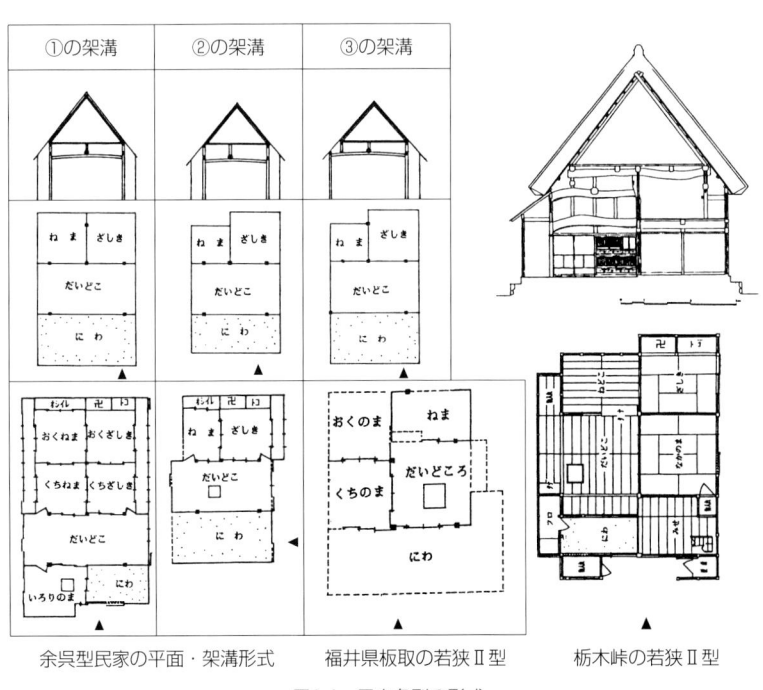

図14　民家各型の形式
余呉型民家の平面・架溝形式　　福井県板取の若狭Ⅱ型　　栃木峠の若狭Ⅱ型

若狭Ⅱ型とその類似型

若狭Ⅱ型は福井県に分布する一類型で、小浜西部から若狭西部に分布しており、余呉町の北端に接する福井県側の今庄町板取にも分布している。その特徴は、

(1) 入母屋造草葺妻入で、小屋組は棟束タルキ組である。ただし、板取・栃木峠・半明の小屋組は合掌組である。
(2) 平面は四間取縦割りで、全体を縦に2分し、一方の列に出入口をとり、続いて〈にわ〉、〈だいどころ〉、〈へや〉とし、他方の列には〈まや〉、〈なかのま〉、〈ざしき〉としている。

(吉見静子)

Ⅱ-9 丹生谷の土地利用

北国街道の栃ノ木峠付近を源流域とする高時川本流は、柳ケ瀬断層沿いにしばらく南下し、中河内(なかのかわち)で方向を南東に変え半明(はんみょう)を経て、ここで丹生谷と呼ぶ旧丹生村の村域に流れ込む。流れはここから再び南に向き、針川、尾羽梨川、奥川並川さらに摺墨川(するすみがわ)などの支流を合流させ、下丹生さらに大見(おおみ)を通過して川合で杉野川と合流する。この間、南北に21kmの広がりをもち、集水面積は129km²、海抜高度は川合の140mから三国岳の1209mの範囲に分布している(図15)。丹生谷では、菅並の北から針川までの区間がとくに急峻で平地がほとんどなく、奥川並以外の5集落はすべて枝谷との合流点に位置している。最上流に位置する中河内集落周辺で谷が再びひらけ、小盆地地形をなしている。海抜高が400mを越す集落は中河内と奥川並の2集落のみで、丹生谷最奥地の集落である針川は317mにある。中河内から敦賀湾まで直線距離でわずか6km、田戸(たど)集落は琵琶湖湖岸と敦賀湾の双方にほぼひとしい距離に

ある。

　下丹生から針川までの10集落がかつては丹生村に、そして中河内が片岡村に属していたが、1954年2月に両村と旧余呉村の3村が合併して余呉村になり、さらに1971年4月から町制をしき現在の余呉町に至っている。川合と大見は木之本町に属する。製炭業と焼畑が活発であった明治から1955年代までの間には、この余呉町域内だけで2000〜2300人が暮らしていたが、産業・交通・燃料などの社会構造の変化に大きく影響され、1992年では

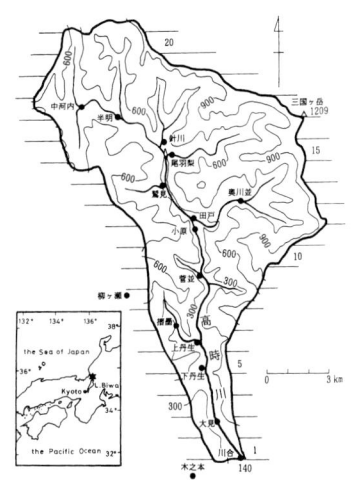

図15　海抜高度の分布

919人まで減少している。とくに、その減少は製炭業への依存が高かった丹生谷の奥地集落で大きい。奥川並、尾羽梨、針川の3集落は1969〜1971年に相次いで地域外へ集団移転し廃村となった。

　山間地での製炭業がまだ活発であった当時の土地利用については、小牧実繁・宮畑巳年生（1957）[32]が詳しい。すなわち、1954年の統計に基づいた報告によると、旧丹生村に属していた下丹生から針川までの10集落には387戸1715人の人々（中河内を含めると465戸2093人）が住み、その農業戸数率は84％、林業戸数率は49％で、人々は両者の兼業により暮らしを支えていた典型的な山村である。耕地面積は水田の77町と畑地の60町の計137町で、それは全体面積のわずか1.5％にすぎず、林業への依存度が全般的に高い地域である。とくに、深い谷沿いに分布する小原以北の6集落（丹生谷ではこの地区をオク、菅並以南をシモと呼ぶ）では耕地が少ないため、林業が生業となり農業が補助的なものとなっていた。林野面積は全体の98％を占め、中でも薪炭林が7096町あり全体の80％と高い割合を占めている。用材林は全体で1475町（17％）あり、その85％がオクの源流部に分布しており、大部分が発達したブナ林と推定されていた。しかし、その後の拡大造林事業などにより

図16 土地利用状況

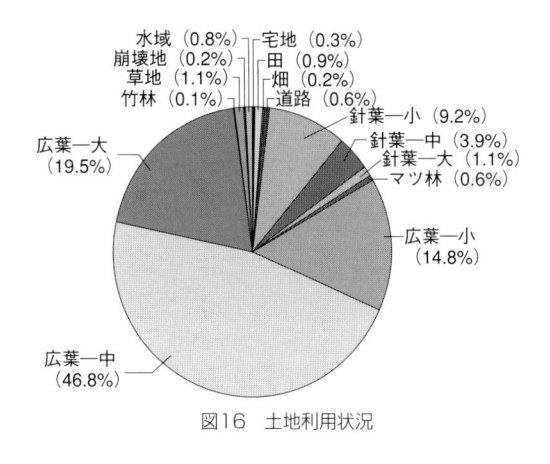

これらブナ林は開発され、現在では原生的なブナ林は防雪林や社寺林以外にはほとんどみられない。

1986年に撮影した空中写真に基づく本地域の土地利用状況（図16）を示す[33]。対象は、川合より上流の高時川本流域全体である。図から明らかなように、森林面積が圧倒的に大きく全体の96％を占め、なかでもかつて薪炭林として利用されていたと推察される広葉樹林面積が全体の81％と高い。大部分がスギ植林と判断されるマツ以外の針葉樹林面積が14％で、水田と畑の耕地面積はそれぞれ0.9％と0.2％にすぎない。これらの値は、本集水域全体の約7割の面積を占める旧丹生村の1954年当時のものと大差ない。つまり、この32年間に、みかけ上は本地域の生産構造は変わらなかったとみなせる。しかし、人々の生活実態はこの間に激変している。1960年代に始まる木炭需要の急減、ついで1960年代後半に入ると、製炭業を生業にするオクの集落においては集団移転、つまり山村の崩壊まで追込まれている。81％を占める広葉樹林の山々から炭焼きの煙が絶えて久しい。オクにおいて、植林地への移行などにより生産構造を変化させることなく廃村に至った最大の理由は、当地のきびしい自然環境にある。

空中写真による調査では、森林はその高さから5m以下を"小"、5〜12mを"中"、そして12m以上を"大"として3つに分類した。この分類によると、広葉樹林面積の3／4が12m以下の再生度が低い森林である。樹高生長はもちろん標高や地形などの諸要因に影響されるが、伐採後森林高が12mまで回復するのに要する年数は大雑把に見積もって20〜40年であろう。つまり、現在の広葉樹林の大部分が薪炭林放置後の再生林とみなせるならば、

薪炭林業の衰退期にあたる1960年代当時の流域薪炭林は、ほとんどが高さが数m以下の低木林であったことになる。

空中写真資料から解析した南北方向にみられる土地利用の変化を示す（図17）。なお、1～21までの各ベルト番号の範囲は、図15中に示してある。ベルト番号10以北のオクで広葉樹林率がとくに高く、それとは対照的に植林が大部分をしめる針葉樹林はベルト番号9以南のシモで多い。

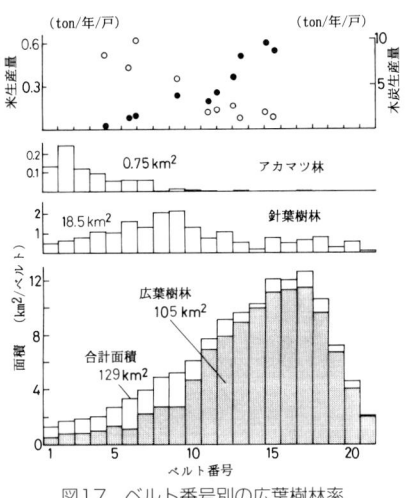

図17　ベルト番号別の広葉樹林率

吉良竜夫[34]は、滋賀県の土地利用から水田とアカマツ林の共存性が高いと指摘しているが、本流域においてもアカマツ林はシモに集中しており、とくに水田が多い下流ほどその面積が大きい傾向があらわれている。このことからも燃料革命以前の土地利用は、小牧・宮畑[32]が指摘したとおり、オクでは製炭業が生業の主体であり、シモでは農業への依存度が高かったことが確認できる。オク6集落では、米生産量は冬期の飯米程度しかとれず、すでに江戸時代から木炭生産が部落の社会経済を支えていた[35]。シモにおいても、農業のみで生活を支えられるものではなかったようだ。東野道子[36]は1952年の菅並での調査から、農家の平均所得は零細で、生活程度は全国農村に比べ低く、主食の半分は木炭生産からの現金収入で補っていたと報告している。本集水域における南北間での土地利用の変化、つまり南から上流にあたる北に向け農業から林業への依存度がしだいに高まる実態が、1954年当時の米と木炭の1戸当りの生産量の関係からも読み取ることができる。

1954年当時の丹生谷での各集落の人口と、主要産物である米と木炭の年間生産高との間には高い相関関係（相関係数：$r^2 = 0.993$）が認められる。その関係式からは、米だけであれば1石あたりの扶養人口は1.23人、木炭だけ

で同一人口を扶養するためには年間166俵(15kg／俵)が必要となる。木炭のみの生産で5人家族を養うには、年間800俵程度が必要という計算になる。

　当時の米1石の価格はほぼ木炭30俵分に相当していたので、上記の関係式から求められた米の人口扶養力は、同一価格の木炭の5倍以上に評価していることになる。理屈にあわないように思えるが、これは多様な生産構造を米と木炭のみで評価したためであろう。つまり、当地では水田面積とほぼ比例して畑地面積も増減しており、またすでに指摘したとおり水田が多く分布する下流域ほど植林面積も多い。さらに、シモでは、人口増加に伴い2次・3次産業従事者も加わる。さきほどの関係式では、これらの要因をすべて米と木炭に反映させた結果として、価格比の5倍以上の差が生じたと推察する。つまり、この大きな差こそが丹生谷の生産構造の特徴を表わしたものと捉らえることができよう。

（米田　健）

II－10　中河内の盛衰

　高時川源流部の山村、中河内(なかのかわち)の名前は、福井県側に隣接する池ノ河内と獺(かわうそ)河内の中間にあるという意味でつけられたといわれている。河内とは、川の上流の開けた土地という意味で、福井県側では"こうち"と読み、近くに分水嶺を越えた日野川上流に大河内という地名もある。福井県（越前）にはこれ以外にも河内と名の付くところが多いことから、中河内の草分けの人たちも越前の河内から移り住み、上記の理由で河内の上に中をつけて地名とし、近江とかかわりを持つようになり中河内と呼ぶようになったとする推測には説得力がある[37]。

　村のおこりは明らかでないが、中河内の繁栄は北国街道がひらかれた中世にはじまる[38]。標高413m、福井県との県境に位置する中河内は、越前と近

江を最短路で結ぶ要衝として注目された（図18）。

越前から近江に抜ける従来のルートは、今庄から二ツ屋または板取を通り木ノ芽峠を越えて敦賀に入り、疋田（ひきだ）から南下して海津に抜けるいわゆる西近江路が一般であった。湖北へは疋田から東に折れ、笙川（しょうのかわ）をさかのぼり刀根（とね）から標高400mの峠を越えて柳ヶ瀬に抜ける刀根越が主街道で、板取から中河内・椿坂を通り木之本へ抜けるルートはその間道にすぎなかった。北庄（福井）から小谷（湖北）さらに安土への最短路であるこの間道が注目されたのは戦国時代である。永禄12（1569）年は越前の朝倉義景が浅井氏援助のため木ノ芽、中河内、椿坂に城を構えている。天正1（1573）年に浅井・朝倉両氏を倒した織田信長は、北庄に配した柴田勝家に栃ノ木峠・椿坂峠の難所の改修を命じ、道幅約5.5m（3間）の軍事道路を整備させ現在の北国街道（東近江路）の基盤をつくった。それ以来、西近江路と並んで越前から近江・畿内への幹線ルートとして、また北陸大名の江戸への参府や参勤交代時のルートとしてこの北国街道が利用され、北陸線の鉄道また国道8号線が開通する明治中期までの約300年間、人と荷物が頻繁に往来し、中河内はその宿場として大いに繁栄した。

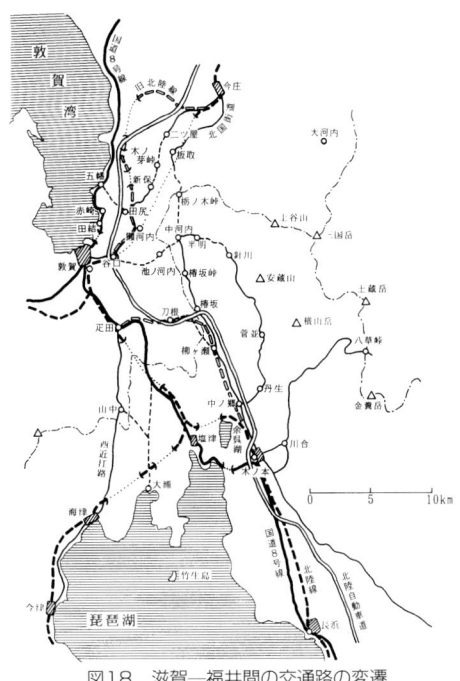

図18 滋賀―福井間の交通路の変遷
小牧ら（1960）の江越国境交通路を一部変更

今庄から木之本まで約35km、健脚者には一日の行程である。はじめは間宿として、さらに本宿へと発展した。中河内には、本陣・脇本陣・問屋、その他10戸近い一般旅館があり[39]、それ以外にも旅人相手の茶店や酒屋・菓子屋

も軒を並べ[37]、また馬方・人足などの旅客運送をしていた人たちなど、直接宿場と関わった仕事をする人は少なくとも100人はいたであろう。繁栄時には、戸数120戸、人口700人を数え[37]、宿場として得られる収入が中河内の経済を支えていた。

　日常生活の食料や諸道具の購入には、木之本に出るよりも3里程度の距離にある今庄や敦賀の方が便利で、それらはすべて越前側から入っていた。敦賀へのルートは、部落の南端から西側の山に上り、県境である尾根を越えて池ノ河内さらに谷口を経るつるが道（庄野嶺越）が利用されていた。

　図19に、中河内の地形図を示す。全体の面積は22.7km²。半明集落は中河内の出郷。中河内（本郷）集落を貫く南北の線が柳ヶ瀬断層上を走る北国街道。本郷の南端から西に延びた破線がかつての敦賀道（庄野嶺越）。集落の北端から西にシオカイ道が河内に通じていた。この道は、中河内へ木ノ本から車が入れるようになる1955年頃まで引き続いて利用されている。小牧ら（1960）は当時の様子を1960年の調査時での古老の言として次のように伝えている。"バタバタが入るまでは、中河内から毎日のように牛車や牛の背に炭を積んで敦賀の町に出かけ、町で米・塩・魚などを買ってきた。そのため敦賀道は、尾根をこえて池河内に下るところが深くえぐられ溝のようになってしまった。"

　中河内は、越前の獺河内、田尻さらに敦賀湾に面した田結浦、赤崎浦との間にも直接のつながりを持っていた。これらの部落は、薪炭用に中河内から請山をして、その山手として塩、米を中河内へ供していた。これらにかかわる人、物資の移動には、獺河内から東に

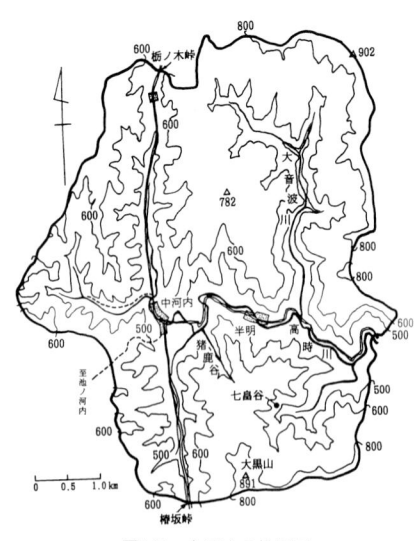

図19　中河内の地形図

向かい山中の小径をたどり直接中河内の部落の北はずれに出るシオカイ道が使われていた[38]。このように、越前側とは物資のみでなく人の交流も多く、婚姻・文化・宗教など生活全般にわたり越前とのつながりが強い。

　明治の中期には、鉄道や自動車道路の整備がすすみ、宿場機能は次第に斜陽化していった。1894年とその翌年の2度の大火で中河内がほぼ全焼し、さらに1896年に北陸線の敦賀―福井間が開通したことで、宿場は完全に崩壊した。この内外の厳しい環境下において、地区外への全家移動が活発になったが[39]、残った人々は製炭業に従事することになりその品質改良と増産に努めた。その結果、良質木炭「中河内炭」の名声は広まり、年間生産量も約5万俵に達し、村民の生活はしだいに安定した。その後1960年までの約65年間、中河内は高時川上流のほかの集落と同様に製炭業が生業となる。この薪炭林時代の始まりの時期にあたる1887年の人口は、108戸538人で江戸時代の繁栄期の約3/4であった。その後の約40年間は550人程度で安定していたが、薪炭林時代の後半では360～390人程度まで減少している。この人口の大幅な減少の主原因は何か。年間5万俵の生産は、地区全体の森林面積ベースで評価すると反当たり平均2.3俵となる。この値は、長年にわたり薪炭林を生業としてきた丹生谷全体の平均値1.1俵の約2倍、高時川上流部落の平均値の2.6倍にあたる。つまり年間5万俵の生産を生みだすため、周辺地区の2～3倍程度の強度な伐採を行なっていたことになる。森林にとって相当大きな負担であったにちがいない。宿場時代の300年間、緩やかな利用で蓄積してきた森林資源を前半の40年間で一気に使いはたしたことが、人口急減の主原因と推察する。薪炭林時代の終盤には、"村人が転職せざるを得ないのではないかと心配する程まで炭材が枯渇していた"と報告されている[40]。

　宿場としての収入がなくなった中河内は、製炭業の本格化と並行して食料確保のため当地で山畑とよばれている切替え畑、焼畑への依存度が以前にまして増大した[41]。1878年の絵地図に記録されていた山畑は、街道に沿った39ヶ所であったが（図20）、1929年の地籍台帳ではその分布が地区全体に広がり、全体で705ヶ所、面積では地区の水田面積に相当する317反、1戸あたり平均

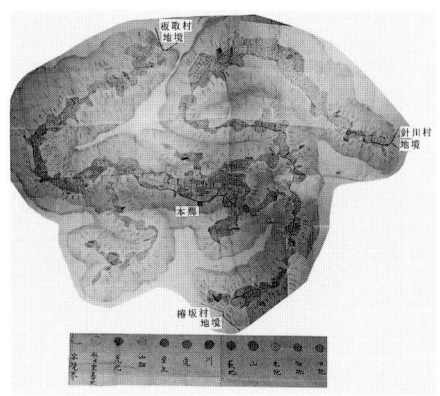

図20 1878年に書かれた中河内村の絵地図（中河内村等級縮図）
地図は田地、畑地、宅地、山、藪地、川、道、草生、山畑、荒地、社寺堂墓地、字境界、萱生を記入している．余呉町役場所蔵．

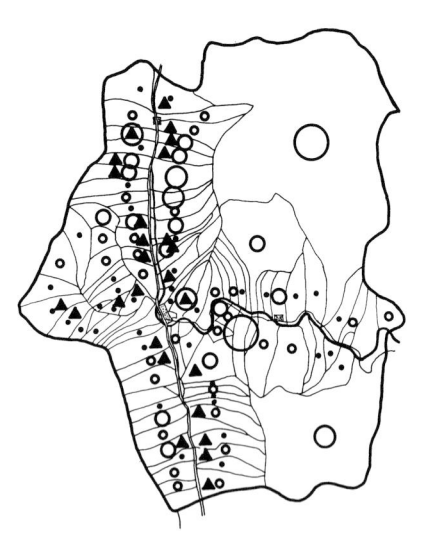

図21 中河内地区における1878年と1929年の山畑の分布図
前者を▲印、後者を○印で表し、丸印の大きさで1929年時の山畑の数の多少を表現した

3.6反と推定される[41]（図21）。遠いところでは、集落の中心地の本郷から片道2時間近くかかる雌鶏谷の奥の七畑谷まで出かけていた。ここには広い山畑があり、出作り小屋に泊り3〜4人組の作業をしていた。

山畑には、緩傾斜で低木がまじる程度の草地が用いられた。丹生谷ではこの様な場所をハダレと呼び、やはり切替え畑として広く利用されていた[42]。田植えが終わる6月に場所を決め、7月中旬から8月初旬にかけて草木を刈り、1週間から10日間ほど乾燥した後に火入れしていた。その後、播種、草取り、間引き、収穫とつづく。主要作物は大根、かぶら、小豆、そば、あわ、ひえで、雑穀作物と同時に根菜が多く栽培されていたのが特徴である。3〜4年程度連作し、その後6〜7年の休閑期を設けていた。

山畑は、とくに戦後の食料難の頃は盛んであった。しかし、製炭業とほぼ同様に1960年頃から急減し、1965年に入るとほとんど利用されなくなった。山畑をしなくなった理由として、稲作技術の改良で自給できるようになったこと、道路事情がよくな

り食料品がいつでも手に入るようになったこと、重労働を嫌うようになったこと、さらに若者がいなくなったことなどがあがっている[41]。山畑が消えて約30年経過した現在、立地条件の良いところはスギの植林に代えられたところが多い。しかし、植生の回復が悪く今なおススキが優占する草原も各所に存在する。

中河内の人口は、現在（1992年）47戸、117人である。ほとんどの家が俸給生活で、その通勤圏は木ノ本や高月町まで広がっている。栃ノ木峠には余呉高原スキー場がつくられ、木ノ本からスキー場をつなぐ国道365号線の整備が今すすめられている。中河内は、薪炭林時代につづく繁栄期を迎えようとしているのであろうか。 （米田　健）

II-11 高時川上流の廃村集落

　高時川の最上流部に位置する6つの小集落が最後の集落移転を終え、廃村化したのは1995年のことであった。ここでは、主に戦後から集落移転・廃村に至る過程を、資料と聞き取り調査をもとに素描してみよう。

廃村集落のかつての生活

　この地域は市町村合併以前の旧丹生村の北部にあり[43]、明治以降から戦後までは戸数約100戸、総人口数450〜600人で推移してきた。また、山間地という土地条件、積雪や湧水のために稲作に適さず、狭い田畑と焼畑耕作を生業とし、養蚕や広大な共有林での製炭業および国有林での林業労務などによって主な現金収入を得ていた（表1）。

　明治期までの外部との交流は、峠越えの道を通じ岐阜県や福井県方面にも広がっていた。また、下流部への物資（木材・木炭）輸送には、河川も利用

表1 旧丹生村北部の農林業収入（1965年）

林業販売収入＼農業販売収入	販売なし	3万円未満%	合計	戸数
販売なし	10.7	10.7	21.3%	16戸
10万未満	6.7	—	6.7	5
10～30万円	60.0	4.0	64.0	48
30～50万円	8.0	—	8.0	6
計	85.3	14.7	100.0	75

資料：「高時川ダム建設地域民俗文化財報告書」

されていた。一方、現在でも積雪のために、長期間にわたって道路交通が遮断されてしまう。この隔絶性は、新しい情報、技術の伝達にも影響を及ぼしてきた[44]。さらに燃料転換にともなう木炭需要の減退のため、それまでの現金収入獲得手段は失われたが、1970年頃からは近隣市町村に進出してきた工場が新たな就業の場となっていった[45]。

山村振興計画による集落移転と共有林

このような山間地であるがゆえの生活問題に対して、余呉町（当時は村）は、財山村振興調査会の報告書をもとに山村振興計画を検討した。最終的には旧丹生村北部地域の集落移転を決定し、1970年前後に奥川並、針川、尾羽梨の3集落の全戸が移転、廃村となった。移転費用には、共有林およびその立木の売却益が充てられた[46]。また、町内に公営住宅建設および宅地造成が

表2 集落住民の移転先

集落名	廃村時戸数	集団		自己資金								
		公営住宅	造成地	中之郷（町内）	木之本町	高月町	虎姫町	長浜市	草津市	彦根市	近江町	他府県
旧丹生村北部 奥川並	15	14		1								
針川	15	12(0)	(11)			1(2)						2
尾羽梨	10	2	3	1		1	1	1				1
小原	8		6			1		1				
田戸	8		6					1	1			
鷲見	16		13	2		1		1				
*半明	10		2	2				1		1	1	3

注：針川の（ ）内はその後の移転．半明は旧片岡村に属する．
資料：余呉町役場資料により作成．

行われ、移転者の入居に対しては優遇措置が採られた。他方、自己資金によって近隣市町村へ移転する者もあり、尾羽梨は集落離散状況となった（表２）。

残る３集落についても、引き続き集落移転実現が図られたものの、共有林売却が困難になり、集落移転計画は一旦、頓挫することとなった[47]。

丹生ダム建設計画による集落移転

一方、高時川上流部に計画されたダムの位置を決める予備調査がすでに開始されていた（1968年小原から開始）。この地域では、戦前から電力会社によるダム建設計画の噂があったが[48]、実際に計画が公表されたのは琵琶湖総合開発計画による治水ダム建設事業（1972年）が最初であった。町ではダム対策委員会を組織し、建設反対を表明した。しかし、建設予定地の上流（旧丹生村北部）と下流（旧丹生村南部）では調査実施申し入れ段階から温度差があった[49]。運動は、ダムの安全性を危惧する下流側を上流側が早期解決に向けた条件闘争へと導き[50]、豪雪の翌年[51]、1982年がその転換期となった。北陸自動車道の開通や湖北農業用水整備事業などの開発から取り残されてきたという意識は、旧丹生村の南北を問わず共有されており、地域整備計画実施へと下流も条件闘争に協調していくのである[52]。このときすでに、上流の人々の多くは冬の通勤の便を図るために公営住宅などに生活拠点を移しており、ダム建設問題は、上流の人々にとって、かつての集落移転計画実現の手段としての意味あいを色濃く滲ませてきたように感じられる。

そして水没予定地域の全戸移住が完了した現在[53]、補償交渉は継続しているが、戦後の社会情勢の変化の中で疲弊してきた山間集落の30有余年の紆余曲折はようやく最終段階を迎えている。

（中川秀一）

II-12 知内川とビワマス漁

知内川の概要

写真15 知内川のヤナ（明治期；近江水産図譜）

写真16 安曇川のマスヤナ

　知内川は、滋賀県と福井県の境にある乗鞍岳（866m）の付近に源を発し、マキノ町知内で琵琶湖にそそぐ全長17.5kmの河川である。途中、白谷で八王寺川が合流しているが、その上流域の在原は、平安時代の歌人在原業平の里と伝えられている。白谷付近には古墳や遺跡が多数散在し、古来より生産活動が活発で豊かな地域であったことがうかがえる。知内川は河口付近では「大川」と呼ばれており、古来よりヤナが設置され、春から夏には琵琶湖から遡上してくるニゴイやアユ・ハスが、秋には産卵のために上ってくるアメノウオ（ビワマス）が漁獲されていた。ヤナ（写真15）とは、河川の流れを横切って杭を打ち、簀や網を張って遡上してくる魚を捕獲する漁具のことで、大規模なものが現在も姉川や安曇川（写真16）などに設けられている。

知内川のヤナ漁

　この大川のヤナについては、川株（漁業権）をめぐって江戸から明治にかけて百年以上にわたって争いが続いていたことが知られている[54),55)]。これは、どのような経緯からか判らないが、大川のヤナは知内村の地先にありながら東隣の西浜村に大半の漁業権があった。知内村はこの漁業権を得るために享保11（1726）年に代官所に提訴したが、このときは退けられている。また文政元（1818）年には知内村のヤナ漁への妨害行為に対して西浜村が訴えて勝訴している。この争いは、1875年になってようやく知内側が西浜側からヤナの漁業権を全面的に買い取ることで終結している。

　江戸から明治への体制変化に伴って漁業制度も大幅な刷新が図られているが、この期において網エリの開発など新たな漁法の導入などにより乱獲状態となり、漁獲量が減少した。そこで県では1879年に「エリ逓減法」によりエリ数の削減を、「ヤナ隔年法」によりヤナ操業を隔年ごとにする処置を発布して乱獲の防止を図った。このような中で知内村では、乱獲防止と資源保護を目的として知内川漁業者組合を設立し、ビワマスの増殖を目的に知内村共立養魚場を設け、1883年から自前でふ化放流事業を開始した。これにより知内村では、「ヤナ隔年法」のもとでも特別免許によりヤナ漁を毎年操業できることになった。ビワマスのふ化放流事業は、その後、近江水産組合に引き継がれるなど変遷したものの、百年以上経過した現在も滋賀県漁業協同組合連合会によって知内の地で継続されている。一方、知内川のヤナ漁は、アユを対象としたものは現在も行われているものの、9月から11月のビワマスをねらったものは1980年頃から中止されている。ビワマスのヤナ漁の衰退は知内川に限ったことではなく、かつては琵琶湖に流入する野洲川や愛知川など主要河川のすべてで行われていたものであるが、現在では安曇川に残るだけとなっている。

知内川とビワマス

　現在の知内川には下流から中流域にかけて幾重にも堰堤が設置されている。アユやビワマス（写真17）など川を遡上する魚類にとって上流域に達することは容易ではない。しかし、1998年の秋に調査した時、白谷付近で産卵の準備をするビワマスを多数見つけ、思わず歓声をあげてしまった。このように知内川には、まだ比較的多くのビワマスが産卵のために遡上する。これは、この川がビワマスの産卵に適しているためというよりは、ビワマスのふ化場が流域に設置されている影響が大きいものと考えられる（写真18）。すなわち、知内川の水で育ったビワマスは、知内川を母川（生まれ育った川）として産卵のために回帰しているのではないか、ということである。

　かつて産卵のため川を上るビワマスは流域の人々の生活を潤してきた。人々は豊漁を感謝し神前にビワマスを供してきた。今、多くの川からビワマスの姿が消え、神事にその名残をとどめるだけとなっている。

写真17　成熟したビワマス（上：雄、下：雌）

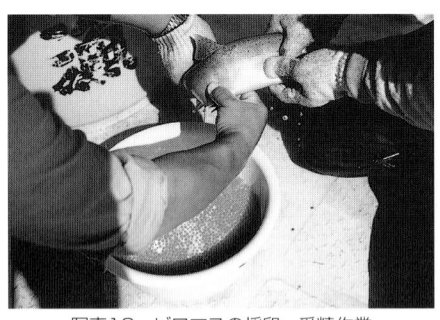

写真18　ビワマスの採卵・受精作業

（藤岡康弘）

Ⅱ-13 高時川・余呉川の農業水利

近世の農業水利

　高時川・余呉川流域一帯の湖北地方は、東海・北陸・近畿の分岐点で、北陸から京に上る通過地点でもあり、古くから政治権力の注目する地域であった。特に戦国時代には、小谷城の攻防や賤ヶ岳の戦いなどの戦乱の舞台となるなど、歴史的に重要な地域であった。気候は日本海気候に近く、冬の積雪は１ｍをこえる地域も多く、この雪は福井県境に源を発する余呉川・高時川の水源となり、流域の水田を潤し豊かな穀倉地帯を形成してきた。

餅の井落し

　高時川と杉野川が合流する木之本町古橋地先は、川が山間部から平野部に移行する絶好の取水地点で、1940年に合同井堰が新設されるまでは、時の権力関係によりいくつかの井堰が設置されていた。河川からの取水は古来より上流および古田優先が慣行であるが、最上流に東浅井郡下流の用水「餅の井」が位置するのは、小谷城を居城とする浅井一族の権力支配のためと伝えられる。昭和初期までの400余年もの間受け継がれてきた「餅の井落し」と呼ばれる取水儀式がある。これは、高時川が極端な旱ばつに見舞われたとき、下流井堰組のものが白装束姿で餅の井堰の一部を切り落して下流に流し、餅の井組のものが紺の装束で切り落された井堰をもとに直したことに由来しており、昔の流血の水争いを変形し、集落間の義理・人情を加え、先人の水利に対する苦難を伝える慣習的行事であった。

西野水道

　高月町西野に、江州の青の洞門とよばれる西野水道（写真19）がある。この地域は、賤ヶ岳からのびる山地によって琵琶湖から隔てられ、余呉川が東

写真19 西野水道

写真20 大規模な放水トンネル

に流れる低湿地帯であるため、たびたび浸水被害を受けた。文化4（1807）年の大洪水により当地の充満寺の住職の西野恵荘師は、水道により琵琶湖へ直接放流する浸水防除を計画し、長年の歳月をかけて高さ2m、幅1.5m、延長225mの水道を完成させ、大きな効果を得た。しかし、大洪水に対しては十分な規模ではなかった。1950年の余呉川改修事業では幅4.2m、高さ4mの大水道が完成した。また、1980年にはさらに大規模な放水トンネルが完成した（写真20）。新旧3本の水道が並ぶ姿は、浸水防除の歴史の姿でもある。

田川のボックスカルバート

かつて田川は、高時川と姉川の間を流れ、下流で姉川に合流していたが、高時川の河床があがり排水困難となったことにより、オランダ人技師デレーケの設計に基づいて、高時川と田川の流れをトンネルで立体交差させることにした。高時川の下側をトンネルによって田川が流れるボックスカルバートは、1885年に完成した。現在のものは、その後の災害復旧で改修されはしたが、設計の基本は現在も生きている。

湖北農業水利事業

湖北平野一帯は、古くから高時川、余呉川、田川および草野川の4河川水を主な灌漑水源とし、一部は溜池や地下水にも依存した。やがて流域の林相

変化に起因する旱ばつの常習化や取水施設の老朽化などが、農業の近代化を妨げはじめた。そのため、この地域の1市7町にまたがる農地5,050haを対象とする国営農業水利事業が、1965～1986年度に実施された。この事業は、水利施設の統合・改修を図り、新たな用水源を確保して水不足を解消し、圃場整備を促進し、農業経営の合理化を図ることを目的とした[56]。

　湖北農業水利事業の特徴は、ほかの地区と異なりダムを新設せず余呉湖をダム化し、治水・利水に利用した点と、琵琶湖・余呉湖・高時川・余呉川・草野川などの水を最も有効に管理できるようシステム化した点にある。これは30数ヶ所の雨量計、水位計、流量計などの情報を中央管理事務所に集め、取水工や分水工を必要に応じて操作できる水管理システムでもある。また1972年度に始まった琵琶湖総合開発事業に関連して、湖水位低下による用水補償が計られたことにより、びわ町の早崎地先に揚水ポンプ場が新設された。これらのことにより、自然水を最大限有効に利用しつつ、不足水量を琵琶湖からの揚水に頼るという理想的な水利システムが完備されたのである。

農業水利と水環境

　この地域は前述のように、河川水を農業用水としてだけでなく、集落内の水路をめぐる生活用水としても利用してきた。これが灌漑排水事業計画にも反映され、基本的には従来の集落内の水路を活かした整備が実現したところが多い。高月町の雨森集落のように、集落内を流れる農業用水路を活かしたまちづくりで全国的な評価を受けた地域がある点も注目される（写真21）。

　この水系には溜池は少ないが、用水計画には湖北町・浅井町の貯水量10,000㎡以上の10ヶ所の溜池も組み入れられた。中でも浅井町の西池は、有効貯水量163,000㎡の調整池として利用されている。この西池は、オオヒシクイなど多くの水鳥が飛来する野鳥の楽園としても貴重である。県はこの西池の野生生物の生息空間を保全するための整備を行った。このように、農業水利施設の多面的な機能を積極的に引き出し、住民にも広く憩いの場として活用されることにより、これら施設の適正な維持管理を図っていくことが望

写真21　集落内を流れる農業用水路

まれる。

　近年、琵琶湖水質の悪化が懸念される中にあって、代かき・田植え時期を中心とした農業排水への対策が課題となっている。高月町の西部地域では、農業排水の浄化対策である「農村水質保全対策事業」により、浄化池や循環灌漑などの整備を行う。琵琶湖の環境保全の意味からも、農業排水に対する取り組みが、今後ますます重要となる。

　また、湖北の地は豊かな自然と文化を残し、農村の良さを多くそなえている地域である。湖北の豊かな水循環を活かした農村環境の保全・整備が望まれる。

（泉　峰一）

Ⅱ-14 余呉川の改修

余呉川の流域

　余呉川は、滋賀県北部に位置する大黒山の椿坂峠付近を源流とする流路延長27.4km、流域面積73.2km²の一級河川である。南北に走る柳ヶ瀬断層沿いに南下する余呉川（柳ヶ瀬川）は、余呉湖、さらには賤ヶ岳の東側に沿うように南下し、湖北町山本山を巻くようにして流路を西に変え、まっすぐ琵琶湖へとそそいでいる。

余呉川改修の先駆

　余呉川は、「昔からこの川はどんな干魃がつづいても水がかれなかった」といわれるように、流域の林相がよく基底流が比較的豊富なため、水争いも少なかったようである[57]。しかし、反面、洪水による被害は後を絶たず、周辺に暮らす人々にとっては悩みの種であった。江戸時代に、それまでつながりのなかった余呉湖と結ぶために江土川（高田川）が掘られたのも、1845年に完成した西野水道の掘り抜きも、洪水を治めるためであった。特に西野水道は、洪水の頻発する高月町西野から賤ヶ岳に連なる山々を西に掘り抜き、琵琶湖へ直接通すという一大事業であった。これは、当時の西野充満寺恵荘住職の尽力によるもので、余呉川治水の功労者として今でも語り継がれている[58]。

戦後の余呉川改修

　余呉川では、戦後間もなくの1946年より河川改修の工事が開始された。また、西野水道の横には西野放水路トンネルが建設された（1950年完成）。この工事は、余呉川周辺の遊水池の開田による洪水被害の多発がきっかけとなって行われたという[59]。また、1980年にも大規模な3代目西野放水路トンネルが建設されるが、そこでは後に述べる「湖北農業水利事業」によって余呉湖から引く用水量の増加や道路拡幅といった地域開発も絡んでくる。この3代目西野放水路の完成によって、余呉川上流の水はすべて放水路に流されることになった。

　1956年から行われた「余呉湖総合開発事業」、それを引き継ぐ形で行われた「湖北農業水利事業（1963〜1987年）」の内容は、一言でいえば「余呉湖のダム化による治水・利水事業」であった。1958年に完成した余呉導水路（余呉川から余呉湖へ）、余呉湖放水隧道（余呉湖から余呉川へ）は、洪水調整と余呉湖からの取水を可能にした。さらに、1969年に完成した飯浦揚水隧道は、琵琶湖の水を余呉湖へ送り込むことになった（1984年に電動化）。以

前は別々に存在していた余呉川・余呉湖・琵琶湖が、農業水利を目的にぐるっとつながったわけである。

河口付近の余呉川改修

　余呉川の下流は、山本山を西にカーブして津里(つのさと)に出ると、北上する形で東尾上(おのえ)、尾上を通って琵琶湖に抜けていた。余呉川下流付近では、広範な氾濫原によって形成された河辺林が広がり、また河口ではヤナ漁と水運が行われていた[60]。しかし、1950年の西野放水路の完成による水量の減少、1980年には余呉川下流の付け替え工事などにより、旧余呉川の河辺林は圃場整備によって農地化し、小さな水路が流れるのみとなった。　　　　　　　　　（木村康二）

II-15 余呉湖とその水質

余呉湖について

　余呉町北部を源流域とする余呉川は、柳ケ瀬断層を高時川に並行するように流れる。この余呉川の中流部、余呉町と木之本町の境界あたりに小さな湖、余呉湖がある。木之本から福井県の今庄へと向かう山越えの道、北国街道を余呉町に入ってすぐに脇に折れ、小さな集落を抜けると、三方を山に抱かれた静かな湖面が眼前に広がる。湖畔にはひときわ大きな柳が立っており、この柳に羽衣を掛けていた天女と都からこの余呉の地に住みついた桐畑太夫との間に生まれた子供が、菅原道真公であると伝えられる。その対岸には豊臣秀吉と柴田勝家の天下分け目の合戦場となった賤ケ岳(しずがたけ)が望める。古くから神秘の湖とか、鏡の湖などと呼ばれてきたのが、なるほどと思わせられるすばらしい景観である。

　余呉湖がいつ誕生したのかは明らかではない。柳ケ瀬断層の活動に伴って

沈降域となった余呉川流域の堆積が完全に完了せず、埋め残された部分が余呉湖であると考えられている[61]。余呉湖の諸元を表に示す（表3）。

表3　余呉湖の諸元

面　　　積	1.82km²
周　囲　長	6.45km
南北の長さ	2.3km
東西の長さ	1.2km
最大深度	13.3m
平均深度	7.4m
総貯水量	1,470万m³
海抜高度	132.8m

　余呉湖は、琵琶湖の周辺に見られる内湖とは異なり、賤ケ岳で琵琶湖と隔てられた独立した湖で琵琶湖よりも約48m高い位置にある。湖底堆積物の状況から見ると、古くは余呉川の水が流入していたようであるが、有史時代に入ると余呉川が流れを変え、余呉湖は流入河川も流出河川もない完全な閉鎖湖となった[61]。湖水は周囲の山々からの渓流と余呉川からの伏流水で涵養されていたが、江戸時代初期になり、余呉湖の水を余呉川に落とす引尻川（現在の高田川）が開削され（1604年完成）、余呉湖周辺には新田が開かれた。引尻川の開削は湖畔の開拓が目的であったが、洪水で余呉川が氾濫すると河川水は逆流して余呉湖に入り、余呉川が渇水の時には余呉湖の水が余呉川に入るという具合に余呉川の洪水調節の役を果たすようになった。また、旱ばつの年には余呉川下流域の黒田など五ケ村が湖尻堀といって、引尻川を浚え余呉湖の水を下流の水田の灌漑用水に利用する慣例もこの頃に確立した[61]。

　こうして、長らく完全な閉鎖湖であった余呉湖はダムとしての機能と、農業用水源としての機能を持つようになった。戦後になり、余呉川からの導水路、余呉湖から余呉川への放水隧道（1950年代後半）、琵琶湖水を余呉湖までポンプアップする飯浦送水隧道（1960年代後半）などが整備され、洪水調節と農業用水源の機能の拡大が図られた。

余呉湖の水質

　それでは、完全な閉鎖湖からダム的な湖へと大きな変貌を遂げた余呉湖の水質は、どのように変化してきたのであろうか。余呉湖の水質に関しては、1920年代末頃からいくつかの調査研究が行われてきているが、山口征矢らは1973年の論文で、これまでに余呉湖で測定された透明度のデータを整理して、

1920年頃は貧栄養湖、1930～1940年代は中栄養湖、1950年以降は富栄養湖の初期であり、特に1960年頃から富栄養化の速度がかなり速くなったと考察した[62]。1951年の夏には藍藻による水の華の発生が報告されたが[63]、1980年代以降は、ミクロキスティスやアナベナによる水の華がたびたび発生するようになった[64]。

例えば滋賀県環境白書で余呉湖最深部での水温と溶存酸素の鉛直分布を見ると、1993年の場合、水深6m以深では6～9月の間は溶存酸素が減少し、底層付近でほぼ無酸素状態になっていた。このような事態に対処するため、1990年には関係行政機関、関係団体、学識経験者などによる「余呉湖水質保全対策検討委員会」が組織され、水質保全対策の検討を行なった。この検討に基づき、余呉川からの水を洪水時だけ導水路に流入させるのでなく、常時、余呉川水を流して余呉湖の水の停滞を防ぐ対策（1992年～）、間欠式空気揚水筒を設置して湖水を人工的に循環させ、湖底からの栄養塩の溶出を抑制する対策（1993年～）が実施された。これらの対策前後の余呉湖水質は、CODで見れば1992年以降に回復の兆しが現れたようである。

伝説と歴史に彩られたこの湖が、かつての美しい湖水を取り戻す日が一日も早いことを願わずにはいられない。 （近藤月彦）

注

1) 藤田和夫（1968）六甲変動，その発生前後．第四紀研究，7：248-260．
2) 杉山雄一・栗田泰夫・佃栄吉・吉岡敏和（1993）1992年柳ヶ瀬断層（椿坂地区）トレンチ調査．活断層研究，11：100-109．
3) 杉山雄一・吉岡敏和（1999）敦賀断層系駄口断層の活動履歴調査．地質調査所速報No.EQ/99/3（平成10年度活断層・古地震研究調査概要報告書），173-186．
4) 東郷正美・中川信一（1973）湖北における河川争奪．法政大学地理学集報，2：9-19．
5) 高原光（1993）滋賀県山門湿原周辺における最終氷期以降の植生変遷．日本花粉学会会誌，39：1-10．
6) 宮畑巳年生・小林健太郎（1974）姉川源流地域の人文地理．「姉川源流地域学術調査報告書」（滋賀自然と文化研究会編），239-272．
7) 中島暢太郎・枝川尚資・大西慶市（1985）琵琶湖流域の気候区分と各小気候区の気候特性の抽出．昭和59年度琵琶湖研究所プロジェクト研究報告書（手記）．

8) Suzuki, M. and Fukushima,Y. (1985) 滋賀県陸地面の蒸発散量メッシュデータ化に関する研究. 琵琶湖研究モノグラフNo.2, 琵琶湖研究所.
9) 國松孝男 (1985) 河川水質の水質汚濁指標による表現. 琵琶湖研究所所報第3号, 68-72.
10) Huzita, K. (1969) Tectonic development of Southwest Japan in the Quarternary period, J. Osaka City Univ.,12(5):53-73.
11) 東郷正美 (1974) 琵琶湖北岸・野坂山地の変動地形. 地理学評論, 47(11):669-683.
12) 滋賀県自然保護財団 (1979)「滋賀県地質図」.
13) 滋賀大学地理学研究室 (1980)「滋賀県土地利用メッシュ統計」.
14) 奥田節夫・奥西一夫・吉岡龍馬・斉藤隆志 (1983) 石田川流域における水資源調査. 湖西地域の応用地質学的諸問題 (日本応用地質学会関西支部), 39-57.
15) 奥西一夫・斉藤隆志・吉岡龍馬・奥田節夫 (1984) 石田川上流部の水文地形学的特性 (その1). 京大防災研年報, 27 B-1:425-444.
16) 吉岡龍馬・伊ында正明・大西郁朗 (1984) 石田川流域における水文化学的観測 (その1). 京大防災研年報, 28 B-1:445-454.
17) 余呉町誌編さん委員会 (1991)「余呉町誌通史編上巻」. 余呉町役場.
18) 小林圭介 (1981)「滋賀県現存植生図」. 滋賀県自然保護財団.
19) 浜端悦治 (1986) 滋賀県の植物と植生分布資料のデータベース化.「琵琶湖集水域の現状と湖水への物質移動に関する総合研究 (琵琶湖研究所集水域研究班編)」, 150-196.
20) 石沢進 (1978) ユキツバキの分布と気候.「吉岡邦二博士追悼植物生態論集」(吉岡邦二博士追悼論文集出版会編), 296-308.
21) 立花吉茂 (1982) 近畿地方 (湖北) のユキツバキ. 京都園芸, 81:13-19.
22) 中尾佐助 (1976)「栽培植物の世界」. 中央公論社.
23) 山口征矢・高橋正征・市村俊英・森谷虎彦 (1973) 夏季の停滞期の余呉湖の性状.陸水学雑誌, 34(3):121-128.
24) 山口久直 (1955) 余呉湖の湖底堆積物と高等水生植物. 陸水学雑誌, 17(2):81-90.
25) Miyadi, D. and Hazama, N. (1932) Quantitative investigation of the bottom fauna of Lake Yogo. Jap. Jour. Zool.,Ⅳ(2):151-211.
26) 宮地伝三郎 (1928) 湖底生物観察予報. 水産研究誌, 23(3):81-86.
27) 葛原秀雄「今津町文化財調査報告書」第3・4・5集, 今津町教育委員会1984・85・86年.
28) 大道和人 (1998)「滋賀県内の古墳出土鉄滓」.『斉頼塚古墳』マキノ遺跡群調査団.
29) 滋賀県埋蔵文化センター (2002) 滋賀埋文ニュース第264号.
30) 森浩一 (1971)「滋賀県北牧野製鉄遺跡調査報告」. 同志社大学文学部考古学調査報告第4冊,「若狭・近江・讃岐・阿波における古代生産遺跡の調査」.
31) 吉見静子・室谷誠一 (1991) 民家.「高時川ダム建設地域民俗文化財調査報告書」, 余呉町.
32) 小牧実繁・宮畑巳年生 (1957) 近江盆地周辺山村の研究—丹生谷の場合. 滋賀大学紀要, 5:9-21.
33) 琵琶湖集水域研究班 (1988) 植生・土地利用の変遷.「琵琶湖への汚濁負荷流出構造と水管理機構」. 琵琶湖研究所プロジェクト研究記録集, No.87-A-02:31-42.
34) 吉良竜夫 (1984) 琵琶湖—湖にとっての集水域.「陸水と人間活動」(門司正三・高井康雄編), 255-291, 東京大学出版会.
35) 木村和弘 (1974) 滋賀県余呉町における集落再編成事業—集落再編成の背景と事業の問題点. 信州大学農学部紀要, 11:281-313.
36) 東野道子 (1960) 農山村の生活実態調査報告—伊香郡丹生村菅並の場合 (第一報).

滋賀県立短期大学学術雑誌，1：63-81.
37) 広峯神社太古踊保存会（1985）中河内・太鼓踊附奴振．「滋賀県選択無形民俗文化財調査報告」，白水社，敦賀．
38) 小牧実繁・川合重太郎・木村憲治（1960）近江盆地周辺山村の研究(1)江越国境越交通路の変遷と交通集落としての中河内．滋賀大学紀要，10：33-48.
39) 宮畑巳年生（1960）近江盆地周辺山村の研究(2)中河内の人口変化．滋賀大学紀要，10：49-57.
40) 伊藤唯真・柿原正明（1960）北国街道筋村落の習俗と生活．東山高校研究紀要，7：42-127.
41) 下西恵美（1993）高時川源流中河内地区の土地利用，山畑を中心とした解析．大阪教育大学教養学科卒業論文．
42) 余呉町教育委員会（1991）高時川ダム建設地域民俗文化財調査報告書，白水社，敦賀．
43) ダム建設と関連して，旧片岡村に属する半明(はんみょう)集落も廃村化するが，本稿では当初から移転計画のあった旧丹生村北部集落について述べる．
44) 佐々木悦也（1991）交通・運輸・通信．「高時川ダム建設地域民俗文化財調査報告書」，滋賀県余呉町．谷沿いの道や橋は流されやすく，道路建設は困難だった．また，1961年までは電気が通っておらず，数日遅れで新聞は郵送された．1981年の豪雪は4ヶ月にわたる生活孤立状態を引き起こした．
45) 高月町，木之本町などにオートバイなどで通勤した．
46) 余呉町誌編さん委員会編（1995）過疎と集団移住．「余呉町誌通史編下巻」．国有林化およびパルプ業者への売却により500万円／戸を配分した．
47) 前掲注46)．この間の政策転換の影響を受けている．ただし，残存集落でも売却はあり，再検討が必要である．
48) 聞き取りおよび前掲注46)．丹生ダム建設への推進による．
49) 1980年に建設省高時ダム建設所が開設され，余呉町に調査申し入れがなされた．その際，旧丹生村の水没予定6集落からなる「上流部会」，ダム下流4集落からなる「下流部会」にそれぞれ分かれ，上流側は調査受け入れを表明し，下流側は建設反対を上流部会に要請していた．
50) 1981年には上流，下流，さらに貯水池より上の中河内部会がともにダム建設反対を申し入れた．後二者は「生活再建への懸念」「過疎化や堆砂被害」など，条件闘争を視野に入れた問題提起であった．
51) 5.6豪雪と呼ばれる．4ヶ月にわたり上流集落が孤立状態に陥った．
52) 1982年には上流，下流，中河内の三部会を統合した高時川ダム対策委員会が組成され，翌年から反対運動から条件闘争へと方針を転換し，1984年にダム建設事業実施計画調査停が妥結された．
53) 1992年には「丹生ダム建設に関する基本計画」が告示され，1995年に小原，田戸，鷲見，半明の離村式がおこなわれ，全集落が廃村となった．
54) 伊賀敏郎（1954）「滋賀県漁業史,上（概説）」，滋賀県漁業協同組合連合会．
55) 伊東康宏（1984）漁場相論．「水と人の環境史」，お茶の水書房．
56) 近畿農政局「湖北農業水利事業誌」．
57) 近畿農政局（1987）「湖北農業水利事業誌」．
58) 木之本土木事務所（1989）「地域に生きづく土木施設―余呉川西野放水路―」．
59) 前掲注58)に同じ
60) 滋賀県教育委員会（1978）「びわ湖の漁撈生活―琵琶湖総合開発地域民俗文化財特別調査報告書1」．
61) 余呉町誌編さん委員会（1991）「余呉町誌通史編上史」．余呉町役場．

62) 山口征矢・高橋正征・市村俊英・森谷虎彦（1973）夏季停滞期の余呉湖の性状．日本陸水学会誌，34：121-128．
63) Negoro, K. (1956) The diatom shells in the bottom deposits of Lake Yogo, North of Lake Biwa-ko. Jap. J. Limnol.,18：134-140．
64) 滋賀県（1995）「平成 6 年版環境白書」．

参考文献

Ⅱ-5) 紅谷進二（1971）「兵庫県植物目録」，六月社書房．
Ⅱ-5) 青木繁（1989）石田川に見られる川辺ケヤキ林．滋賀県自然研究会誌，25-30．
Ⅱ-5) 村瀬忠義（1991）野坂山地の植物相，「滋賀県自然誌」，1031-1076．滋賀県自然保護財団．
Ⅱ-5) 青木繁（1990）箱館山天狗岩ニッコウキスゲ群落，大御影山周辺のブナ原生林．「滋賀県未調査天然記念物調査報告（未刊）」，滋賀県文化財保護課．
Ⅱ-5) 北村四郎（1968）「滋賀県植物誌」，保育社．
Ⅱ-15) 余呉湖水質保全対策検討委員会（1991）「余呉湖水質保全対策検討調査報告書」，長浜保健所．

Ⅲ. 姉川編

Ⅲ-1 姉川の河川地形
Ⅲ-2 人間活動と森林
Ⅲ-3 クル木―姉川左岸の畦畔木―
Ⅲ-4 伊吹山
Ⅲ-5 石灰岩の山―伊吹山―
Ⅲ-6 姉川古戦場と国友鉄砲
Ⅲ-7 姉川中・下流域の土地・水利用
Ⅲ-8 長浜の給水系と井戸（池）組
Ⅲ-9 在来工業と近代工業
Ⅲ-10 養蚕の盛衰

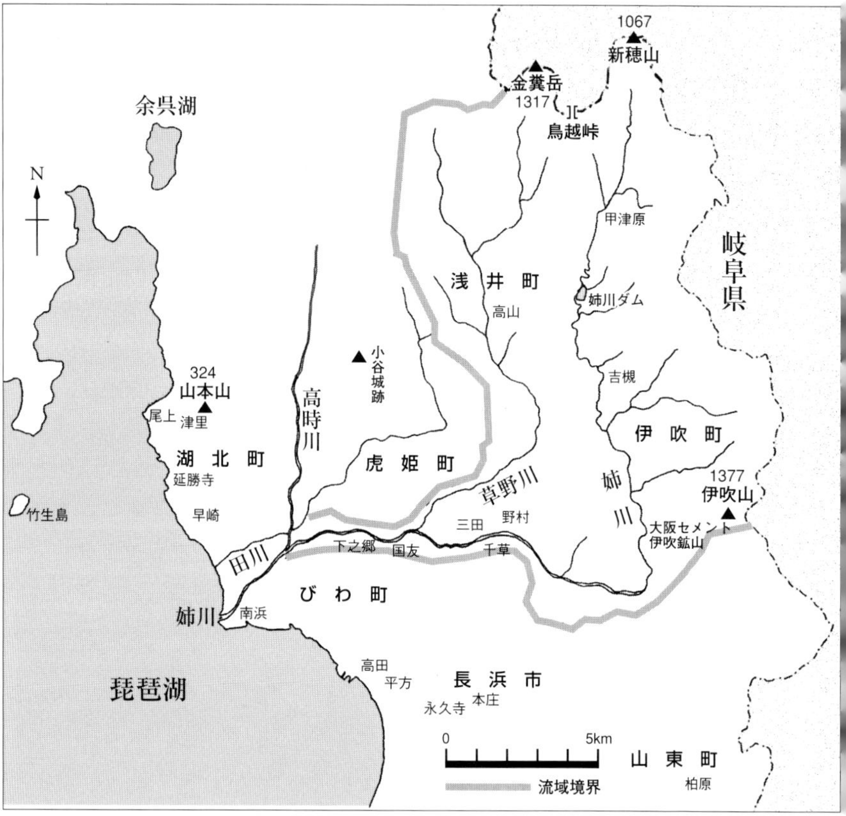

余呉湖
N
1067
新穂山
金糞岳
1317
鳥越峠
甲津原
岐阜県
浅井町
姉川ダム
高山
小谷城跡
324
山本山
尾上
津里
高時川
吉槻
伊吹町
湖北町
虎姫町
延勝寺
草野川
姉川
1377
伊吹山
竹生島
早崎
三田
野村
大阪セメント伊吹鉱山
下之郷
国友
千草
田川
びわ町
姉川
南浜
高田
平方
長浜市
琵琶湖
永久寺
本庄
0
5km
山東町
流域境界
柏原

概　　要

　姉川は、全長31km、伊吹山の北部・奥伊吹に端を発して南へくだる。伊吹山の麓にいたって西におれた後、姉川に対して妹川ともよばれた草野川を右岸であわせ、さらに栃ノ木峠からくだってくる高時川と合流して琵琶湖にそそぐ。湖北町・虎姫町・びわ町など高時川流域では、高時川のことを妹川とよんでいた。吉田東伍の『大日本地名辞書』には、「二源あり、共に金糞岳に発し、南流し東草野村を過ぐるを梓川と云ふ、上草野下草野を過ぐるを草野川と云ふ、梓川伊吹山の西に到り、西に折れ姉川と称し、湯田村に於て草野川を容れ、虎御前村の西に至り高月川に入る………」とある。これからみると、姉川の上流は梓川とよばれていたようである。さらに別の個所では、草野川と合流した後の姉川を国友川ともよんだと記している。

　姉川水系は、湖北地域一帯におよぶ広い流域面積（370km²）をもっているが、この章では姉川本流をおもにあつかう。

　姉川の名が広く知られるようになったのは、元亀元（1570）年にこの川の中流部にあたる野村付近で起こった姉川合戦によってであろう。織田・徳川軍と浅井・朝倉軍がたたかった古戦場跡には、現在、碑が建っている。上流の伊吹町甲津原は2mをこえる豪雪地域で、かつては林業が主体であった。近年は、この地の特性を生かしてキャンプ場やスキー場が開設され、レクリエーション基地へと変貌してきた。姉川流域は、かつて水田一毛作に養蚕をくわえた農業経営で知られていたが、今では、桑畑は堤外の河川敷にみられる程度である。耕地整備や湖岸へ通ずる道路の新設などが行なわれ、この地域の景観の変化は著しいが、小鮎の漁場として知られる河口付近では、いまも四手網漁が続いている。

　姉川の中流から下流にかけては、荒れ川の跡をしめす旧河道が残る。長浜市は、姉川の形成した扇状地から自然堤防、三角州へと連なる一帯にのっているため、市内には湧水点がみられる。ここは、浅井氏滅亡後入府した羽柴秀吉によって市域の基礎が築かれ、今浜から長浜へと改名して以来、400余年の歴史を刻んできた。明治期には、水陸両用の要衝であったが、舟運の衰えた今日も湖北地域の中心として機能している。

（秋山道雄）

III-1 姉川の河川地形

姉川の屈曲

　姉川は甲津原周辺の山々に発し、曲谷の穿入蛇行のV字谷（写真1）、吉槻の谷底平野（写真2）を通り、伊吹までの山間部を南流する。伊吹で平野がひらけると、そこで姉川は流路を西方に大きく転じ、草野川や高時川などの支流をあつめ、びわ町で琵琶湖に入る。

　伊吹での姉川の鋭角的な屈曲（写真1）は琵琶湖集水域の川のなかでもきわだっている。滋賀県「地学のガイド」[1]によると、かつて姉川は伊吹からさらに南流し、天野川と合流していたが、旧姉川（現在の姉川下流）の侵食力の増大で伊吹まで上流がのび、河川争奪の結果、現在の姉川上流とつながり、伊吹の流路屈曲ができた[2]という。だが、池田・大橋[3]は、姉川上流と天野川がつながっていたことを示す旧河道の証拠に乏しいので、姉川の大きな屈曲は断層活動と関係するのではないか、とのべている。

　国土地理院発行の土地条件図に天野川支流の黒田川沿いに旧河道が分布する[4]が、この旧河道分布の北限は市場

写真1　曲谷〜甲津原間の穿入蛇行（1986年4月18日撮影）
　　　　右から左へ降下する。

写真2　吉槻の谷底平野（1986年4月18日撮影）

付近までで、伊吹の屈曲点方面にはのびていない。旧河道の跡が伊吹までつながれば、平尾他の考え[1]が立証されるのだが。一方、草野川と田川の流路をみると、姉川と同様に、山間部から平野部に入ると、流向が南から西へ転じるので、これら3河川の流向変化には、姉川流域に共通する広域的な地形変化の要因がきいている可能性がある。平尾他は河川争奪の原因にふれていないが、もともと、河川争奪と断層活動による地殻変動は関係する場合があるのではないか。断層活動はひとつの原因で、河川争奪は結果のひとつだからである。

琵琶湖集水域で姉川のような大きな屈曲に匹敵するのは、安曇川であろう。丹波高地の源流域から北流する安曇川は、朽木村市場付近で流向を東に変える。活断層研究会編[5]の「日本の活断層」をみると、朽木村市場付近には花折・堂建山両断層が、また伊吹付近に関ヶ原・大清水両断層が分布する。すると、川の流向急変と断層活動とは関係するようにみえる。

1909年8月、関ヶ原断層と柳ヶ瀬断層の交点付近を震央とするマグニチュード6.8の地震が発生した。死者・負傷者522名、家屋全・半壊3,933戸もの被害がでた姉川地震である。

このような地震活動に象徴される地殻変動と川の侵食、運搬、堆積作用によって、河川流路は変遷する。その証拠が旧河道を示す自然堤防で、長浜周辺に分布する（写真3）。国土地理院の旧河道分布をみると、現在の姉川下流に近い長浜市北西部の旧河道が南東部のものを切っている構造がみられるので、南東部の旧河道がより古い時代の流路を示す。そこで、旧河道分布をさらに南東に追うと、黒田川沿いの旧河道に結びつく。かつ

写真3　長浜市内の旧河道（1986年4月18日撮影）
旧河道を流れる小川の河床から比高2～3mの自然堤防に民家や畑・水田が分布する．

て伊吹から天野川に合流していたとする考えは、姉川の流路変遷のなかでさらに古い時代のものとみなすこともできるのではないか。

だがそれを証明するには、まず先にのべたように、旧河道で姉川と天野川をつなぐこと、また池田・大橋の指摘する「姉川上流が天野川に合流していたとするなら、天野川下流部にもかなりの堆積地形が期待されるはずであるが、極めて小規模である」ことを説明する必要がある。そして流路変遷の原因については、断層活動にともなって、関ヶ原方面から姉川河口のびわ町方面にかけて地盤が全体として傾動していったことが確かめられれば、姉川の流路変遷や草野川・田川の屈曲だけでなく、姉川下流域の扇状地、平野、三角洲などの形成を広域的にとらえることができる、と考える。

かすみ堤

琵琶湖集水域の川には、河床が周辺の平野部より高い、天井川が多い。東海道線と国道1号線が草津川の下をトンネルで通っているのはその代表例である。

　姉川も天井川で、大雨になると、昔はよく暴れた。洪水をひきおこすことで、多量の土砂を運び、長浜周辺の肥沃な扇状地、三角洲を形成したが、洪水は昔の人たちにとって頭痛のたねでもあった。そこで、姉川の洪水から村々を救った"姉と妹の竜"の伝説が生まれたのだろう。姉の竜の通り道が姉川だという。この伝説をきくと、伊吹での姉川の大きな屈曲は、いかにも姉竜が曲がりくねっていった跡かな、と想像することもできよう。

　姉川上流域の地質は、奥伊吹周辺の花崗岩のほかは、全般に古生代〜中生代の堆積岩である。伊吹山は石灰岩の産

写真4　伊吹―小泉間の崩壊（1985年7月18日撮影）

地で、山頂付近にウミユリやフズリナなどの化石、カルスト地形がみられる。姉川と伊吹山頂との比高は、伊吹付近で1,000mをこえ、伊吹山西側の急斜面には崩壊でできた石灰岩角礫層が分布する。この崩壊地形によって、姉川の流路は小泉～伊吹間で西方の七尾山側に押しやられている。1985年7月にも大規模な崩壊がおこり（写真4）、多量の土砂を姉川に流した。また、甲津原周辺の花崗岩地帯にも崩壊地形が多く、とくに豪雨や雪解け時期は、姉川の土砂運搬量がふえ、下流域の平野部で堆積するため、天井川になりやすいといえる。

天井川で洪水をおこす姉川を、昔の人はどのように治めたのだろうか。姉川中流の堤防の形（図1）をみると、長さ500mほどのいくつかの堤防が列をなし、上流に開いている。

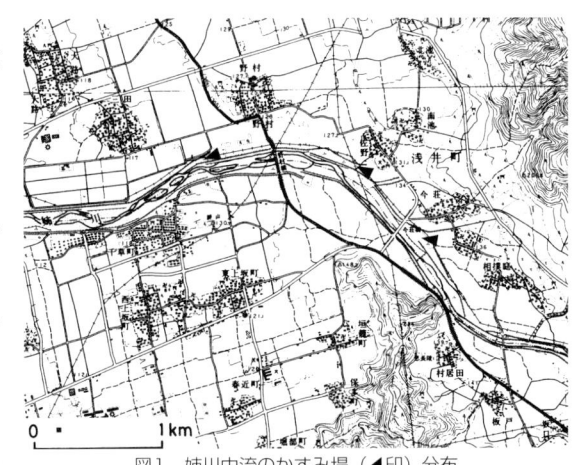

図1　姉川中流のかすみ堤（◀印）分布
（国土地理院　2万5千分の1地形図　虎御前山・長浜・竹生島・南浜）

これがかすみ堤（写真5）で、江戸時代につくられたものが多い。洪水のときは、ここから水をひいて遊水地に導き、大洪水になるのを防いだ。姉川のかすみ堤は、山梨県の信玄堤などと同様に、自然条件をうまく利用した治水技術である。

写真5　姉川中流の今荘橋上流右岸のかすみ堤
（1986年4月18日撮影）
Aから洪水を遊水池に導いた．

田川カルバート

　高時川、草野川は姉川の支流だが、両支流の間にある田川は支流でない。このようなことは自然にはおこりにくい。田川は、江戸時代末に高時川の下のトンネルを通り、琵琶湖に直接そそぐようになった。つまり、田川と高時川は立体交差する。これが田川カルバート（暗渠）である（写真6）。

　江戸時代まで、田川流域の人たちは水害に苦しめられた。東浅井郡志[6]によると、「姉川・高時二川の流砂堆積して、年々川底の上昇するも、田川の力、以て之を排除して疎通するに足らず。河口常に流水の停滞を来せり」とのべられ、姉川と高時川の水が逆流するため、常に洪水の危険にさらされていた。当時、彦根藩主の井伊直弼が幕府の大老であったので、田川カルバートの許可がでたとのことである。

　江戸時代末の田川カルバートは木造で腐ってしまい、明治になって改修工事が行われた。その時、オランダ人の川の専門家、ヨハネス・デレーケに現地まできてもらい、改修の意見を求めた。するとデレーケは、高時川を切り離し、姉川・田川・高時川の3川を別々にするのが上乗の策で、それができないのなら、田川カルバートを拡張するしかない（東浅井郡志）、とのべた。デレーケの上乗の策は経費がかかりすぎるので、拡張工事をすることになった。

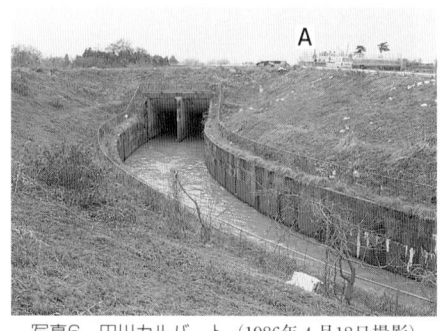

写真6　田川カルバート（1986年4月18日撮影）
高時川にかかる新築中の錦織橋（A）下流を田川がくぐりぬける

　デレーケは富山県の常願寺川をみたとき、「これは川ではない。滝だ。」といったそうだ。たしかに、ヨーロッパなどの大陸の平野部を流れる川にくらべると、日本の川は急流で、集中豪雨による洪水がしばしばおこるので、治めにくいといえよう。しかも姉川のような天井川だと、河床と堤防との

比高が小さいので、よけいに洪水の危険が大きい。姉川のかすみ堤や田川カルバート、はては姉竜伝説からも、昔の人たちの暴れ川に対する治水の苦労がしのばれる。

現在、姉川と高時川上流にはダムが建設されようとしており、また姉川河口では、湖岸道路にともなう橋が建設されるなど、湖北地域の川の歴史も新しい時代をむかえようとしている。 （伏見碩二）

Ⅲ-2 人間活動と森林

大戦直後の山のようす

プロパンガスや電気、石油の普及といった1960年代以降の燃料構造の変化は薪や炭の使用を激減させたが、すくなくとも戦前、戦中は家庭用燃料の多くの部分を薪炭にたよっていた（図2）[7]。そのなかで大戦中の1942年前後には軍需要材としての用材や、代替燃料としての薪炭の過度の生産が、戦後では戦災復旧用材などの供給のために、一層の森林伐採がおこなわれ、日本の山はこの大戦の前後でかなり荒れた[8]。

ここに草野川中上流域と田川上流域の写った航空写真がある（写真7）。1952年4月に米軍が撮影したもので4万分の1と小縮尺であり、またモノク

写真7　1952年の草野川・田川流域の航空写真（本文参照）

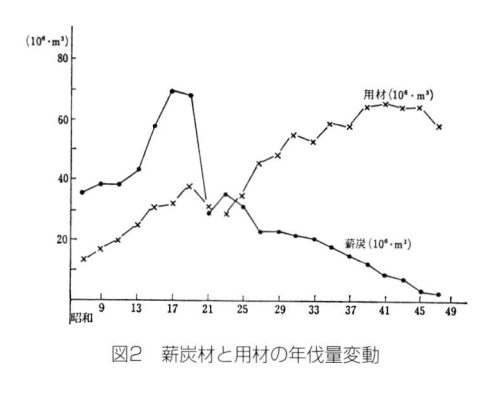

ロでもあるため、判読しづらいが、東側の草野川の特に上流域の沢沿いに、数多くの崩壊地と思われる白っぽい部分のあることがわかる。それと対照的なのは南西側の田川の上流部分で、ほかの樹木の部分と比べ明らかに異なる色の濃い森林が谷部を埋めている。この田川の谷にみられる森林は、伊吹山の南、岐阜県関ヶ原町の今須林業と並び、択伐林経営でその名を知られる田根林業のスギ林である。

図2　薪炭材と用材の年伐量変動

田根林業

1954年に4村が合併して浅井町になったが、その1村が田川流域の田根村であり、田根村の最も北端の集落である谷口地方の林業は田根林業あるいは谷口林業と呼ばれている[9]。代表的な択伐林経営で、特別の必要時以外は伐らず、備蓄に主眼がおかれている。強度の枝打ちをおこない上下で太さの差が少ない完満な長材を生産し、江戸時代より戦前までは灘などの京阪神で酒樽材として、戦後は高級建築材として利用されている。伐期百数十年といった大径木を、単木的なぬき切り（択伐）によって生産しているため林床が荒らされることは少なく、伐採による土砂の流亡はかなり抑えられている（写真

写真8　田根林業地におけるスギの伐採
（1986年4月19日）

8）。また1本の伐採に対し2から3本の大苗（1〜1.5m）が植栽されている。陽樹であるスギの苗の成長を促すためには、林床に十分な光を入れなければならないが、これは上述の強度の枝打ちによって満たされてきた。一斉造林地に比べ林床が明るいので、下草が多く、表土の流出防止に役立つ。早春にはキクザキイチゲなども花を咲かせ、さながら落葉広葉樹林の林床を思わせるほどで、土俗相伝で「往古万物の種ここへ天より降。夫より天下あまねきゆえ、このあたりを種の荘と云う。今は田根の文字に書すといふ。」[10]といわれたのも納得できるほど植物の種類組成がゆたかである。

草野川と田川

1936年の林相図[11]は、以前から草野川流域に広い面積の草地が存在したことを示しており、航空写真にみられた山地崩壊は単に大戦前後の過度の山地利用のみによるのではなさそうである。草野の地名について東浅井郡志[6]に「一帯の広原なりしより出でたる名なり」とあるように、かなり以前からこの地域が草地状態であったことをうかがわせる。現在この地域に鍛冶屋という地名が残っているとともに、草野川の最上流には金糞岳（かなくそ）があり、伊吹山一帯にのこる製鉄関連の遺跡との関係も論議されており[12]、この地域では古墳時代前後から薪やあるいは製鉄用の木炭が大量に生産されていたと考えられている。その千数百年にわたるツケが航空写真に表れているのかもしれない。また、田根林業地は田根村唯一の天領であり、厳しく入山が制限されていたために立派な林相が維持されてきたとか、昔大洪水にみまわれたために、森林の皆伐をおそれ、ぬき切りによる経営を続けてきたなどといわれている[9]。

こうした山林の状態、すなわち人の利用程度の違いが、草野川と田川の両集水域の安定状態の違いを生み出したと考えるのが妥当である。琵琶湖集水域の適正な管理をおこなう上で、考慮されなければならない点である。

（浜端悦治）

III-3 クル木—姉川左岸の畦畔木—

畦畔木とその分布

　水田の畔に植えた樹木を畦畔木と呼ぶ。その基本的な役目は、刈ったイネを掛けて干すハサ、またはその支柱である。水路の護岸、緑陰、燃料源などの役割も果たしていた。生物の棲みか（ビオトープ）としても役立っている。

　畦畔木は特に北陸地方に広く分布し、滋賀県もかつては日本有数の畦畔木密集地だった。中でも分布密度が高かったのは、余呉川、姉川、犬上川、愛知川、日野川など、湖東から湖北にかけての流域である[13]。しかし、今も畦畔木が残っている地域はわずかで、姉川流域の長浜市はその数少ない残存地域の一つだが、ここでもまた、圃場整備によってまもなく消滅しようとして

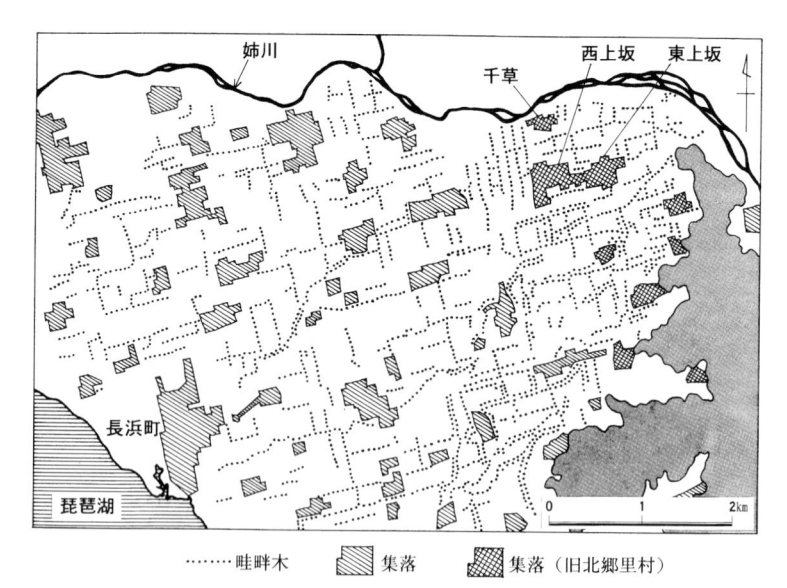

図3　長浜市域一帯における1895年頃の畦畔木の分布
（1895年大日本帝国陸地測量部発行の2万分の1地形図「速水村」「七尾村」「長浜」「春照村」より作成）

いる（1995年の調査地点）。

二毛作と畦畔木

　図3は、約100年前の長浜市域（現在の）の畦畔木分布図である。このうち1995年の時点でまとまった畦畔木が残っていたのは、西上坂町・東上坂町・千草町など、旧北郷里村（1943年に長浜町などと合併して長浜市となる）の一部である。以下の調査はここで行った[14]ものだが、旧北郷里村は図3の中でも畦畔木の密度がとりわけ高く、姉川流域での分布中心の一つとなっていた。

　この地域の畦畔木の大きな特徴は、二毛作との結びつきである。イネではなく、水田の裏作物、とくにナタネを掛けるための木だった。1938年の統計を見ると、長浜市域全体としては二毛作はあまり盛んではなかったが、旧北郷里村だけが飛び抜けて二毛作率が高い。調査地一帯は、例外的にナタネの栽培が盛んな地区だったようだ。

クル木

　写真9のaでは、稲わらを畦畔木の幹にくくりつけているが、ナタネも同じように掛けて乾かした。一本一本の木をハサとして使うため、木の植栽間隔はそれほど広くない。

　畦畔木のあるあぜが広い（約2ｍ幅）のも、この地域の特徴だ。ナタネの調製などの作業をするためである。土地の人は、このあぜを「クル」と呼ぶ。あぜを意味する「クロ」の類語である。

　北陸を代表する農書の一つ『耕稼春秋』（1707）[15]に、「くろ木とハ、上里にて高畔并大畴に有、針の木、柳、ねぶの木、…」という一節が出てくる。高あぜや大あぜに植えたハンノキ、ヤナギ、ネムノキが「くろ木」だというわけだが、旧北郷里村の畦畔木はまさに「大あぜ」の「くろ木」である。以下では、この地域の畦畔木を、土地の言葉を使って「クル木」と呼ぼう。

写真9　姉川左岸、長浜市域の畦畔木
a）カキ、b）チャンチン、根から新しい個体が発生している。
c）エノキ、d）水路沿いのクル木

ハチカン―ハサを兼ねた果樹

　調査した173の畦畔で確認したクル木の総数は約2,800本、樹種は70種近くに及んだ（表1）。代表樹種はカキ、チャンチン、ハンノキ、エノキ、クヌギの5種で、合わせると総数の8割を占める。とくにカキとチャンチンは出

表1　長浜市東上坂町・西上坂町・千草町一帯のクル木（畦畔木）

樹種	本数	本数%	出現頻度(%)
カキ	896	31.6	84.4
チャンチン	663	23.4	69.4
ハンノキ	304	10.7	46.2
エノキ	235	8.3	54.3
クヌギ	225	7.9	44.5
チャ	114	4.0	9.8
クワ	108	3.8	26.0
ゴマギ	59	2.1	15.6
クロマツ	26	0.9	5.2
イチヂク	20	0.7	6.9
ヤナギ類	18	0.6	6.9
サクラ類	14	0.5	3.5
クサギ	13	0.5	3.5
クリ	13	0.5	2.9
ケヤキ	12	0.4	4.6
アキニレ	10	0.4	4.0
サンショ	8	0.3	4.0
オニグルミ，ネムノキ	各7	0.2	－
ナラガシワ	6	0.2	－
スギ，グミ類	各5	0.2	－
ウメ，ムクゲ	各4	0.1	－
ヒノキ，アオギリ，トウジュロ，ツバキ，センダン，ニオイヒバ	各3	0.1	－
シラカシ，モモ，イボタノキ，ヤツデ，イチイ，シロダモ，カマツカ，レンギョウ，クマノミズキ，カイヅカイブキ	各2	0.1	－
マユミ，アカメガシワ，サザンカ，ビワ，ツルマサキ，ウツギ，マテバシイ，カヤ，ニワナナカマド，キリ，ポプラsp.，ノイバラ，モチノキ，ヤマモミジ，サツキ，ニシキギ，キーウィフルーツ，トサミズキ，アジサイ，ユズ，ネズミモチ，ナンテン，バラsp.	各1	0.0	－
合計	2,837本	100.0	－

※出現頻度：その樹種が出現した調査単位の割合（全調査単位は173畦畔）

現頻度も高く、クル木を特徴づける樹種といえよう。

　カキはもっとも数が多く（総数の1/3）、そのほとんどは「蜂屋」という干し柿用の品種のようだ。土地では「ハチカン」と呼び、「ツリンボ」（吊し柿）のための果実生産とハサの役目とを兼ねていた（写真9のa）。ナタネのハサとして利用されなくなってからも、果樹としての利用があったからか、ほかの樹種よりも管理がゆきとどいている。圃場整備を前に、カキだけは残そうと植え替えている人もいた。

ヤンチン―クル木の基本樹種

　チャンチン（写真9のb）は、地元では「ヤンチン」と呼ぶ。幹が通直で強剪定に耐え、更新も容易で、ナタネのハサとしては最適だったに違いない。数はカキに及ばないが、この地域のクル木の基本樹種といってよい。

　中国原産のチャンチンがいつ頃この地に導入されたかは不明だが、やはり北陸の農書である『私家農業談』（1788）には、「またチャンチンの木も架木によく、生長が早く、枝もそれほど多くなく、田畑にかげを作らないので、五代藩主前田綱紀侯のころ、藩命により加賀、越中、能登三州の農民たちが畦に植えたという…」という記述がある[16]。綱紀（1643-1724）の時代には、石川県一帯に入っていたことがわかる。近接する近江への導入も、この頃かとも思われる。

　チャンチンの材は緻密で堅く、赤みがかった鮮やかな茶色をしている。英名をチャイニーズ・マホガニーという。地元では、これを家の土台や敷居などの材料に使ったという。

その他のクル木―ハン・ヨノギ・ホソ

　ハン、ヨノギ、ホソは、それぞれハンノキ、エノキ、クヌギの現地名である。

　エノキ（写真9のc）は、太くなるのでハサとしては使いにくいが、「土手囲い」つまり用水路の護岸にはよい木だという。実際には、クルのコーナ

一部分に比較的多かった。ハンノキやクヌギは、地域によっては重要な畦畔木樹種だが、当地では二番手三番手の樹種である。ハサとして使う以外に、2年に1度くらいの頻度で枝を下ろし、シバ（燃料）にしたという。

「絶滅危惧」風景

　この地域は、条里制の名残が残る古い水田地帯だ。条里区画の中にクルが縦横に走り、クル木が立ち並ぶ。また、姉川に取水口をもつ用水路が地形にしたがって田の間を流れ、それに沿ってもクル木がある。しかし、これらはもはや「絶滅危惧風景」。消滅がすでに日程にのぼっている。

　最近、圃場整備後の畦畔の一部に「並木」を等間隔で植えたりしているが、これまでのクル木の圧倒的な風景の前ではあまりにも貧弱だ。風景の継承のためには、用水路と地形、そこに立ち並ぶクル木程度の樹木量の保全は必要だ。また集落近くには、圃場整備をのがれて残るクル木があるが、これらは生活空間の中の樹木群として生かしていく道をさぐるべきだろう。

（海老沢秀夫）

Ⅲ-4　伊吹山

石炭岩の採掘

　琵琶湖側からながめた伊吹山は、その大きな山体につけられた採掘の痕が痛々しい（写真10）。これは1950年代初めから始まったセメント工場の石灰岩の採取によるもので、近年、伊吹山はその山

写真10　琵琶湖側上空から見た伊吹山

容を大きく変えてきている。しかしこの石灰岩の採掘は戦後の出来事ではなく、近江輿地志略[10]にも「この白石を焼て石灰となす。小泉の百姓運上を奉て諸国に出す。真の石灰はこの山より出る。石灰窯二口あり。常に一片の煙半天に聳る。」と記されている。寛政7（1795）年の絵図（写真11）には、この窯とソバ畑が描かれている。また輿地志略には「太平寺村といふ。山畑のみにして田畑なし。中略。この上の太平に蕎麦を蒔、土地広漠にして民業にあまる。性味甚異なり。畠の畫を中より仕切て、隔年に地を休せて蒔く。湖水の舟より遠く望ば、屏風に色紙をうつたるが如し。」とのソバ畑についての記載があり、湖から見た当時の伊吹山の趣のある様子が目に浮かぶ。な

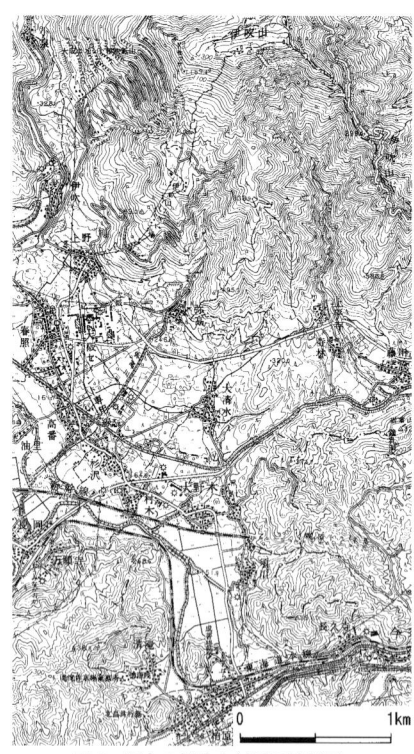

図4　現在の伊吹山付近の地形図
国土地理院　5万分の1地形図　長浜（1980年発行）を縮小

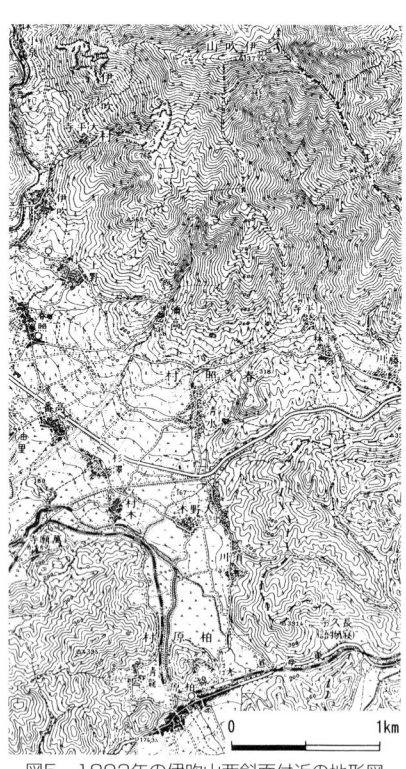

図5　1893年の伊吹山西斜面付近の地形図
陸地測量部　2万分の1地形図　七尾村（1896年発行）（上）を縮小
春照村（1895年発行）（下）

おこの太平寺村は、石灰岩の採掘地の拡大にともない1964年に春照に集団移住し、現在の地形図にその地名はない（図4）。

お花畑

こうした石灰岩地では、一般に森林の発達が悪く、特有の植物群も生育する。温度条件からすると山頂でも冷温帯域に属し、ブナなどの落葉広葉樹の林の成立が予想される。しかし、実際にはオオバギボウシやサラシナショウマ、イブキトラノオといった広葉草本が山頂を中心に群落を形成し、春から夏にかけては美しいお花畑となる。伊吹山の植物群落を精力的に調査されている村瀬忠義

写真11　江戸時代の伊吹山（姉川・草野川絵図（1795）県立図書館蔵）太平寺村、ソバ畑、石灰石の焼窯が描かれている．

先生は、この「広葉草原の成因としては、近年まで田畑の肥料や牛馬の飼料として、山頂から滋賀県側斜面にかけて盛んに採草が行われたこと、立地が乾燥しやすい石灰岩地であること、冬期季節風の強い風衝地であること」[17]を挙げておられる。現在の山頂付近では県指定天然記念物のため、植物の採集は禁止されている。しかし輿地志略には、上野から山頂への行程について、「この郷（上野）にて先達を傭ひ登る。この山麓四五町の内は松柏生茂りて、夫より上は土肥州而已にして、和漢の名目備りたる薬類を、し、爾勒禅定の人のみにあらず。薬草をとる人、草木を商者、四月の初より八月の候まで登山の諸人たへず。」という記載[10]があるとともに、1893年測量の地形図（図5）でも上野からしばらく登ったあたりから草地記号が記されており、比較的近年まで採草などがおこなわれていたことがわかる。それが森林への遷移

をおさえ、すくなくとも山頂より下の部分での広葉草原の維持に役立ってきたものと考えられる。

信長のバイオテクノロジー？

写真12　中山道柏原宿に残る伊吹もぐさの店
（1986年4月18日）

延喜式に書かれた近江と美濃からの雑薬料の貢進の品目数が多いことから、これらの多くが伊吹山で採集されたのではないかと考えられている[18]。また、上述のように、少なくとも江戸時代には薬草の採取が広くおこなわれ、文政年間の俗謡に「江州柏原膽吹山のふもと亀屋佐京のきりもぐさ」[17]と謡われるほどで、薬草の産出量は多かったと思われる。かつての中仙道の柏原宿では、今日でももぐさの看板が見られ当時がしのばれる（写真12）。伊吹山では200種近い薬用植物が現在でも記録されており[19]、単なるお花畑の山というのみならず、重要な薬用植物の産地でもある。

織田信長は「元亀元（1570）年頃（ポルトガルの）宣教師カブラルの乞を入れて伊吹山に50町四方の菜園を開き西洋から3,000種の薬草を移植したという」[19]。その薬園の遺跡も明らかではないので史実であるとの断定はできないが、少なくとも伊吹山にはイブキカモジグサ、イブキノエンドウ、キバナノレンリソウといったヨーロッパ原産の牧草でありながら、古くから伊吹山にのみ帰化している植物が生育しており、信長の薬草園の存在を裏付けている[17]。このように文化史的にも、現存する植物からも非常に興味深い伊吹山をセメントの材料のみにしてしまってはならない。　　　　　（浜端悦治）

III-5 石灰岩の山―伊吹山―

硬水地帯

　1979年、「滋賀県琵琶湖の富栄養化の防止に関する条例」が制定された年である。石けん条例、洗剤条例などとよばれたこの条例は、石けんを使おうという県民運動が原動力となって、有りん合成洗剤の販売や使用を禁止するという画期的な規制を打ち出したことで世の注目を集めた。ただ、条例の施行を翌年に控え、それまでに解決しておかねばならない幾つかの課題も残されていた。その一つが硬水地帯の問題である。

　すなわち、石けんは、硬水では金属石けん化して著しく洗浄力が落ちてしまうけれども、県下の硬水地帯でも支障無く石けんが使えるのかどうか、また、支障があるとすればどのような対策を講じればよいか、という問題である。そこで、硬度と石けんの洗浄力の関係について調査が実施され、その結果（硬度が100ppmを超えると石けんの洗浄力が落ち、石けんの量を増やしても洗浄力はさほど上がらないことが確認された。）に基づいて、水道水源の水質が硬度100ppmを超える地域では、石けんの使用に支障を生じないように各戸に軟水器が設置されたのであった[20]。

　このような対策が採られた地域は表2のとおりで、その水源地はおおむね鈴鹿山地北部と伊吹山の西山麓に位置している。霊仙（りょうぜんやま）山から鍋尻山（なべじりやま）にかけての鈴鹿山地の北部と伊吹山周辺は県下でも最も広く石灰岩層が分布している地帯であり、硬水地帯の存在は、この地質の影響によるものと考えられる。

石灰岩の採掘

　水道水源の水質にもこのような影響を及ぼしている石灰岩層は、伊吹山ではその中腹以上の殆どを占めている。また、姉川に面する山腹には石灰岩の岩肌が露出した大規模な崩壊地形が見られ、セメント工場の鉱山になってい

表2 家庭用軟水器取付実績

市町名	地区名	総世帯数	水源	水源の硬度	軟水器取付基数
彦根市	里根 幸 沼 波 岡 大堀 東沼波 西沼波 正法寺 野田山 地蔵 鳥居本 下矢倉 甲田 宮田 佐和山 小野 原の全部 (小計17)	3,066	東沼波	84〜138	7,420
	古沢 外 芹川 山之脇 の一部 (小計4)	1,147			
	葛籠 西葛籠 出 広野 大方 法士 高宮 の全部 (小計7)	2,456	小泉	75〜170	
	南川瀬 野口 極楽寺 金剛寺 堀 平田 小泉 の一部 (小計7)	2,758			
	計 35	9,427			
伊吹町	大久保 (小計1)	97	大久保簡水	107	1,300
	伊吹 上野 弥高 春照 高番 杉沢 村木 大清水 上平寺 藤川 寺林 (小計8)	1,189	南部簡易水道	138	
	計 9	1,286			
山東町	市場 夫馬 朝日 天満 本市場 池下 志賀谷 北方 菅江 山室 大鹿 堂谷 本郷 万願寺 西山 加勢野 の全部 (小計16)	1,238	本市場	193	1,515
	長岡 の一部 長岡 の一部 (小計1)	362	長岡	114	
	計 17	1,600			
合計	61地区	12,313			10,235

(美しい湖を次代へ 414. より引用)

るあたりを「白じゃれ」、その南を「大富抜け」とよんでいる。この大崩壊地の下には、小泉から間田付近まで約3kmにわたって高度200〜400mの石灰岩角礫層からなる緩斜面が発達している。この緩斜面は、背後の大崩壊地から急激に供給された崖錐層の堆積面で、その層厚は10〜70mに達する[21]。

伊吹山に大量に存在する石灰岩を原始的な方法で利用した石灰焼きは古くから行われていたようで、1879年には石灰焼きを業とする家が伊吹、小泉、大久保に5軒あったという[22]。しかし、石灰岩の本格的な利用が始まったのは、1951年にセメント工場が立地してからのことである。当初は、伊吹山西側斜面に堆積した約700万トンに及ぶ石灰岩崖錐が採取されていたが、生産量の増大に伴って崖錐量が少なくなったため、1959年以降は斜面の岩盤採掘に移行し、現在も大規模な採掘が行われている[23]。

石灰岩の採掘の進行とともに岩肌の露出した部分も拡大し、伊吹山の景観も著しく損なわれてきた。そこで、工場は採掘跡地を直ちに緑化すべく採掘方法を変更し、1971年から緑化を開始した。翌年には滋賀県とセメント会社の間に自然環境保全協定も締結されて、主として自生植物を用いた緑化が続けられ、1982年度現在、緑化施行面積は23万m²あまりに達している。

山頂のお花畑に見られる貴重な自然の山、無尽蔵と言われる石灰岩の山…伊吹山を見上げるとき、この山が見せる2つの顔は開発と環境の難解な問いを、我々に投げかけてくる。

(近藤月彦)

III-6 姉川古戦場と国友鉄砲

姉川の合戦

　姉川の中流、野村橋のほとりに「姉川戦死者之碑」がある（写真13）。この付近一帯は、浅井・朝倉連合軍と織田・徳川連合軍が戦った姉川合戦の古戦場である。浅井氏は、現在の湖北町丁野あたりの土豪で、3代長政の頃、戦国大名としての地位を確立し、湖北を勢力下においていた。越前の朝倉氏とは古くから盟友関係にあり、一方、織田信長ともその妹お市を夫人としていたので姻族の間柄にあったが、元亀元（1570）年4月、信長が若狭に侵攻して朝倉氏を攻撃したとき信長に叛旗をひるがえし、背後から信長を攻撃した。信長は急遽、兵を収めて高島の朽木谷から京へ脱出したが、このことが起因となって同年6月、信長は家康軍と共に湖北に侵入し、同27日両軍は姉川に対峙した。

写真13　野村橋の石碑
（2002年7月31日）

　浅井軍は姉川右岸の野村、朝倉軍は三田村に布陣し、織田軍は野村の対岸に、徳川軍は上坂から今村にかけて布陣した。戦闘は午前6時に始まり、午前10時頃には織田・徳川軍の勝利に終わったが戦死者は両軍合わせて数千人に及んだという[24]。

　浅井氏にとってこの敗戦の打撃は大きく、3年後の天正元（1573）年、その本拠地小谷城を信長に落とされ、滅んでしまった。

国友の鉄砲

　この姉川の合戦の前哨戦として信長は小谷城を攻めたが、小谷の地勢が堅固なため力攻めを避けて、一旦、伊吹山の南山麓に退陣した。退陣の際、信長は殿軍に鉄砲500挺、弓50人を充てたという記録がみえる。我が国への鉄砲の伝来は天文12（1543）年、種子島に漂着したポルトガル人によるものであるが、伝来後直ちに国産銃の製作が開始され、室町時代後期には国内各地で使用されている。こうした国産銃の生産地として有名な国友が、姉川古戦場から数km下った姉川本流と草野川の合流点にある。

　国友鉄砲鍛冶は、鉄砲伝来の翌年、天文13（1544）年に将軍足利義晴の命で六匁玉筒2挺を製作したのが始まりと伝えられる。その成立の真相は定かではないが、鉄砲が伝わってからほどなく国友で鉄砲づくりが始まったのは間違いない[25]。

　金糞岳、伊吹山、金居原などの製鉄に関連する地名、伊吹町から木之本町にわたる各地で出土した製鉄遺跡、鍛冶屋村などの名に示される草野鍛冶集団の存在から湖北には早くから優れた製鉄技術、鍛冶技術があったと考えられ、鉄砲伝来後の早い時期に国友で鉄砲製作が始められたのは、こうした優れた技術基盤が存在していたからであろう。

　浅井氏が滅んだ後、国友は秀吉の、次いで石田三成の領地となるが、共に鉄砲製作を奨励した。しかし、国友が鉄砲鍛冶集団の大組織となり、最盛期を迎えるのは関ケ原合戦後、徳川家康が大坂攻め準備のため国友に大量の鉄砲を発注した時からである。家康は、国友に代官を置き、鉄砲鍛冶に対する法度を定めて鉄砲の製作、販売を幕府の直轄下においた。この頃、年寄の支配下にあった国友の鉄砲鍛冶は総数44軒に達したという[26]。

　島原の乱以降、太平の世が続くと鉄砲の注文が減少し、国友も往時の活気を失っていく。そして幕末に洋式銃が流入すると、伝統的な手工業に頼る国友の鉄砲鍛冶は衰退し、その使命を終えることになる[27]。しかし、連発式空気銃の発明や自作の望遠鏡による太陽黒点の観測などに偉才を発揮した国友

一貫齋の業績や、今も長浜曳山祭りの曳山に見られるみごとな飾り金具などは、国友の鉄砲づくりの技術から生み出されたのであった。　　　　（近藤月彦）

Ⅲ−7　姉川中・下流域の土地・水利用

姉川デルタの自然条件

　姉川は、坂田郡伊吹町の北部にある新穂山を起点に南へ流れ、伊吹山地の麓を西において琵琶湖へ向う。図6と図7は、姉川が山地を抜け出た中流部以下湖岸までの範囲をカバーしたものである。

　図6は、1893年測図、1900年発行の5万分の1地形図（竹生嶋）と、1906年測図、1914年発行の長濱図幅を接合したものであるが、これをみると姉川中下流域の地形条件をかなりはっきりと把握することができる。姉川は、中流部にきて蛇行がはなはだしく、放射状にいくつか旧流路の跡を残している。そして、これらが用水と深い関連をもっていた[28]。

　扇頂部にあたる旧北郷里村の周辺は、土地が乾燥しているため乾田が多く、上流に位置しているので農業用水はそれほど取水に困難はなかった。扇央部を伏流した水は、扇端部に至って生水とよばれる湧水点を形成した。ここに、主要な集落が立地したといってよいが、とりわけ弥生式遺跡のある集落はたいてい湧水点付近を占めている[29]。

　湖岸に近い所は相対的に低いため、湿田が多く、しかも琵琶湖の水位が上昇した時には、浸水の被害にもあうことになった。

　姉川の堆積作用は河口を沖へ出す結果となり、それが河口付近の地形を特徴づけている。ただし、湖岸線の形成は、河川の堆積作用によって行なわれるだけではない。たとえば、びわ町下八木付近の湖岸は、17世紀以降200mほど湖岸が前進し、かつてえりのあった位置には、その名が小字地名として

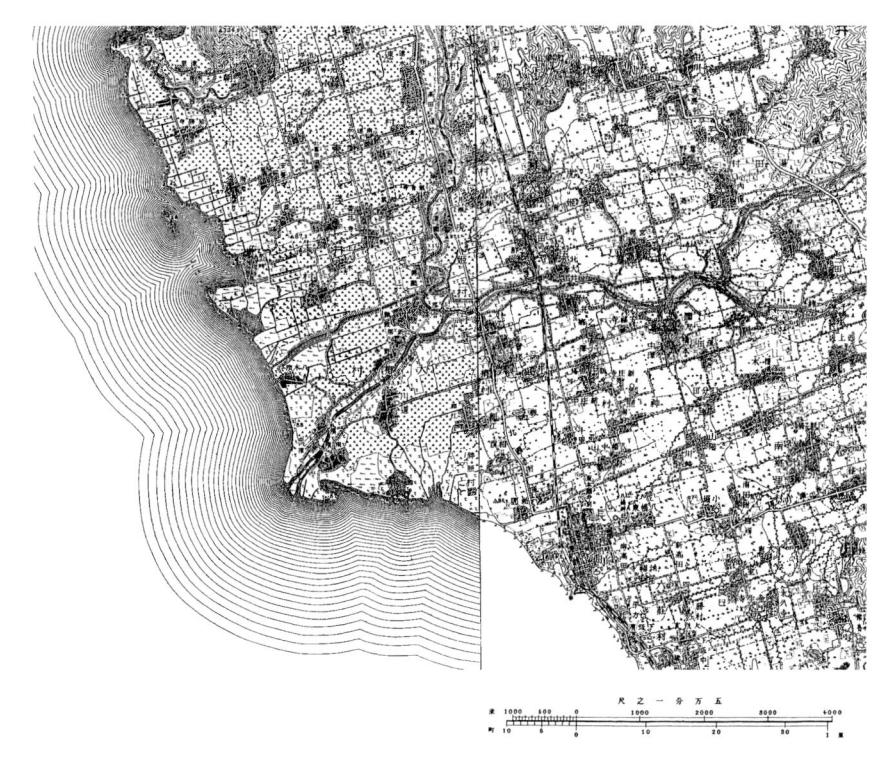

図6 明治時代の姉川中下流域の地形図　陸地測量部　5万分の1地形図　竹生嶋（1893年測量）
長　濱（1906年測量）

残っている。ところが、その北にあたる早崎から尾上にかけての湖岸線は南側より後退し、直線的ではない。これは、砂嘴が北へのび、余呉川の河口が北へ大きく湾曲していることとも関連している[30]。湖岸のこうした差異には、沿岸流も影響していることに留意しておかねばなるまい。

姉川中下流域の土地利用

姉川デルタが古代から開発されてきたことは、ここに刻まれた条里地割からも明らかである。平野のほとんど全面にわたって、N15°Wの方位をもつ遺構が存在している。条は北の郡境から南へ、里は東から西へ数えていく。

図7　現在の姉川中下流域の地形図　国土地理院　5万分の1地形図　　竹生島（1994年修正）
　　　　　　　　　　　　　　　　　　　　　　　　　　　　　　　　　長　浜（1989年修正）

　南北方向の最長箇所は、湖北町旧小谷村山脇から長浜市街地東側を通り、近江町岩脇、米原町の境界付近にいたる線である[31]。条里の単位で数えて23里分ある。また、東西方向の最長箇所は、浅井町上野からびわ町海老江にかけてで16里分ある。その面積は約120平方里になる。

　こうした地割の上に展開する土地利用のうち、水田の比率はかつて県下で最も低く、二毛作田の比率も低かった。この地域は、日本海式気候の南限にあたり、北陸地方につらなる深雪地帯でもあるから、水田の単作が基調になっていたといえる。その水田のうち、湿田率は約50％を占めた。

姉川は中流部以下で氾濫を繰り返したため、この流域では古来より水害が絶えなかった。そこで、水害の予防を目的として、自然堤防や河川敷に桑を植えたが、それが畑にまで拡大し、養蚕が奨励されることになった。これが、この地域の重要な伝統産業として発展していくことになる。養蚕が導入されたのは、江戸期のこととされている。水害に悩まされていた大郷村などでは、苦境を救う目的で丹後縮緬の技術が導入され、これが浜縮緬の機業を開始する端初となった。

琵琶湖の水位が上昇することで浸水の被害を受けていた湖岸部では、1905年に瀬田川洗堰が設置されて以来、水位は下降傾向を示すようになったため、被害は減少することになった。こうした状況から、湖岸周辺に散在している内湖の干拓を希望する声が1910年代に入ると高まっていった。姉川流域では、太平洋戦争の最中、食糧増産のための緊急事業として、大郷内湖13.9haの干拓が1944年に着工（1951年完成）された。また、戦後の干拓の一環として早崎内湖91.9haの干拓が1964年に着工（1971年完成）された。これら2つの内湖の変遷は図6と図7を比較してみれば、明瞭に捉えることができよう。

姉川中下流域の水利用

姉川水系の用水問題が深刻であったことは、古来より繰り返されてきた水論によって推測することができる。明治以降になっても、東上坂、西上坂、国友、下之郷、中沢や平方、高田付近では前の時代にひき続いて水争いがみられた。とりわけ五井戸川に沿う永久寺とその下流諸地域の争いは頻繁であった。また、出雲井堰をめぐって、北郷里と山東町の間でたたかわされた水論や東浅井郡七尾村と大原村の対立が知られている。

1950年9月たまたまジェーン台風によって姉川の大半の井堰が流失した。これが新たな合同井堰を築造する端初となった。1951年、伊吹、山東、浅井、長浜にまたがる約850haの水田を受益対象に県営姉川災害復旧事業が実施され、姉川の農業用水は合口となった（1953年完成）。これは、関西電力伊吹発電所の放水をうけて建設されるもので、左岸で取水した後、間田地先で分

水して姉川を伏越す。この事業によって、姉川水系の水問題は第2次大戦後、基本的に変化することになった。

　一方、横山丘陵西麓から湖岸にかけて、長浜市の南部に位置する西黒田、神田の一帯は、湖底沖積地であったため、従来上流地域の余水、湧水、溜池などを水源としていたが、用水は不十分であった。そこで、長浜市平方町の湖岸に第一段ポンプ場を、永久寺町地先に第二ポンプ場を設置して、湖水を西黒田本庄へ導くことになった。これは、逆水灌漑のなかでも、大規模揚水の部類に入る。

　合同井堰や逆水灌漑といった新しい手段を導入して、水利秩序の再編成を行なった結果、姉川中下流域はかつてと比べて水不足に悩まされるということはなくなった。しかし、その反面これまで琵琶湖とは直接関係をもつことのなかった農業用水が、湖水と関連をもち、それへの依存度を高めるという新しい段階を迎えることになった。

都市の形成

　湖岸に近い扇端部には湧水があり、これを立地条件として利用した集落の1つが旧長浜町であった。ここは、天正2（1574）年秀吉が今浜に居城を移し長浜と改名してから、今日の名称となった。江戸時代には、城下町としての性格を喪失し、湖畔に面した港町として、さらには北国街道の宿駅としても発展することになった。かつての城を取り囲んで展開する町は、条里地割に準じた碁盤目割で南北に広く形成されている。

　江戸時代には、近辺の農村で養蚕が始まり、浜縮緬の製造も起ったので、長浜はその集散地としての機能をもつことになった。江戸時代に形成されたこの機能は、明治以降さらに発展をみせることになったが、伝統産業がもつ性格からいってある限度を超えた規模の拡大はなし得ず、それが長浜とその周辺の産地の大きさを規定している。

　明治に入って、長浜はしばらくの間水陸交通の重要拠点であった。東海道線は、最初、関ケ原―長浜間を結んでおり（1883年）、長浜から大津までは

鉄道連絡船が運行していた。ところが、長浜—米原間が開通する同じ年に、東海道本線は短絡されて米原経由となり、10年後に関ケ原—長浜間は廃止となった。このため長浜は、交通の拠点としての地位を失うことになった[32]。

その後、人口や産業は、県の南部に比べてあまり活発な動きをみせず、南北格差の存在が議論されるようにもなった。こうした状況に変化のきざしをみせ始めたのは、1980年に開通した北陸自動車道と国道8号線のバイパス縦貫であろう。自動車交通に対応した条件が整備されていくことによって、住宅や工場がこの地域に新たに展開するようになった。長浜がかつてもっていた地位にどのような影響を与えるのかは、まだ確定し得ないが、新しいネットワークの一環に関わることによって、周辺諸地域との関係にも影響がでると考えられる。こうして、長浜とその周辺は地域構造の再編成という観点からも、その動きに関心がもたれる地域となってきている。　　　（秋山道雄）

Ⅲ-8　長浜の給水系と井戸(池)組

長浜の水環境

湖北の、姉川により形成された沖積低地に位置する長浜は天正2（1574）年、秀吉により建設された城下町で、平地への築城と碁盤目状の城下町建設において、近世城下町の先駆けとなったことで知られている。寛永10（1633）年、井伊直孝の江北加封により長浜はその領内に入り、以後在郷町となり彦根藩の経済的中心として発展した。

元禄9（1696）年長浜町絵図をみると、琵琶湖を西に、碁盤目状街路、濠、蛇行して流れる米川が目につく。また、一部の街路中央には水路がある。

一見、水の豊かな都市であるが、街路中央にみられる水路は雨水と生活排水が流れる悪水抜きであり、米川も上流で灌漑排水路となっている。また、

地元での聞き取りによれば、旧国道8号周辺から西南部では井戸水は鉄気を帯びているので、飲料にはならなかった。

長浜の給水系と井戸組（池組）

長浜には近代水道が敷設（1964年10月）される以前、井戸を水源とし樋管で導・配水し各戸の井戸（溜桝）に貯留・利用する形態の複数系統の給水系があり、施設は改修を経ているものの現在もその一部が利用されている。個々の施設は井戸組合もしくは池組と呼ばれる利用者でつくる組織により管理運営が行われてきた[33]（図8、表3）。

各給水系の町の組合せは、単独の場合もあるが神戸町井戸組では初期10組、

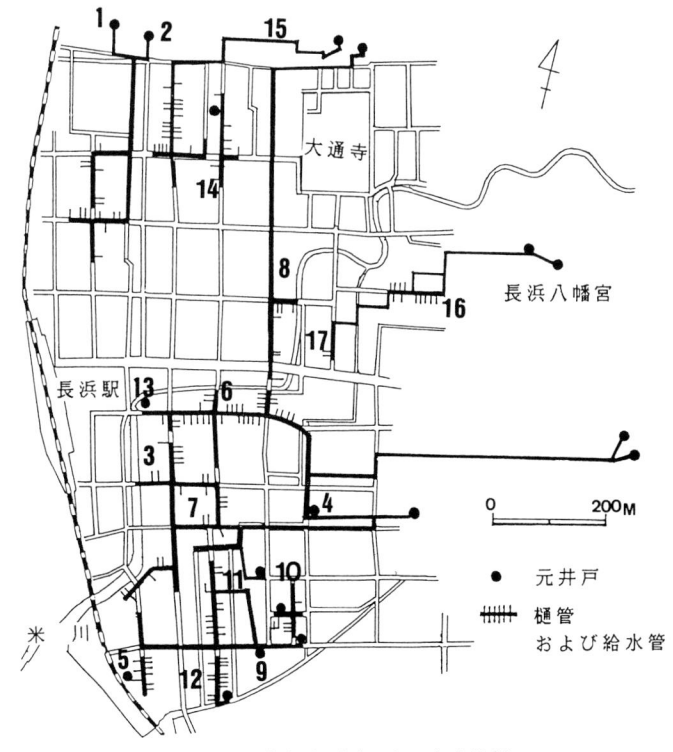

図8　長浜の給水系の分布（1987年度調査）

表3 長浜の給水系の概要

番号	井戸組合名称	利用軒数	分布町名
1	藤原井戸組	―	南呉服町
2	紙重井戸組	7	南呉服町
3	船町井戸組	30	上船町 大安寺町 下船町 稲荷町 南新町
4	玉水組	36	横浜町 箕浦町 瀬田町 八幡町
5	小舟清泉組	14	小舟町 稲荷町
6	永保組	17	横浜町 箕浦町 瀬田町 上船町
7	紺屋玉水組	12	紺屋町 大安寺町
8	神戸町井戸組	15	神戸町 大安寺町
9	中田井戸組	25	中田町 上田町
10	田旭井戸組	15	田旭町
11	長寿井戸組	3	下船町
12	下田井戸組	19	下田町
13	北舟井戸組	4	上船町
14	知善町井戸組	11	知善院町 郡上原町 中北町 郡上町
15	深田池井戸組	30	郡上町 中北町 西北町 下呉服町
16	宮町井戸組	22	宮町
17	錦南井戸組	―	金屋新町

注）利用件数はアンケートに住所・氏名の記入のあったもののみを合計。―は井戸組が消滅している。

写真14 玉水組の元井戸

船町井戸組・小舟清泉組などは近江八幡宮の曳山の町の組合せ（山組）と重なるように思われる。確認できた最も古い記録は天和3（1683）年であり、310年も前から使用されていたことになる。

元井戸の位置は、井戸組と同町内、神社、寺院が多く、大部分が上総掘りによる掘り抜き井戸である。掘り抜き井戸も、自噴量の減少から電動ポンプ揚水が行われている（写真14）。

同市内三和町で水道工業所を経営する宮川源造氏は施設の修理に永年携わっており詳しい話を聴くことができた。宮川氏が水道の仕事を始めた1943年頃、樋管は木樋から竹樋への移行期にあり、その後、鉄管に変わり現在は塩ビ管が使用されている。上総掘りの採用は、長浜では大正時代頃であり、それ以前は町より約1km離れた、生水（しょうず）と呼ばれる湧水地帯に元井戸を設けていた。

末端の水利用は土間、庭などに設置された溜桝から水を柄杓で汲み出す（写真15）。一部、溜桝に小型の電動揚水ポンプを設置して、屋内に配水する例もみられた。

各管理組合には必要書類、記録などを保管する木箱をもつものがあり、箱

のなかには配管図、規約、集金帳、記録類が納められている（写真16）[34]。

永保井戸組の永保水申合規約（1895年1月）をみると、16箇条からなり、井戸（溜桝）数の制限、配水管の敷設区域の制限、役員数と選挙、総会、諸経費と滞納時の罰則、井戸替え、各戸の溜桝の管理、井戸権利の売買禁止、新規加入者の披露料、規約改定などが記されている。

永保組の記録では、1901年の月掛金（25軒、1年分）は36円88銭である。これを1ヶ月、1軒あたりに換算すると約12銭になる。披露料は3件あり各1円であった。また、1956年の月掛金は、1ヶ月、1軒につき300円、披露料は3,000円であった。この月掛金は水道料金、披露料は水道加入料に対応する。ただし、大規模な改修を必要とする場合は、別途積み立て、臨時徴収がある。

長浜の給水系は近世に生まれ、改良を繰り返して近代水道と共存している希有な事例である。

（神吉和夫）

写真15　北国街道筋の醤油醸造販売商家の溜桝
　　　　溜桝は三和土（タタキ）製

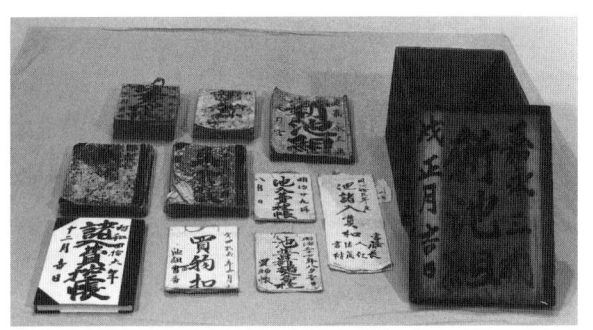

写真16　深田池井戸組関係文書

III-9 在来工業と近代工業

姉川流域の在来工業

　姉川流域には、江戸時代から繊維を中心とした在来工業が存続してきた。縮緬・ビロード・蚊帳などの業種がこの地域に生まれたのは、農閑期の余剰労働力があったこと、養蚕地帯で原料の生糸が入手しやすかったこと、彦根藩が保護奨励したこと、その流通過程を藩が掌握して長浜に統制機関を置いたことなどが理由である[35]といわれている。

　これらの工業は、湖北地方のもつ立地条件をある程度まで共有することによって産地を形成してきたが、各工業の発祥は歴史的な偶然ともいうべきものによって規定されている。縮緬は、地元の農民が江戸時代中期の宝暦年間に丹後の商人から技術を学んだのがきっかけとなって定着した。一方、ビロードは約400年前ポルトガル人によって現物が伝えられ、元禄期以降に発展したといわれている。長浜へは、江戸時代中期に西陣から伝わった。蚊帳は原料が麻であるため、姉川流域の養蚕業と直接の関連はもっていない。寛永年間（一説には、寛文年間だという説もある。）に近江八幡で蚊帳の製法を学び、この地域に導入し賃織を始めたのが端緒となった。

　明治に入って彦根藩の統制がなくなると、参入が自由になったため生産は伸びたが、粗悪な製品が濫造されるという結果を招いた。これが同業組合を結成する1つの重要なきっかけとなり、組合の手によって検査が行なわれるようになってからは、製品の改良が進んでいった。

　これらの業種は、図9にみるように業種ごとの地域分化を示している。縮緬は長浜より北部において盛んであるが、ビロードは北部だけでなく東部や南部にまで広く分布していた。こうした分布を縮小させる作用が、高度成長期を通じて働いてきた。人々の嗜好や生活様式の変化が、これらの製品の需要を減退させたのである。さらに、姉川流域の農家に定着していた水田単作

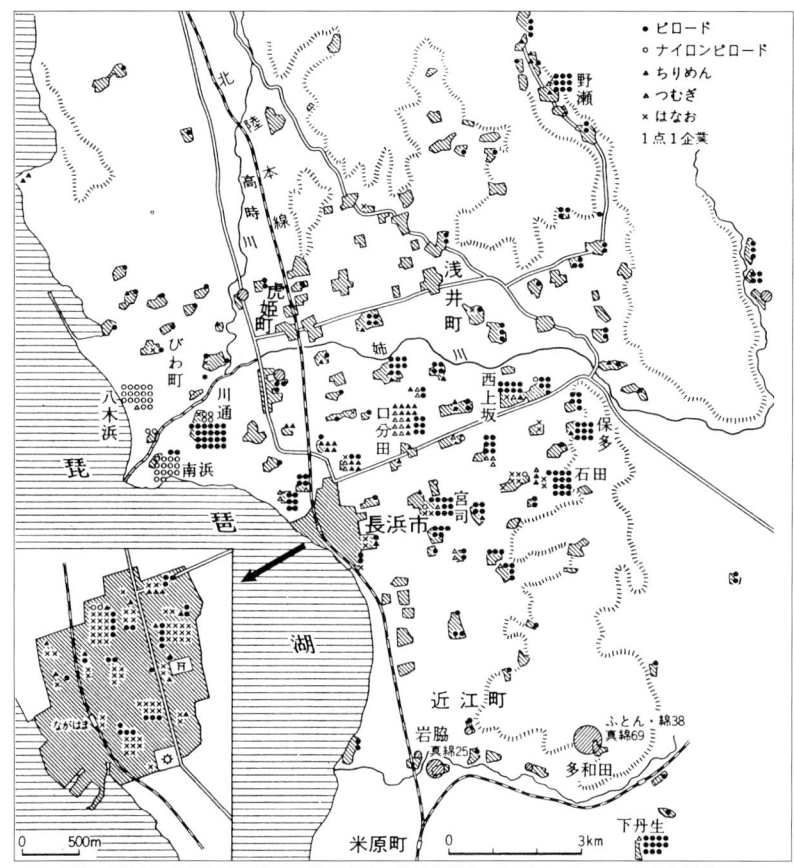

図9　長浜を中心とする繊維工業の分布（『滋賀県商工名鑑1967』により小林博作成）
※資料は、小林博（1976）による。

プラス養蚕製糸という経営形態も、明治以降徐々に変化し、第2次大戦後は水田単作プラス兼業化へと転換するようになった。このような動きが、在来工業へも直接、間接に影響をもたらして今日に至っている。

近代工業の展開

高度成長期までの姉川流域においては、近代工業の展開は、第2次大戦中に疎開してきたヤンマーディーゼルをはじめ、鐘紡、三菱樹脂、日本電気硝

子（これは高時川流域）などわずかなものであった。

　第2次大戦後、名神高速道路の開通や主要幹線の改良によって、滋賀県の南部から東部にかけての地域は、京阪神都市圏のネットワークに組み込まれるようになった。その一環として、都市圏の中心部から周辺部へ事業所が移動するというケースも増えていった。湖北地方で新規に工業用地の取得が増えるのは、1960年代のなかばに至ってからである。高度成長期の立地件数は、滋賀県内の他地域と比べて相対的に少ない方であったが、1980年に北陸自動車道が開通する前後からは、工業立地の中心が湖北の方へ移動しつつあるように見受けられる。

　第2次大戦後、滋賀県に立地した工業は電気機械や一般機械など加工組立型業種が主体となっている。これは、滋賀県が内陸部に位置しており、高度成長期の工業立地を特徴づけた臨海コンビナートの造成とは無縁であったことによる。姉川流域の新規立地業種も、基本的には滋賀県全体のそれと変わりはない[36]。

　戦後の工業立地に道路網の整備と並んで大きい影響を与えたのは、工業団地の造成である。地域振興の手段として工業開発を掲げたところでは、社会資本を整備する一環として工業団地の造成を手がけるケースが多くなった。滋賀県が、近畿圏の中では大阪・兵庫についで工業立地の盛んな地域となった理由の1つに工業団地の存在がある。湖南・甲賀・中部の各地区に多かった工業団地は、北陸自動車道の開通前後から湖北にも展開するようになった。1985年に立地が決定したキャノンは、長浜市が国友地区に造成する工業団地へ進出を決めている。こうした一連の動きは、姉川流域がこれまで長い間示してきたイメージを脱し、かなり異なった地域に変化する可能性を示唆するものとなっている。

（秋山道雄）

Ⅲ-10 養蚕の盛衰

養蚕・蚕糸業の隆盛[37]

　姉川流域では、姉川の自然堤防や河床、氾濫地を利用して桑栽培・養蚕が盛んに行われてきた。その起源は慶長年間（1596～1615）にさかのぼり、文化年間（1804～1818）に神照村（現・長浜市）の成田重兵衛の奨励によってさらに盛んになった。中心になったのは長浜市北部の神照地区とびわ町南部の大郷地区である。1878年には、神照村では全戸数の83％が、大郷村では約80％が養蚕を営んでいた。

　明治に入って、養蚕・蚕糸業は輸出産業として成長を続け、明治30年代から最盛期を迎えた。明治40年代の収繭量を（現）市町村別にみると、長浜市・びわ町・浅井町・湖北町が養蚕の主産地となっていたことが分かる（図10）。最盛期には、水田に桑を植えることもあったという。

　養蚕の発展にともない、製糸業もまた成長した。明治初期にはほとんどの

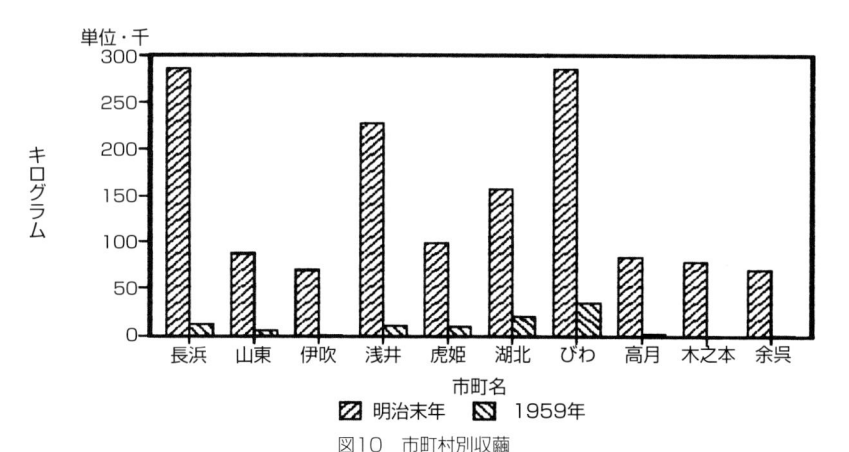

図10　市町村別収繭

資料出所：『滋賀県市町村沿革史　第四巻』および『滋賀県農林水産統計年報』[38]
注　　：「明治末年」とは、虎姫、湖北については1908年、びわについては1911年、そのほかは1909年.

養蚕農家が自家で製糸していたが、明治中期に入ると機械製糸業が登場した。長浜に300釜を有する近江製糸会社が設けられたのは1887年、生糸取引所ができたのは1894年である。

養蚕の衰退と遊休桑園の増大

養蚕業に転機が訪れたのは大正中期である。1920年後半の繭価暴落以降、衰退が始まり、とくに満州事変（1931年）以降は生糸の輸出が減少したため、衰退が顕著になった。昭和10年代になると戦時体制のもとで食料増産のため桑の木が掘り返され、養蚕は致命的な打撃を受けた。昭和初期には5,000町歩を超えていた県下の桑園面積も、終戦の年にはわずか1,000町歩余となっていた。

戦後は桑園面積の回復が緩やかに進み、県下の桑園面積は1956年に、1,026町歩とピークに達した。この頃、養蚕の中心となったのはびわ町・湖北町であり、長浜市はその地位を後退させている（図10、図11）。その後、国際競争の波に揉まれて、わが国の養蚕は衰退の一途をたどり、1993年には県下の桑園面積は30ha、養蚕農家はわずかに10戸となった。

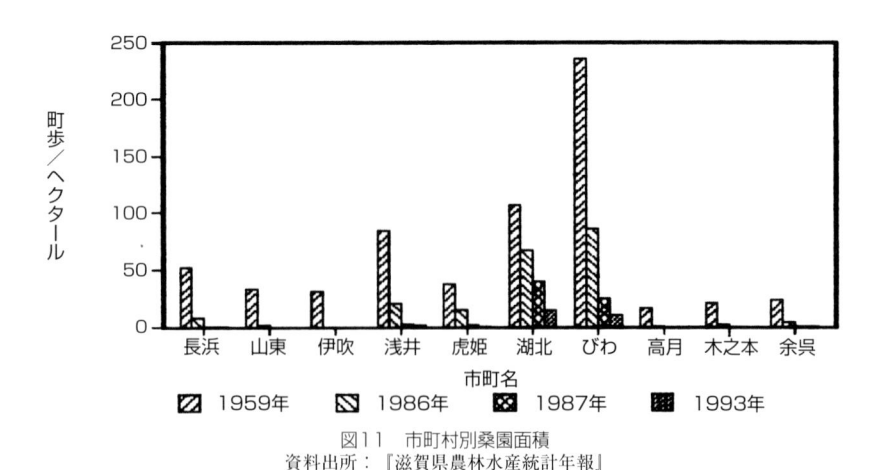

図11　市町村別桑園面積
資料出所：『滋賀県農林水産統計年報』
注　　　：単位は1959年のみ町歩。

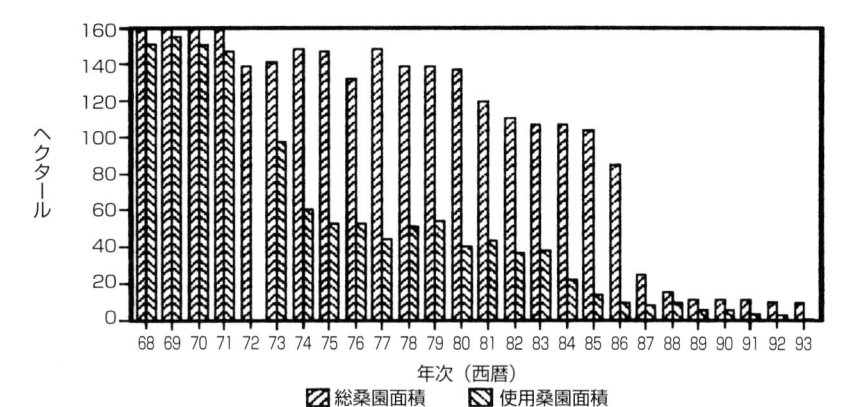

図12 びわ町における桑園面積の推移

資料出所：『滋賀県農林水産統計年報』[39]
注　：1972年の使用桑園面積は原資料が欠損（延べ使用面積が記載されているため、実使用面積が分からない）

　戦後のピーク時に最大の桑園を有したびわ町について、1968年以降の総桑園面積の推移を見ると、158haから9ha（1993年）へと大きく減少している。より注目すべきは、使用桑園面積の減少が著しいことである。昭和40年代中ごろまでは、桑園のほぼすべてが使用されていた。ところが、40年代以降、使用されない桑園（遊休桑園）が増え始め、1986年には桑園の9割以上が遊休化する有様となった（図12）。1986年から87年にかけての総桑園面積の急減は、ながらく遊休化してもはや桑園とは見なせなくなったものを「総桑園面積」に計上するのを止めたためであろう。

桑園から観光ぶどう園へ

　遊休化し、あるいは荒廃した桑園をどうするかは、かつての養蚕地帯が共通に直面する課題となった。この課題に、観光ぶどう園への転換によって応えようとしたのが、姉川の河口に位置するびわ町南浜集落[40]である。

　南浜では、湖岸堤管理用道路への用地提供をきっかけとして、1977～78年に畑の圃場整備（10ha）を行った。集落組織が主体となってこの畑の有効利用を検討した結果、水泳場に隣接しているという立地条件を活かして観光ぶ

どう園を開設することになり、7 haにぶどうを植栽して入植者を募ったところ、39名が応じた。入植者の過半は会社員や公務員などサラリーマンである。こうして1982年、「南浜観光ぶどう園」が開園し、好評を博している。

(富岡昌雄)

(編集注：この原稿は、1995年に執筆されたものである)

注

1) 平尾藤雄ほか (1980)「滋賀県地学のガイド (上)」. コロナ社, 東京.
2) 平尾藤雄ほか (1980)「滋賀県地学のガイド (下)」. コロナ社, 東京.
3) 池田碩・大橋健 (1974) 姉川流域の地形と気象.「姉川源流域学術調査報告書」(滋賀自然と文化研究会), 1-39.
4) 国土地理院 (1984) 2万5千分の1, 土地条件図, 長浜.
5) 活断層研究会 (1980)「日本の活断層—分布図と資料」. 東京大学出版会.
6) 黒田惟信 (1927)「東浅井郡志 (巻参)」. 滋賀県東浅井郡教育会 (1975覆刻版,日本資料刊行会,長岡京市).
7) 四手井綱英 (1985)「森林」. 法政大学出版局.
8) 塩谷勉 (1973)「林政学」. 地球社, 東京.
9) 滋賀県林務課 (不明) 滋賀県谷口林業 (田根林業).
10) 寒川辰清 (1734) 近江輿地志略 (第2巻). 大日本地誌大系 (蘆田伊人編1977), 雄山閣, 東京.
11) 滋賀県経済部 (1937)「制限林野調査書」.
12) 井塚政義 (1983)「和鉄の文化」. 八重岳書房.
13) 海老沢秀夫 (1982) 畦畔木について(1)—その地理的・歴史的考察. 森林文化研究, 3.
14) この報告の一部は、タカラハーモニスト・ファンドの助成 (平成7年度) によって行った調査をもとにしている.
15) 堀尾尚志・岡光夫 (校注・執筆) (1980)「耕稼春秋」. 日本農書全集 4. 農山漁村文化協会.
16) 広瀬久雄・米原寛 (校注・執筆) (1979)「私家農業談」. 日本農事全集 6. 農山漁村文化協会.
17) 村瀬忠義 (1980) 伊吹山の植生, 伊吹山の植物相.「伊吹山の生物相とその保全—伊吹山総合学術調査報告書—」. 伊吹山を守る会.
18) 坂田郡役所 (1913)「近江坂田郡志中巻」. (1980復刻版,賢美閣, 東京).
19) 沢田徳之助・布藤昌一・伊関敏枝・津国優美 (1971)「伊吹山の薬用植物」. 滋賀県厚生部薬務課.
20) 琵琶湖条例の記録編集委員会 (1983)「美しい湖を次代へ—琵琶湖条例制定のあゆみとその後—」. ぎょうせい, 東京.
21) 池田碩ほか (1979) 近江盆地の地形.「滋賀県の自然」. 滋賀県自然保護財団. および池田碩・大橋健 (1974) 姉川流域の地形と気象.「姉川源流地域学術調査報告書」. 滋賀自然と文化研究会.
22) 宮畑巳年生・小林健太郎 (1974) 姉川源流地域の人文地理.「姉川源流地域学術調

査報告書」．滋賀自然と文化研究会．
23) 伊吹鉱山植生復元研究会（1983）「伊吹鉱山植生復元の10年」．大阪セメント株式会社．
24) 坂田郡教育会（1941）「改訂近江国坂田郡志第2巻（1971年復刻版）」．名著出版，東京．
25) 長浜城歴史博物館（1985）「国友鉄砲鍛冶―その世界―」．長浜市立長浜城歴史博物館．
26) 坂田郡教育会（1941）「改訂近江国坂田郡志第3巻（1971年復刻版）」．名著出版，東京．
27) 国友鉄砲研究会（1981）「鉄砲の里・国友」．国友鉄砲研究会．
28) 滋賀県市町村沿革史編さん委員会（1960）「滋賀県市町村沿革史第四巻」．第一法規出版株式会社，東京．
29) 滋賀県史編さん委員会（1976）「滋賀県史昭和編第三巻」．
30) 金田章裕（1980）生きている渚と湖上の「畑」―湖北の湖岸とえり．「地図の風近畿編Ⅰ」（足利健亮・山口恵一郎・篭瀬良明）．そしえて，東京．
31) 服部昌之（1983）「律令国家の歴史地理学的研究―古代の空間構成―」．大明堂，東京．
32) 谷岡武雄（1983）田村・長沢．「湖国わが山河」．京都新聞社．
33) 神吉和夫・三和啓司（1986）彦根藩における水道について―彦根と長浜―．第6回日本土木史研究発表会論文集．
34) 神吉和夫・阪田通雄・中島誠一（1988）長浜の組合水道（井戸組・池組）の構造と管理運営．水文・水資源学会1988年研究発表会要旨集．
35) 小林博（1976）湖北．「日本地誌第13巻」．二宮書店，東京．
36) 秋山道雄（1983）産業の立地変動と地帯的構成―滋賀県工業の特質をめぐって―．琵琶湖研究所所報第1号．
37) 前掲注29）に同じ．
38) 近畿農政局滋賀統計情報事務所「滋賀県農林水産統計年報（各年版）」．滋賀農林統計協会．
39) 農林水産省経済局統計情報部（1980）「農林水産累年統計　滋賀県」．全国農林統計協会連合会，東京．
40) 富岡昌雄（1984）「集団的土地利用と集落組織―滋賀県東浅井郡びわ町南浜観光ぶどう園を事例として―」．滋賀県立短期大学学術雑誌，26：19-26．

Ⅳ. 湖東三川編
（ことうさんせん）

- Ⅳ-1 近江カルスト
- Ⅳ-2 犬上川の河口改修と
   　　　　タブ林の保護
- Ⅳ-3 芹川のケヤキ並木
- Ⅳ-4 アケボノゾウ
- Ⅳ-5 多賀大社
- Ⅳ-6 佐和山城と中山道
- Ⅳ-7 彦根城と城下町
- Ⅳ-8 芹川と犬上川の扇状地
- Ⅳ-9 犬上川流域の土地利用
- Ⅳ-10 甲良町の水利用と
   　　　　グランドワーク
- Ⅳ-11 彦根の給水系
- Ⅳ-12 湖東三川流域の工業立地
- Ⅳ-13 濁水に悩む宇曽川

犬上川

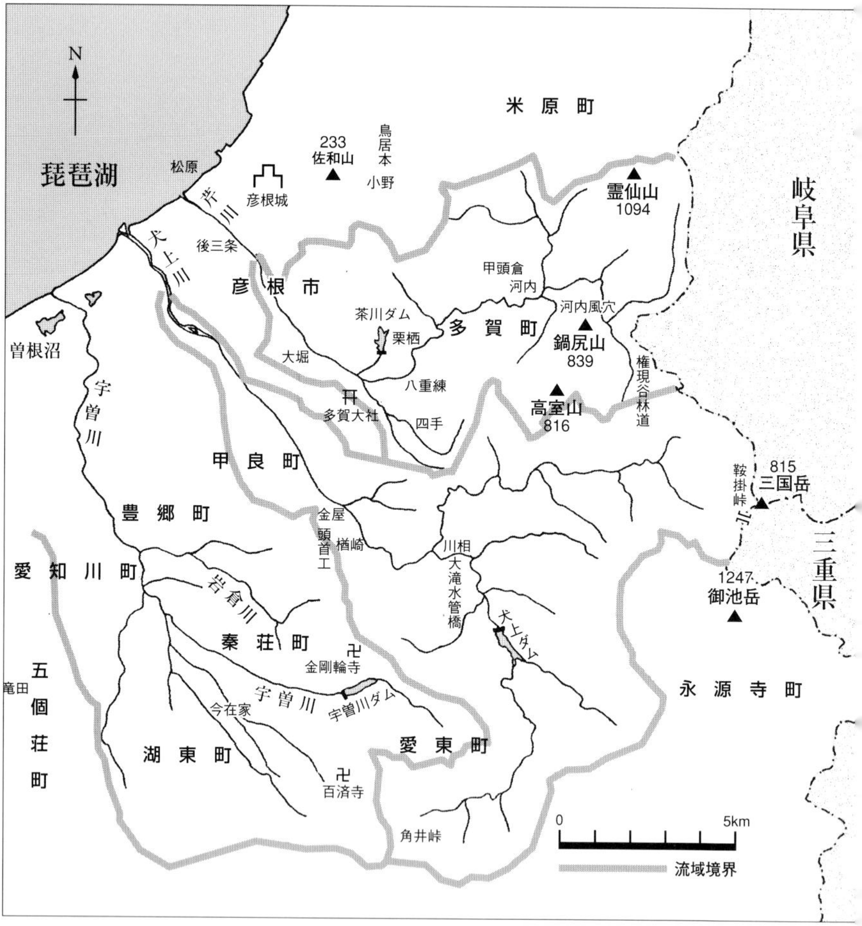

琵琶湖
N
松原
芹川
彦根城
233
佐和山
鳥居本
小野
米原町
霊仙山
1094
岐阜県
犬上川
後三条
彦根市
甲頭倉
河内
河内風穴
茶川ダム
栗栖
多賀町
鍋尻山
839
曽根沼
大堀
八重練
権現谷林道
宇曽川
多賀大社
四手
高室山
816
甲良町
815
鞍掛峠
三国岳
豊郷町
金屋
頭首工
楢崎
川相
三重県
愛知川町
大滝水管橋
1247
御池岳
岩倉川
秦荘町
犬上ダム
五個荘町
竜田
金剛輪寺
永源寺町
宇曽川
宇曽川ダム
今在家
湖東町
愛東町
百済寺
角井峠
0
5km
流域境界

概　　要

　愛知川の北東に展開する湖東三川は、図にみるようにいずれも鈴鹿山脈に源を発して北西に向かい、典型的な扇状地を形成したのち、琵琶湖に入る。吉田東伍の『大日本地名辞書』には、芹川の地名はなく代わりに不知哉川（いさやがわ）の名が載っている。「今大堀川又芹川と曰ふ、霊仙の芹谷より発し、久徳村に至り西北流し、彦根町の西に至て湖水に入る………」とあるように、芹川には異名があり、上流を芹谷とよんだらしい。鈴鹿山脈がカルスト地形であるため、上流には「河内の風穴」で知られる鍾乳洞がある。流下した芹川は、もとは彦根城の北にあった松原内湖に流れ込んでいた。井伊直政が彦根に城下町を築いた際、西に向けて付け替えたため、現在のような流路となった。この時築かれた土堤上のケヤキ並木は、河川にそって美しい景観をつくり出している。

　犬上川は、彦根市郊外にあって、三川の中では流路延長・流域面積とももっとも大きい。『大日本地名辞書』には、「大滝村大君畑（おじがはた）の奥なる三国山（江濃勢の交界）に発現し、一之瀬川を并せ西北流、高宮村の西を過ぎ、八坂の北に至り湖に入る………」とある。湖東平野は江州米の産地であるが、平野の広さにたいして河川が供給する水が相対的にすくなかったため、古くから複雑な水利慣行が形成されていた。それでも渇水年には水争いが避けられず、とくに犬上川の水利紛争はよく知られている。第二次大戦後、上流に灌漑用のダムが建設されてから、事情は一変した。現在では、甲良町のように集落を流れる用水路を親水河川として活用する事例も登場している。

　宇曽川は、『大日本地名辞書』に「秦川村高取山より発現し西北流、蚊野八木吉田等を経て肥田の北を流れ、平流山を繞り湖中に帰す………」とあるように、三川のなかではその大半が農村地域を流れる河川である。この流域では、古くから洪水の被害がたえず、堤防の建設が進められていた。琵琶湖総合開発の際、上流に治水ダムが建設されてからは、洪水調節が可能となっている。しかし今日では、それに代わって農業濁水問題がこの流域の特徴となってきた。田植え前の代掻き時に発生する濁水を防ぐために、現在、対応策が検討されている。

（秋山道雄）

Ⅳ-1 近江カルスト

霊仙山・山頂よりの眺め

　鈴鹿山脈の北端に位置する霊仙山の山頂（1,084m）からは、三重・岐阜・滋賀の3県にまたがる山すそを360度見渡すことができる。またよく目を凝らすと、すり鉢状の窪地や三角形のとがった岩が林立する特異な景観も見出すことができる。これらの地形は、山をかたちづくる岩石の性質と深く関係しているが、これが2億年以上もさかのぼる地球の営みの結果であることを知る人は多くないのではなかろうか。

近江カルスト

　霊仙山をはじめとする鈴鹿山脈北部の諸峰（高室山、鍋尻山、御池岳、藤原岳など）には、地質時代の海山断片に由来すると考えられる石灰岩が分布している（図1）。

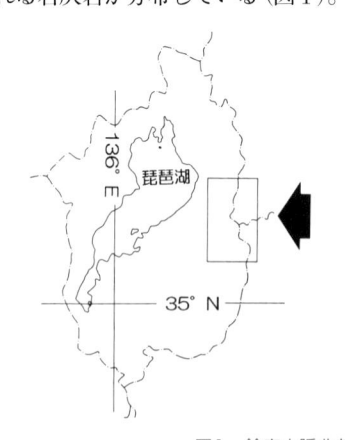

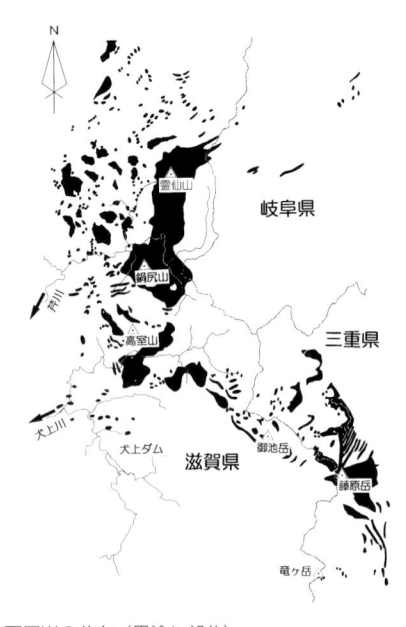

図1　鈴鹿山脈北部の石灰岩の分布（黒塗り部分）

これらの石灰岩は、「美濃帯」と呼ばれるジュラ紀付加帯を構成する岩石の一部をなし、超海洋"パンサラッサ"において海山山頂付近で堆積したと推定されている。なお、多賀町権現谷（ごんげんだに）に分布する石灰岩からは、四射サンゴ類（写真1）や、腕足類、三葉虫、そして年代の指標となるフズリナ類などの化石が産出しており、付近の石灰岩はペルム紀前期（約2億8〜6千万年前）に形成されたと考えられている[1),2)]。

また、石灰岩には、炭酸ガスを含んだ弱酸性の雨水に溶ける性質がある。このため、石灰岩が分布している地域では雨水による侵食の結果、先に述べたような特異な地形が発達する。こうした地形は「カルスト」と呼ばれ、鈴鹿山脈北部で見られるカルスト地形は、まとめて「近江カルスト」と呼ばれている。カルスト地形の代表的なものには、雨水に溶け残った三角形のとがった岩「カレン」や、カレンの密集した「カレンフェルト」（写真2）、すり鉢状の窪みである「ドリーネ」、2つ以上のドリーネがつながった「ウバーレ」、そして「石灰洞」などがある。近江カルストには、ドリーネがよく発達している場所が数ヶ所ある。特に、高室山や御池岳の山頂付近には大小さまざまなタイプのドリーネやウバーレが密集して分布し、変化に富んだ景観をしている[3)]。これらのドリーネの底には、石灰洞（竪穴）が開口しているものもあり、山すそで湧き出している地下水の集水口として機能していると考えられる。

写真1　四射サンゴ類化石（サンゴの直径は約8mm）

写真2　経塚山山頂付近のカレンフェルト

鈴鹿山脈北部の石灰洞

　近江カルストのただなか多賀町河内には、夏は観光客、そして冬になると数千頭ものコウモリのコロニーでにぎわう場所がある。関西地域で最大の規模を誇る石灰洞「河内風穴」（総延長：3,323m）[4]である。「河内風穴」は多層構造をもつ横穴で、新洞部分には巨大なホールや、地下河川、つらら石や石筍などの豊富な鍾乳石が見られ、神秘的な世界が広がっている（写真3）。石灰洞は、おもに地下水の働きによってできるカルスト地形の1つである。

　鈴鹿山脈北部では、これまでに68の石灰洞が確認されており[5),6),7)]、今後さらに新たな石灰洞が発見される可能性もある。また、これらの石灰洞の中には、歴史時代の人々の営みと関係の深いものも少なくない。縄文時代の土器の出土が報告されている「佐目のコウモリ穴」[8)]（多賀町佐目）、鍾乳石に覆われた古墳時代の須恵器が発見された「深泥ヶ池」[9)]（多賀町佐目）、江戸時代安永年間に調査された記録が残っている「篠立風穴」[10)]（三重県藤原町篠立）、など枚挙にいとまがない。また、竪穴は洞口付近に生息している動物にとって落とし穴や遺体の集積場所としての機能を果たすので、洞内に多数の動物遺体が見られることも

写真3　鍾乳石（河内風穴最奥部）

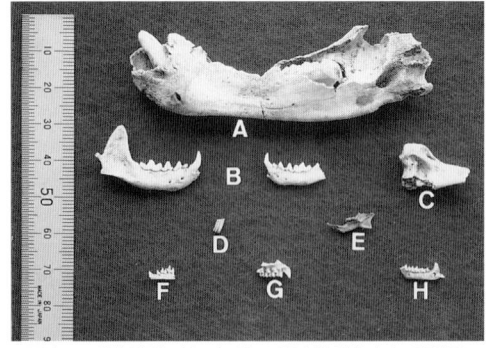

写真4　動物遺体（ナベイケの洞内堆積物中から発掘）
A：ツキノワグマ　B：イタチ　C：テン　D：スミスネズミ
E：ヒメネズミ　F：ミズラモグラ　G：キクガシラコウモリ
H：テングコウモリ

ある（写真4）。こうした遺体のなかには、現在では絶滅あるいは生息数が激減してしまった動物の遺体も含まれることが多いので、過去の動物の生息状況を知る上で重要な情報源となる。

　石灰洞は、昔の人々の営みや動物の分布を知るのに役立つ、自然が用意してくれた"タイムカプセル"といえるかもしれない。　　　　　　　（阿部勇治）

Ⅳ-2　犬上川の河口改修とタブ林の保護

　犬上川(いぬかみがわ)では、河川改修工事が進行している。その中で試みられている、自然環境の保全と水害防止を調和させる努力について紹介したい。この川も、たびたび洪水を起こし、流域に被害を出してきた。洪水を防ぐため人柱になった女性の話や、絵の中の仏像が堤防の普請に働いたという話が伝わっている。記憶に新しいのは、1991年の台風19号による水害である。河口近くにある犬上川橋が流され、少し上流右岸の堤防が決壊した。

　この水害をきっかけに河川改修工事が本格化し、最初に、何本かの細い流れに分かれヨシ帯が幅広く形成されていた河口の三角州のうち、南半分が浚渫され、広く深い流路が作られた。河口の三角州には、ヨシ群落やヤナギ林がある。かつては、三角州周辺に多数飛来したマガモがとられ、彦根近辺での最高級品だったという。餌が豊富だったのだろう。村の名から「八坂鴨(はっさかがも)」と呼ばれて珍重された。ところがこの工事によって、河口部にはヨシがほとんどなくなり、カモも少なくなった。さらに、数が少なくなっているタコノアシという水際の草本群落が削られたという指摘が、滋賀県の植物を長年研究している村長昭義氏によってなされた。担当者の答えは「貴重な自然環境とは知らずに工事をすすめてしまった」というものであった。また湖岸に面したヤナギは、倒木が多く出るようになった。浚渫で深くなった湖底に砂が

写真5　犬上川河口部

写真6　犬上川橋から上流を見る、向かって右がタブ林

写真7　タブ林の内部

落ち込み根元が掘られたこと、ヨシ帯が受けとめていた波に直接洗われるようになったことが関係しているらしい。2000年9月、渇水で干上がった河口ではサギ類が採餌していた（写真5）。右奥の林がヤナギ林である。

次には、河口近くの左岸（南側）に600mほどの長さで続いているタブノキの大木が多い林をすべて削って取り払い、流路を広くする計画が明らかになった。犬上川の両側には、湖東地域のほかの川と同様、ケヤキ林やスギの植林・竹林などが続いているが、ここで特筆されるのはこのタブ林である（写真6）。

タブノキは、海の近くの斜面によく生える常緑広葉樹で、滋賀県では竹生島と琵琶湖沿岸に多く分布している。ここでは、幹の直径1mに達するものがある（写真7）。ほかにクロガネモチ、ツバキ、ヤブニッケイなどが生え、狭いながらも内部は発達した照葉樹林の様相を呈しているので、環境庁の「特定植物群落」にもなっている。この林は、洪水の影響を強く受ける「河畔林」ではないが、

川岸に特有のナラガシワ、ケヤキ（いずれも落葉樹）などがあるので、川沿いの要素を含んだ林ということができる。木が大きいのは、集落に近いので水害防備のために伐採されず、守られてきたことによるのだろう。

すぐそばに開学した滋賀県立大学の、依田恭二教授（故人）を中心とする研究者たちが、この計画に対して待ったをかけた。貴重なタブ林を残すべきだ、川を植物のないコンクリートだけの水路にしてはいけない、というのが研究者側の主張であった。

工事を担当する滋賀県彦根土木事務所と研究者グループの協議が何度も持たれた末、洪水時に多くの水を流す機能を確保しながら林の保護にも配慮した流路が設計された（図2）。左岸の旧堤防の外側に張り出すように、洪水時のための新しい流路を作り、タブ林の核心部を本流と新しい水路の間に島のようにして残す案が採用された。また、生物に配慮して護岸の傾斜も緩くし、表面には蛇籠や凹凸のあるブロックが敷かれることになった。

環境の改変を少なくとどめる少しの配慮をすることで、効果を落とさずに生物への悪影響を減らすことが可能なのだが、今までは工事の時にそのような努力があまりに少なかった。この事例は、河口部分の反省を生かし、市民と行政と研究者の知恵を集めて、現時点としてはかなり良質の対策がとられたと評価できる。

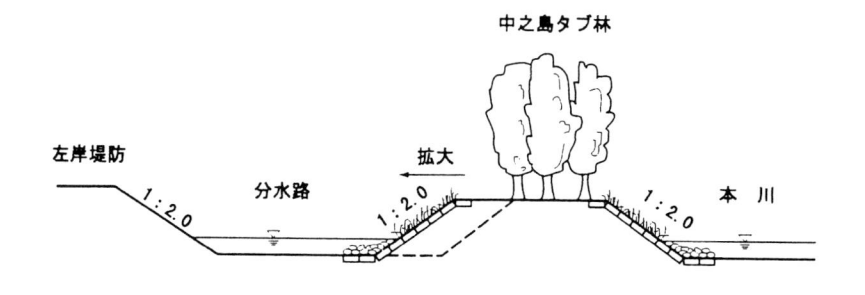

図2　タブ林の「中之島」と分水路の断面を示す概念図（上流から見たところ）
　　　滋賀県彦根土木事務所作成の資料による

写真8　2000年11月の河口の様子、水際に丈の高い草が増えた

その後、浚渫された河口には土砂が再びたまり、2000年11月には湿生草地も増えた（写真8）。カモも多数集まっている時がある。さらに三角州全体に水草帯が回復すれば、ヤナギが倒れるのも止まるだろう。改修工事はこれからさらに上流へ進んでいく。今後もさまざまな問題が生じるだろうが、タブ林の場合を手本に、生物にとってもよい方法を模索していってほしいとおもう。

（野間直彦）

Ⅳ-3　芹川のケヤキ並木

　霊仙山から流れ出し、河原にゾウの化石が出ることで知られる芹川(せりかわ)は、彦根の旧市街地の南側をまっすぐ流れて琵琶湖にそそぐ。市街地部分の両岸の堤防には、約1.5kmにわたってケヤキを中心とする大木（直径1mに達する木もある）の並木が続き（写真9、10）、「芹川堤のケヤキ道」として市民に親しまれている。

　芹川は、かつては今のJR鉄橋のあたりから北へ流れ、城山の北東で松原内湖（1947年頃に干拓）にそそいでいた。河口周辺は広い湿地帯だったという。井伊氏の彦根城築城と城下町整備に伴い、1603年から1622年頃まで工事が行われ、今のように琵琶湖に直行する形に流路が付け替えられた。町を洪水から守るとともに、南側（豊臣方の大名が多かった西国側）を防備する堀の役

割を期待されてのことだ。その堤防を強くするためにケヤキなどの木が植えられ、以来一度も決壊していない。みごとに大きくなった並木は「彦根八景」の一つに選ばれ観光スポットにもなっている。

　左（南）岸の多くは歩行者専用道で、徒歩や自転車の人が絶えず、朝夕には犬の散歩やジョギングする人も多い（写真11）。右岸の道は自動車も通る（写真12）。すれ違いに苦労するためか、幹に車のすり傷を持つ木もある。1969年には、池洲橋周辺のケヤキを多数伐る改修計画が立てられたが、「芹川並木保存会」を中心とした市民が運動して、伐採を最小限に止めるように工事は変更された。現在、草刈なども市民の手で行われている。

写真9　芹橋から下流を見る

写真10　右岸側の堤防の内側

　ケヤキは水気の多い場所に生え、また植えられる木で、材は建築や家具・器具に賞用されてきた。大木は各地に多いが、この大きさのケヤキが梢を接してこれほど多く並んでいる場所はめったにないだろう。だが芹川のケヤキは、太さのわりに高さが非常に低い。どれも地上2～5mの高さから大枝が分かれていて、本来の箒型をした樹形で30mに達するような高いものはない。なぜだろうか。

　近代的な治水の考えでは、一般に堤防に木を植えるのはよくないとされてきた。台風の時、木が倒れ根返りして堤防に穴があけば、そこが弱くなって洪水の危険が増すからだ。そのため、近年の河川整備では、堤防上の木は伐られることが多かった。しかし、昔の人が木を植えたのは、根が堤防を締め

写真11　左岸の堤防上

写真12　右岸の堤防上

写真13　アキニレの木

つけて強くすると考えてのことである。いったいどちらが本当なのだろう。どちらも正しいのだろうが、根返りで穴があくのは比較的まれな出来事ではないだろうか。手入れや観察を怠らなければ、その危険を減らすこともできるはずだ。そこで芹川のケヤキの低い樹形をあらためて見ると、風に強く、根返りの危険が減るように、植えられて間もない頃からそのような格好に刈り込まれてきた形なのではないかと思えてくる。

さて、芹川堤には、ケヤキ以外にも、もともとこのあたりの河畔にある木が植えられ（あるいは自然に生えて？）大木に育っており、観察しながら歩くのも楽しい。それらを紹介してみよう。

エノキとムクノキ・アキニレ（写真13）は、ともにケヤキと同じニレ科の落葉高木。このうちエノキにはヤドリギが寄生していることが多いが、ここでも冬の梢にヤドリギの緑の玉がよくめだつ。エノキ・ムクノキ・ヤドリギの実は熟すと甘く、鳥が好んで食べ種子をはこぶ。特にムクノキの紺色の実は径1cmと大きく、私たちにも食べごたえがある。一方アキニレの実には翼があ

って、ケヤキ（葉が翼の役目をする）と同様に風で飛ばされる。

サイカチは枝にトゲを持つマメ科の高木で、比較的珍しい木だ。秋には長さ30cmほどの、ねじれた実（豆果）をぶらさげるのでよくめだつ（写真14）。このサヤはサポニンを含み、薬用に用いられるほか、昔は洗濯や食器洗いの洗剤として広く使われていた（筆者は、盛岡市内の荒物店で束ねて売られている実を買ったことがある）。サヤを湯に浸し、ふやかしてから揉むと、洗剤液を作ることができる。生物に害が少なく環境への負荷が小さい洗剤として、見直そうとすすめる人もいる。

芹川の並木は、川と人と植物の関わりあいの歴史を考えさせてくれる。

(野間直彦)

写真14　サイカチの木

Ⅳ-4　アケボノゾウ

1993年3月に多賀町四手の工事現場から、ゾウ類の牙と骨片が工事現場の人たちや地元の人によって発見された。その後の調査で、まだ多くの骨格が埋積していると推測されたことから、琵琶湖博物館開設準備室（当時）と多賀町教育委員会は、さっそく工事を行っていた住友セメントにお願いにいき、発掘ができる運びとなった。発掘は、県内の地学関係者の方々を中心に、琵琶湖博物館準備室と多賀町教育委員会などのメンバーで10日間かけて行われた。その結果、1頭分近いアケボノゾウの骨格が発見された。この時点では臼歯や頭骨化石は発見されなかったので、さらに4日間の発掘を継続したところ、

ほぼ完全な臼歯がついた下顎骨が発見された。これによって、形態的にこのゾウ化石がアケボノゾウであることが、誰の目にも明らかになった。

この発掘以前にも、県内からは日野町の佐久良川河床や大津市の大正寺川などから、アケボノゾウの化石は知られていた。しかし、それらは臼歯のみの標本で、多賀町標本のようにまとまった産出ではなかった。

アケボノゾウは、1918年、東北帝国大学（当時）の松本彦七郎によって、石川県戸室産といわれる標本をもとに記載された。松本は、1924年になって、このゾウとアジアの島々から発見されるよく似た形態の化石種をパラステゴドン属としてまとめた。パラステゴドン属は、ステゴドンゾウの仲間のうち、歯の高さが高く、稜数が多く、比較的小型な臼歯をもつグループである。しかし、現在ではこのひとつのグループにまとめられた各種は、別々の系統群のものが平行に進化したものと考えられている。また、以前はアケボノゾウとほぼ同じ時代のステゴドンゾウとして、アカシゾウやスギヤマゾウなどいくつかの名称が使われたが、1991年に大阪自然史博物館の樽野博幸が、それらは同一の種であるとし、現在では命名上先取権のあるアケボノゾウの名称が使われるようになった。

ステゴドンゾウのグループは、アジアの各地およびアフリカや中近東からも発見されている。しかし、アケボノゾウだけの分布をみると、確かな化石は日本だけからしか報告されていない。時代的には、約250万年前から70万年前までである。

多賀町標本（写真15）を研究した小西省吾（みなくち子どもの森）の成果やこれまでの標本から、アケボノゾウの形態はかなりわかってきた。復元された多賀町標本の肩の高さは、約2mであったが、ほかの復元された標本でも約

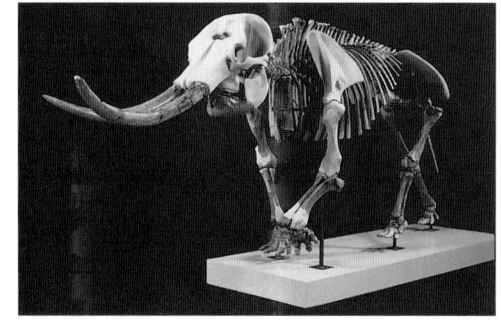

写真15　アケボノゾウ多賀町標本全身骨格復元
（写真提供：多賀町立博物館・多賀の自然と文化の館）

1.6～2mであった。現在のアジアゾウでは2.5～3.3mであることからも、アケボノゾウが小型のゾウであったことがわかる。牙は長さが1.8m程度あり、体のわりに太く、長いのがめだつ。発見された骨格から忠実に復元された多賀町標本は、ほかのゾウに比較すると、足の長さのわりに胴体が長い姿になっている。しかし、同じ時代の地層から発見されるアケボノゾウのものと推定されている足跡化石は、前肢と後肢の足跡が重なっており、胴長と肢長の比率が現生のゾウと同じであった可能性が、滋賀県足跡化石研究会の岡村喜明によって指摘されている。今後、検討すべき課題である。

　現在、多賀町産のアケボノゾウの骨格が、多賀町立博物館・多賀の自然と文化の館に保管されている。ここでは、レプリカによる全身組み立て骨格、実物の化石の陳列、産状レプリカ、発掘当時のビデオなどを見ることができる。

（高橋啓一）

Ⅳ-5　多賀大社

古代・中世の多賀大社

　「お伊勢参らば、お多賀へ参れ、お伊勢お多賀の子でござる」、あるいは「伊勢へ七度、熊野へ三度、お多賀さんへは月参り」と俚謡にあるように、犬上郡多賀町多賀に鎮座する多賀大社（図3）は、伊勢神宮の親神である伊邪那岐・伊邪那美神を祭神とし、延命長寿の福徳神として広く庶民の信仰をあつめた名社（旧官幣大社）である。

　その歴史は古く、『古事記』にも伊邪那岐命が「多賀」に祀られたとあり、『延喜式』神明帳には、犬上郡七座の中に「多可神社二座」が書き上げられている。鎌倉期には、神官兼御家人である多賀氏を中核に、「犬上東西郡鎮守」として「郡座」が組織されていた。郡内の御家人らは交替で「祭使」を、

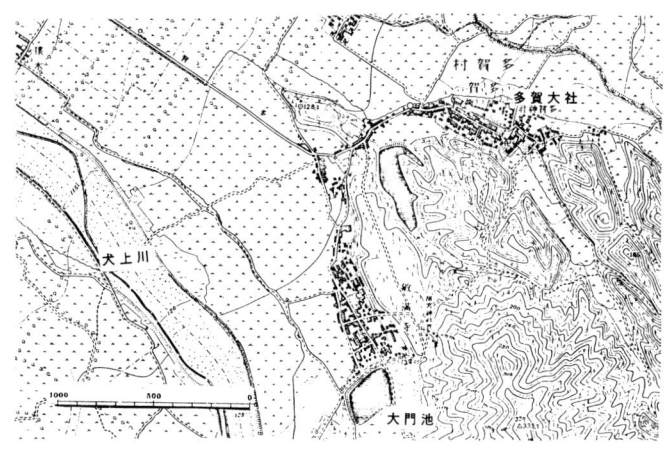

図3 多賀大社周辺地形図(1895年陸地測量部2万分の1地形図)
多賀大社西南の敏満寺周辺は奈良時代の古代荘園東大寺領水沼
荘の故地であり、大門池は奈良時代の荘園絵図にも描かれている.
敏満寺にはかつて強力な寺勢を有した敏満寺が位置した.

「郷民」らが「馬上役」を勤めており、多賀社はすでに郡規模の信仰圏を確立していたようである。しかし鎌倉中期には、祭礼の神役勤仕をめぐって神官とほかの御家人らとの紛争が起き、日吉社領八坂荘荘官・郷民や青蓮院領後三条保住人らは神役を拒否し、新社を勧請したという。紛争は鎌倉幕府の法廷に持ち込まれ、結局旧例通り、多賀社の神役に従うべしとする判決が下された。多賀社は、その影響力が次第に強化されていくとともに、地域支配の核の一つとして南北朝動乱の中に巻き込まれ、後醍醐天皇や足利尊氏・直義、佐々木道誉らの働きかけを強く受けることになる。室町期には、何通もの衆議事書が作成されており、構成員の衆議にもとづいて神社が組織・運営される体制が作り上げられていたことが知られる。

多賀信仰の拡大

戦国期に、守護佐々木(六角)高頼が不動院を建立し、京都の公家日野家出身者が院主を勤める体制が作られて以降、多賀社の運営は不動院を中心に大きく姿を変えていく。不動院の配下の坊人は、多賀社の信仰拡大に大きな

力を発揮した。神札を諸国に配布し、護摩を焚き、加持祈祷を修し、堂舎の造営に際しては勧進を行うとともに、諸国から社参する信者の案内など、先達としての役割も果たした。現在多賀社には、武田晴信（信玄）祈願文、社家や町での狼藉などを禁じた浅井長政・織田信長・豊臣秀吉らの禁制・祈願文などが多く遺され、権力者の保護を受けていた実態が知られる。桃山時代の作成と考えられる「多賀大社境内古図」や「多賀大社参詣曼陀羅（図4）」などには、多賀社の本殿・社殿・拝殿や不動院の堂舎、杉木立や朱塗りの橋と川、参詣人の様子、門前の町屋なども詳細に描写されている。これらの参詣曼陀羅は、坊人らが持ち歩き、多賀社の霊験を庶民に絵解きしたものと考えられている。中世末・近世初頭には、多賀社の周辺には、全国から集まる参詣人のための門前町が成立していたようである。

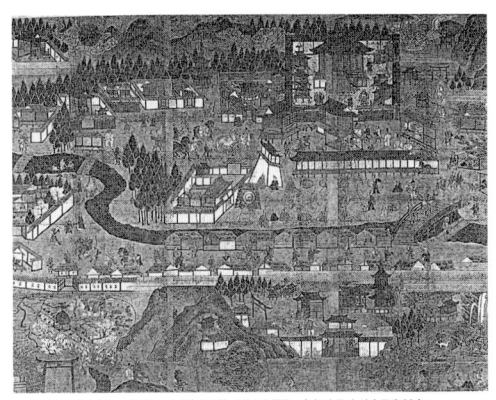

図4　多賀大社参詣曼陀羅（多賀大社所蔵）

　近世に入っても、徳川家康・秀忠・家光らの禁制や朱印状が下されて、経済的にも厚い保護を受けており、歴代将軍もこれにならった。秀忠の病気の際には、平癒祈願のために伊勢神宮と多賀社に春日局の代参が行われた。東海道の土山宿から分岐して、八日市を経て中山道に通ずる街道は一般に御代参街道と呼ばれているが、それはこの時に整備されたことによる。また彦根藩主井伊家とも、社領寄進や神事援助など、密接な関係があった。坊人らの勧進活動は、近世に入ってもますます盛んに行われ、近世初頭には東北地方北部から九州地方南部にまで拡大しており、近世中期には全国に多賀講が組織されていく。

多賀祭

　現在4月12日を中心に、一般に多賀祭と呼ばれる多賀大社古例大祭が行われている。馬頭人と御使殿と称する二人の頭人の奉仕によって執り行われ、百名余の供奉者、40頭余の馬による神輿・鳳輦の渡御行列が繰り広げられる。古例大祭の形式は、鎌倉期よりの系譜を引き、近世に整えられたが、明治以降の改革はあったものの、古式が遺されている。頭人は、非常に名誉な役ではあるが多大な出費を要するため、現在は氏子中の輪番で選ばれ、経済的負担は軽減されている。
　　　　　　　　　　　　　　　　　　　　　　　　　　　（水野章二）

Ⅳ-6　佐和山城と中山道

芹川と中山道

　現在の国道8号のうち、栗東町と彦根市鳥居本との間の道は、江戸時代の中山道を踏襲したものである。また、江戸時代の中山道は、古代の東山道を踏襲したものである。ただ、それぞれの具体的なルートが一致するものもあるが、厳密には異なる場合も多い。
　平安時代の10世紀に編纂された法律書である『延喜式』には、都から全国津々浦々に達する諸道の駅の名と各駅の馬の数が書かれていて、「近江国駅馬　勢多卅疋、岡田、甲賀各廿疋、篠原、清水、鳥籠、横川各十五疋（以下略）」とある。馬数の多い勢多駅が東海道と東山道とを兼ねる共通の駅、岡田駅から甲賀駅までの馬数二十疋の二駅が東海道の駅で、篠原駅から横川駅までの馬数十五疋の四駅が東山道の駅であった。
　古代の道路網を復原するには、この延喜式に書かれた駅を現在の地名と比較しながら、その位置を比定して、それをむすんでいく方法によって、近江

国の大体の駅路を復原することができる。

　それでは、彦根市内にあったはずの「鳥籠駅(とこのうまや)」はどこにあったのだろう。この鳥籠の地名は、壬申の乱の戦場となり、聖武天皇の行幸の地となり、『万葉集』にもうたわれ、以後『古今集』『新古今集』『続千載集』などおおくの古歌に詠まれて、近江でもっとも著名な歌枕のひとつとなった。とくに、『万葉集』の「淡海路(あふみじ)の鳥籠(とこ)の山なる不知哉川(いざやがわ)日のこのごろは恋ひつつもあらねば」(巻4―487)や「犬上の鳥籠(とこ)の山なる不知也川(いざやがわ)いさとを聞こせわが名告らすな」(巻11―2710)は、鳥籠山と芹川と考えられている不知也川とが、一緒に詠まれていて重要である。

　これほど著名な歌枕であるから、過去に地名考証を中心にして、おおくの研究がすすめられたが、まだ明らかにされていない。とうぜん『彦根市史』でも考証された。その中で、南北朝時代の文和3（1354）年に、二条良基が『小鳥の口ずさみ』の中で、「犬上床(とこ)の山不知哉川(いざやがわ)など云所(いふところ)は、痛く目に立つともなければ、いずくとも思いわかず」とあって、この頃、既にさじをなげているとした。600年前にわからなくなっていたものを、いまさら現在の地名などで、鳥籠の地名があっても、その後になって有名な地名をあらたにつくったとも考えられなくはない。地名考証だけでは限界といえるが、最近

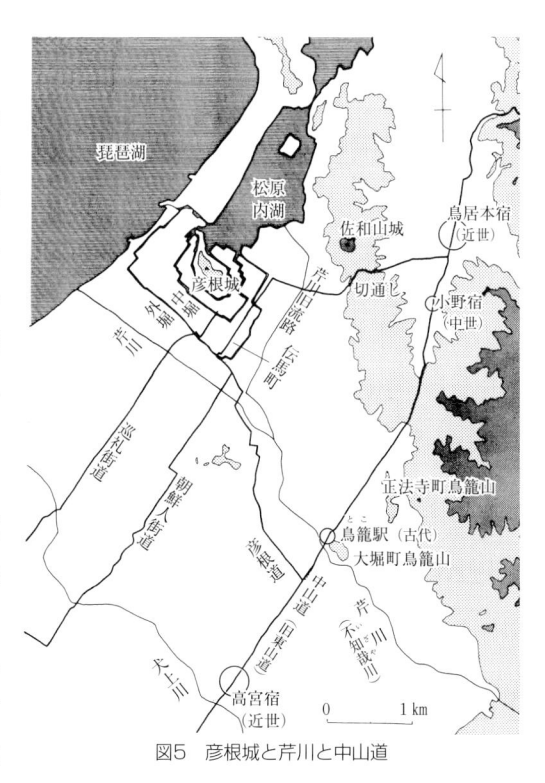

図5　彦根城と芹川と中山道

の考古学や歴史地理学の研究による駅家や古代道路の成果から、鳥籠駅の位置を考えてみたい。

　鳥籠駅と関係の深いと考えられる鳥籠山の有力な候補地は、大堀町と正法寺町の二ヶ所があり（図5）、それぞれに小字「鳥籠山」の地名がある。大堀町の鳥籠山（北半分は正法寺町）は大堀山ともよばれる東西320m、南北200mの独立丘陵で、標高155.5m、麓との比高差54mある。すぐ南に芹川が流れ、すぐ西に中山道（古代の東山道）がはしる。正法寺町の鳥籠山は、東西290m、南北210mの東から派生した丘陵の先端部で、標高163.6m、麓との比高差37mある。西500mに中山道がはしる。鳥籠山の上に鳥籠駅があったかどうかはわからないが、どちらも頂上には平坦地はほとんどなく、その余地はない。どちらもよくめだつ山であるが、大堀町の鳥籠山の方が独立丘陵であるだけ、どの方向からもよくみえる。とくに都の方からきて、めだつのは大堀町の鳥籠山である。街道との位置関係からも、鳥籠山とセットで歌枕となる「不知哉川」が芹川とすれば、大堀町の鳥籠山が古代の鳥籠山の可能性が高い。そうすれば、鳥籠駅は鳥籠山の南側の眺望の開けた場所で、芹川の渡河点付近に求めるのが妥当であろう（図5）。

　古代の鳥籠駅家は、律令体制の衰退とともに、駅制も衰退していった。寛仁4（1020）年に菅原孝標女が上総国（千葉県）から帰京したときの日記『更級日記』には、ふわの関―おきなが―犬上―神崎―野洲―くるもと―勢多の橋―粟津を経由したことが書かれており、すでに鳥籠駅は機能していなかったのか出てこない。古代の鳥籠駅に代わって中世に宿駅として機能するようになるのが、鳥籠駅の北3kmの小野駅（図5、現在の彦根市小野）であった。この小野の宿駅は、源義朝が平治の乱（1159年）で敗れて鏡宿から小野宿を経て、東国に落ち延びた（『平治物語』）とあるので、平安時代末から機能していたことがわかる。建治3（1277）年に京から鎌倉に訴訟のために下った、阿仏尼の『十六夜日記』では、逢坂の関―野路―しの原―守山―野洲川―小野の宿―醒井を経由して美濃国に向かっているなど、鎌倉時代には近江国内では古代の東山道を経由するルートが東海道となって、小野宿は繁

栄する。

　現在では、中世の小野宿を示すものは小野の地名以外に残っていないが、小野集落の南の街道脇に小さい祠に小野小町の墓と伝える古い石仏がまつられている。

　近世になると、古代の東山道であり中世の東海道でもあるこの街道は、中山道と名を改める。そして、小野は宿場とはならずに、南側に高宮宿、北側に鳥居本宿が新たにつくられる（図5）。高宮宿は多賀大社への分岐点の宿場として、鳥居本宿は彦根城下への分岐点の宿場として重要な宿場となる。中山道に面していた佐和山城が廃城となり、新たに佐和山の西側に彦根城が築城されたために、中山道を城下にまわして、伝馬町をもうけて中山道の支駅の役目を負わせることとなった。そのために、従来の小野宿では不便なために、北寄りに鳥居本宿がつくられたのであった。

佐和山城と中山道

　天下分け目の関ヶ原合戦（1600年）の西軍の総大将であった石田三成の居城として有名な佐和山城（写真16）は、JR彦根駅のすぐ北側の佐和山（標高233m）の頂上にあ

写真16　JR彦根駅からの佐和山城遠望

る。この佐和山は湖東と湖北を限って、霊仙山から琵琶湖にせりだした丘陵にあたり、佐和山の西側は松原内湖と琵琶湖、東側は中山道が南北に走る狭谷となり、さらに東側は霊仙山の山並みに続く。まさに、近江の南北を押さえるには、最重要拠点であった。そのために、中世に江北を掌握した佐々木京極氏と、江南を掌握した佐々木六角氏が、近江を二分して覇権を競った際に争奪戦を繰り返したのも、この佐和山城であった。

　佐和山城は、東側の中山道に城の正面である大手門をつくり、西側の松原内湖側に裏手である搦め手門をつくっていた。その城の範囲は、大きく三成

時代の佐和山城と、三成以前の佐和山城とにわけて考えることができるようである。三成時代の佐和山城は、瓦葺き建物があった郭と、大手側の土塁・堀と、搦め手側の土塁・堀とがそれに相当すると思われる。瓦葺き建物があった郭は、瓦の散布状況によって確認される。それによって、おおよその城域を想定することができる。この瓦の分布は、本丸、西の丸、大手門付近だけである。それ以外の周辺の二の丸、太鼓丸、法華丸などには、現状では瓦の散布はみられない。三成時代にはこれらの周辺にひろがる郭は使用していなかったとおもわれる。ただし、三成時代の城の範囲は、佐和山の東西の山裾までひろがり、それを堀と土塁で防御したのであろう。

　三成以前の佐和山城の範囲は、人工的に造成した曲輪(くるわ)の分布範囲でおおよその城域とすることができる。前述の瓦が散布する中心部の郭は後にも使われたが、三成以前にも城の中枢部であった。二の丸、太鼓丸、法華丸などの瓦の散布しない郭群は、三成以前に造成されていたが、三成以後には使われなかったと考えられる。城の範囲は従来考えられていたよりも狭く、三方にひろがる尾根を大きく切った切通の内側だけと考えられる。すなわち、西の丸北側の切通、二の丸東側切通、太鼓丸南側切通がそれである。従来三の丸、三の丸の東側の郭群、北方尾根上の郭群と想定されていたものは、人工的な郭とは考えられない。また、従来郭とされていなかった場所に多くの郭がみつかった。それは、本丸南西の斜面から、太鼓丸の西側斜面にかけての郭群である。下方にいけば、段々畑と区別がつかないものもあるが、搦め手道に沿って明らかに人工的な郭群がある。こうしてみると、戦国時代の佐和山城は、意外に小さく、守りやすい城であったといえる。

　佐和山の横断路としては、北側の龍潭寺越(りょうたんじ)と、南側の切通越（朝鮮人街道）がよく知られ、現在でも北側の龍潭寺越道は佐和山の散策コースになっている。近世にもよく使われた南側の切通越道は国道トンネルの上になっていて、現在ではまったく使われていない。近づくこともできにくい茨の道になっている。これらの道と佐和山城との関係はよくわからないが、切通越道は佐和山城の南限を示す切通であるから、道として日常的に使われていたとは思え

ない。伝承どおり、彦根藩が中山道を迂回させて城下を通らせるために整備した道と考えられる。そうすると、佐和山の横断路は北側の龍潭寺越道が使われていたのであろう。

　一方、登城路はどうであろうか。従来の縄張り図で太鼓丸の北側の土橋の両側に竪堀が描かれている部分は、じつは両側におりる道であったことがわかった。これは東側が大手道、西側が搦め手道になるものとおもわれる。そうすると、大手道は信長の安土城の大手道にきわめてよく似ていることがわかる。すなわち、大手門を入ってまっすぐに本丸を仰ぎながら直進し、本丸の直前で南から回り込みながら天守に向かう道となるのである。西側の搦め手道の両側には多くの郭がとりつくことは前述の通りである。この両側の道が、三成以前からあったのか、三成時代になってから造られたのかはよくわからない。

　近年の分布調査などによって、佐和山城の具体的な様相がかなり明確になってきた。それは、佐和山城の範囲を具体的にすることができたからである。すなわち、三成以前（瓦葺き建築出現以前）の城の範囲が、三方の尾根の切り通しの内側であったこと、三成時代（瓦葺き建築出現以後）の城の範囲が、本丸・西の丸を中心とし、大手側の土塁・堀と、搦め手側の土塁・堀とに囲まれる範囲であったと考えられた。いずれも、従来の想定よりかなり小規模な守りやすい城郭であったと考えられた。　　　　　　　　（高橋美久二）

Ⅳ-7　彦根城と城下町

芹川と彦根城下町

　彦根市の東方、鈴鹿山系の北端に位置する霊仙山（標高1084m）の山中に源を発した芹川は、カルスト地形の山中を蛇行しながら西に流れたあと、多

賀町八重練(やえねり)付近で平野に出てからもほぼ北西に向けて蛇行しながら、彦根市街地の南にいたると、ほぼ西北西に一直線に流れて琵琶湖にそそぐ。この一直線の芹川の両岸の堤防は約 2 km、堅固に護岸された堤防上には、太い幹の欅並木がつづく。とくに左岸堤防上は、車を通さない遊歩道となって、市民の散策路、憩いの場となっている。現在では、彦根の市街地は、この直線の芹川の堤防より南側にも広がり、ベルロード（巡礼街道）沿いは新しい彦根の市街地としてのにぎわいをみせている。このように、彦根の市街地が芹川より南に広がってきたのは、ごく近年のことであった。1955年代以前の地形図では、彦根の市街地はこの芹川筋より北側でおさまっていた。これは、彦根城下町が芹川筋を南限として、その北側に展開していたからであった。

　この不自然な一直線の芹川の流路は、実は彦根城下の最外郭の防衛線で、城下町計画の一環として人工的につくられた流路であった（図 6 参照）。慶長 5 (1600) 年の関ヶ原の合戦に勝利した徳川家康は、徳川四天王の一人井伊直政に、石田三成の居城佐和山城と近江北部の旧領を与え、京都と西国鎮

図6　彦根古絵図写し

護の要とした。井伊家2代目の直孝の代に、標高233mの佐和山は合戦には都合が良いが、藩政を行うには不便であるために、標高136mで、琵琶湖面からの比高51mの金亀山（彦根山）に居城を移すこととなった。彦根城は慶長8（1603）年に造営が開始され、城郭本体は中世的な山城の面影を残すが、城下町は典型的な近世城下町として企画された。

　彦根城下は、彦根山の頂上に造られた本丸天守閣を中心にして、内堀、中堀、外堀の三重の堀をめぐらして、4つの郭に分けられた。第1郭は、内堀の中で丘陵上の本丸、矢倉、多門などと、丘麓の表御殿、米蔵など、藩政の公式の場と藩主とその家族の邸宅など藩主の空間であった。第2郭は、内堀と中堀の間の地域で、内曲輪とか二の丸と称され、第1郭と同様に、堀と土塁・石垣によって厳重に囲まれ、他所の者が猥りに入ることは堅く禁じられていた。第2郭には、家老や千石以上の有力家臣の屋敷や藩主の別邸・庭園などがおかれた。第3郭は中堀と外堀の間の地域で、内町と呼ばれた。第3郭には、士分の屋敷や城下で宿駅の役目を果たす伝馬町など主要な町屋がおかれた。第4郭は外堀の外側で、外町と呼ばれた。下級武士や足軽の屋敷と、町屋がおかれた。彦根城下は、西側は琵琶湖、北側は松原内湖、東側は佐和山から南に延びる丘陵によって、三方が塞がれていて、南側だけが大きく開いている。この開いた外堀の南外側に、城下町の防衛線として築かれたのが、一直線の芹川の流路とその堤防であった。

彦根城築城以前の芹川

　彦根城が築城される以前には、芹川の本流は現在の流路とは大きく異なっていた。『彦根市史　上冊』（1960年）に引く「彦根古絵図」（掲載の図は1960年の写し）は、井伊家初代藩主直政に仕えた花居清心（金阿弥）原図と伝える、彦根城築城前の景観を描いたものである（図6）。

　この絵図が描かれた頃は、芹川の本流が彦根城の東側を北方に流れて松原内湖にそそいでいた。それを示すかのように、松原内湖の東南隅には芹川が内湖にそそいでできた三角州が描かれている。絵図の芹川の本流には「世理

川大橋」が描かれており、川の中に「御城下御普請ノ節コノ川ヲ付替ヘ給フ」の注記がある。今の芹川筋方向にも、細い分流が西に向かってやや蛇行しながら流れている様子が描きこまれている。このことから、彦根城下町の建設にあたり、かつての芹川の分流は外堀のさらに外側の堀の役目を果たす川として、幅広く直線的に改修されたということがわかる。また、芹川の本流の跡は、現在の彦根の町中に狭い溝状の川として残っている。かつての芹川の分流の跡も、現在の芹川の北側の外堀との間の町屋のなかに、城下町の町割りと異なった蛇行した道沿いの町割りや、芹川の南側の彦根ニュータウンの中の蛇行した川筋などに、その名残がよみとれる。

(高橋美久二)

IV-8 芹川と犬上川の扇状地

流域、河川、そして平野

　琵琶湖の湖岸平野は山地が産み、盆地（湖盆）が受けとめてできた地形である。流域山地の地形や地質が河川の性格を規定し、河川の性格が平野の性格を規定している。したがって、平野をみればそれを作った河川や上流の山地の特性を知ることができる。

対照的な二つの扇状地

　鈴鹿山脈の東西両山麓はわが国有数の扇状地地帯である。野洲川・愛知川など多数の河川群が鈴鹿山脈に発し、その西麓からさらに琵琶湖へと流下して、湖東平野を形成する。芹川と犬上川はこの北部を潤し、彦根南部の湖岸にそそぐ河川である。いずれも山麓に扇状地を形成している。しかし、隣接する二つの川のつくる扇状地はその規模だけでなく地形の性格も対照的で大

きく異なる。流域面積を比較すると、犬上川は芹川の約1.2倍にすぎないが、扇状地の規模は約3.7倍もある。

　犬上川扇状地の場合、谷口の開口角度はほぼ90度、等高線の配列は典型的な扇型で扇側の幅は約5 km、北部では芹川左岸にまで大きく張り出している。河道の転移も激しく、扇面上に谷口から放射状に数条の旧河道を残している。活発な堆積作用が継続していることが湖岸・河口部の押し出し地形からも読み取れる。現河道に向かって地盤高は高くなっており、下流部の地下に広がる厚い砂礫層が豊かな帯水層を形成している。

　一方、芹川扇状地の谷口は幅約1.5kmの箱型をしており、現河道に向かって地盤高が低くなっている。全体として、堆積作用が不活発で、大堀山付近以東の扇状地面は侵食過程に入っている。犬上川と比較して芹川では河道の転移がほとんど見られない。ただし、最下流部の河道は人工的な付け替えによるものである。

　扇頂から扇央付近の等高線は犬上川扇状地のように下流側へ張り出すことがなく逆に上流側に向かって食い込んでおり、国土地理院発行の土地条件図（2.5万分の1）を見ると扇頂付近は全体が「氾濫原・谷底平野」と区分されている。この分類が正しいとすると、本扇状地の地形配列は通例をみない異常なものといえる。筆者の現地調査では現河道は扇面を5 m前後下刻し、段丘化しており、「開析扇状地面」とみるべき地形であった。

　谷口の八重練から栗栖付近では河床に基盤岩が露出し、5 cm以下の細粒な砂礫が流下しており、大きな礫がほとんど見当たらない。重要なことは、芹川の谷口に粗い大量の礫が出て来ていないこという事実である。ボーリングデータを検討しても、下流低地の地下浅層部にはシルトや粘土・泥炭質の細粒堆積物が卓越し、粗粒なものが少なく、扇状地層の特色が不明瞭である。こうした芹川扇状地の特異な性格が生じた原因として、①流量が少ない、②地盤の沈降運動、③流域規模が小さい、などの理由が挙げられている。だが、犬上川流域と比較して芹川の流量がとりわけ少ないという事実は認められない。また、犬上川の南側を流れる宇曽川は、流域の規模や流量がはるかに小

さいにもかかわらず河川の規模に応じた扇状地が山麓に形成されている。これらの事実から、芹川扇状地は特殊である。

この地区で、南が隆起し、北が沈降する様式の地盤運動が支配していることは確かである。そして、芹川の谷口付近から北方の彦根東部にかけての山麓の地形は埋積性の特徴を示している。しかし、山麓部の沈降はむしろ厚い扇状地砂礫層の発達を促すはずであり、先述の事実といずれも矛盾する。この問題に関して、筆者はかって『滋賀県自然誌』のなかで、④上流山地の地質―石灰岩の溶食作用―と関係する、という可能性を指摘した。

石灰岩礫の不連続的分解

こうした疑問を持ちながら芹川を遡ってみた。芹川上流山地はほとんど石灰岩地帯であり、霊仙山や高室山などの山頂部にはドリーネ群やカレンフェルトが卓越し、河内の風穴などとともに「近江カルスト」として周知のスポットである。

石灰岩特有のなだらかな山頂部の景観とは裏腹にそこを刻む河谷は険しく、「土地分類図」によると傾斜30度以上が流域面積の約50%を占めている。なかでも主谷である権現谷のV字谷はみごとであり、比高500mを越える両岸の谷壁は崩壊が頻発し、落石のため谷沿いの林道は常時危険に晒されている。廊下のような谷底は巨大な石灰岩の岩塊の押し出しで埋め尽くされている（写真17）。

権現谷を歩いて見た限りでは芹川源流は典型的な「荒廃河川」の様相を呈している。しかし、そこからわずか2km下流の甲頭倉との別れ付近の河床（標高200m）では巨礫が無くなり、5cm以下の細粒な礫へ急激に変化している（写真18）。数10cmから数

写真17　権現谷のV字谷

m、時には10mをこえる巨大な岩塊群はいったいどこに消えたのか。

　芹川上流部で膨大な砂礫が生産されている。にもかかわらず、谷口まで巨礫が押し出されていない。なぜであろうか。その理由は石灰岩の河床礫の不連続的な分解に求める

写真18　甲頭倉別れ付近の河床

しかあるまい。下流の扇状地形成の特異性も、このことと緊密に関連していると考えられる。林道沿いの河床や谷壁斜面の巨礫などの表面に、コケが繁茂したり溶食作用が進行したりしているのが各所で観察された。

大滝水管橋（川相）下の河相

　比較してみるため、次に犬上川を遡ってみた。谷口の楢崎付近から河岸段丘面上の舗装道を3kmほど上流へ行くと川相に着く。ここは東側の石灰岩地帯から流下する北谷と南側の湖東流紋岩および中・古生層砕屑岩類地帯から流下する南谷の合流地点である。

　南谷側に架設された「大滝水管橋」の橋桁ごしに下流の合流点を望む時、驚嘆の声を発せずにおれない。南谷から押し出された巨大な礫の山があたかも北谷の河流を塞止めているように見える（写真19）。上流部に犬上ダムが建設されているのにもかかわらず南谷の河床は粒径数10cmの湖東流紋岩礫が河原一面を覆い、礫に突き当たった河水がワラワラと音を立てて流れ下ってい

写真19　南谷川（右手）と北谷川が合流する川相

写真20　大滝水管橋越しに見た川相の合流点

る。一方、北谷の河床は芹川と同様に5cm以下の淘汰の良い細かい砂礫しか見当たらず、静穏な河相を呈し、中洲の間を清流が下っている（写真20）。このスポットは下流の扇状地の形成やその特性を考える重要な鍵を提供している。すなわち、犬上川扇状地を構成する砂礫層の主体は南谷からもたらされた湖東流紋岩礫であり、北谷からもたらされた石灰岩礫ではない。石灰岩地帯から流れ出る河川は粗粒な砂礫を下流まで運搬することがなく、扇状地を形成しにくいと考えられる。

　河川水の電気伝導度の調査結果によると、県下27河川の平均値が124μS/cm（124×10^{-6} mho/cm）であるのに対して、芹川は最高値である234μS/cmを示し、これはカルシウムイオンが多いことの反映である。このことは上流の山間地のみならず河床や低地地下においても石灰岩の溶食作用が進行していることの傍証でもある。

流域管理の基礎情報

　「川を治めんとするなら（治水）、まず山を治めよ（治山）」という伝統的な思想がわが国にはあった。流域を単位として、開発や保全、防災を総合的に考えることの重要性は昔も今も変わらない。

　芹川でもダム建設計画が浮上している。いったい、芹川やその流域の自然に関してどれほどのことを知り得ているのであろうか。

　本稿では、「流域管理」の基礎情報はさまざまな視点から獲得され得るものである、ということを二つの扇状地の比較から明らかにした。

（大橋　健）

Ⅳ-9 犬上川流域の土地利用

　河川延長27.3kmの犬上川は源を鈴鹿山中の鞍掛峠と角井峠に発し、湖東平野を潤して彦根市中央部で琵琶湖にそそぐ。犬上川は、流域面積が105.3km²と比較的狭いうえ、水源の鈴鹿山系が保水力の乏しい石灰岩質であるために、流量の変動が大きい。このため、降れば洪水、照れば旱ばつになりやすい。それゆえ、この地域では古くから用水需給が逼迫して、水利紛争が日常茶飯事だった[11]。

写真21　金屋頭首工と「一の井幹線水路」（1996年撮影）

　最後の大規模な水利紛争は、甲良町金屋の旧「一の井堰」の漏水防止工事をめぐり、1932年に下流の「二の井堰」との間で勃発した。この紛争をきっかけに、1934年から農業水利改良事業が始まった。犬上ダムによる流量の安定化と金屋頭首工（写真21）による取水・分水機能の強化が計られたのである。犬上ダムの竣工は戦後の1946年まで待たねばならなかったが、これによってさしもの水利紛争の歴史も終止符を打つことになったのである。

　この水利の安定化が、戦後の農業発展に貢献したことはいうまでもないが、その基礎には先人の営みがあったことを強調しておきたい。例えば、地域の青年たちは自ら汗を流して水路に石を積み、水路網を整えた。しかし、そうした先人の営為の蓄積は、最近の急激な社会変動によって消滅しかねない事態に直面している。今のところ、犬上川流域では農業的土地利用が卓越しているとはいえ、その利用は確実に後退している（図7）。耕作放棄や都市化圧力が、その理由である。

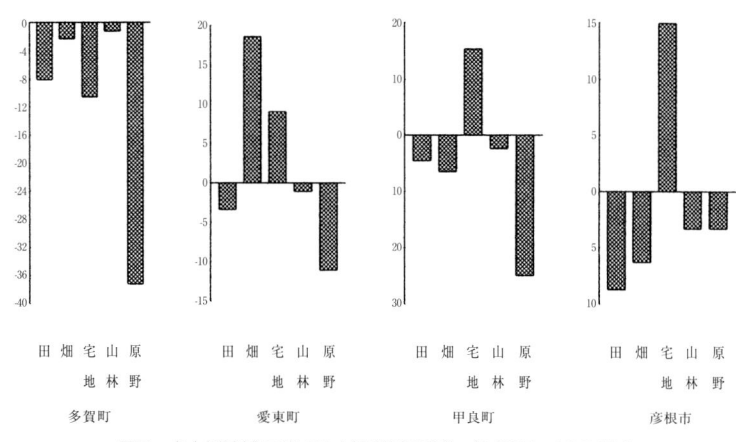

図7 犬上川流域における土地利用の変化（1987-1994年）
出所：『滋賀県統計書』各年次
注：この図は便宜上、犬上川流域の1市3町の土地利用を示す．
したがって、宇曽川流域および愛知川の流域も一部含んでいる．

 とりわけ、彦根市でその傾向が強い。1970年代に電気製品、健康器具、精密機器、アルミ製品、タイヤ製品などの企業が進出し、一方で商業機能の充実のために市街地再開発事業や特定商業集積整備事業などが行われているためである。こうした都市的土地利用の拡大は、工業の年間出荷額が5千億円に近づくというように、地域経済の拡大に貢献したが、その一方で無秩序な土地利用を周辺に及ぼしはじめていることも事実である。
 それゆえ、新しい土地利用のあり方が求められてくる。そのひとつの現れが、甲良町における「せせらぎの里」を目指す景観創造への取組みである[12]。そのきっかけは、農業基盤整備事業である。1981年、農業生産のコストダウンのために圃場整備事業が始まり、さらに1983年には用水路のパイプライン化が決まった。それは集落内の水路さえもすべて管路にする計画だった。つまり、農村から「水が消える」内容だったのである。これに対して、住民から見直しの声が起こり、全国的にも珍しい灌漑排水事業の「環境アセスメント」が行われ、それが1985年の「町農村景観形成構想」に結実した。
 この構想は、農水省の水環境関係補助事業の新設をきっかけに、本格的な実現に向かい始める。1989年度には、パイプラインの分水工地点に農村親水

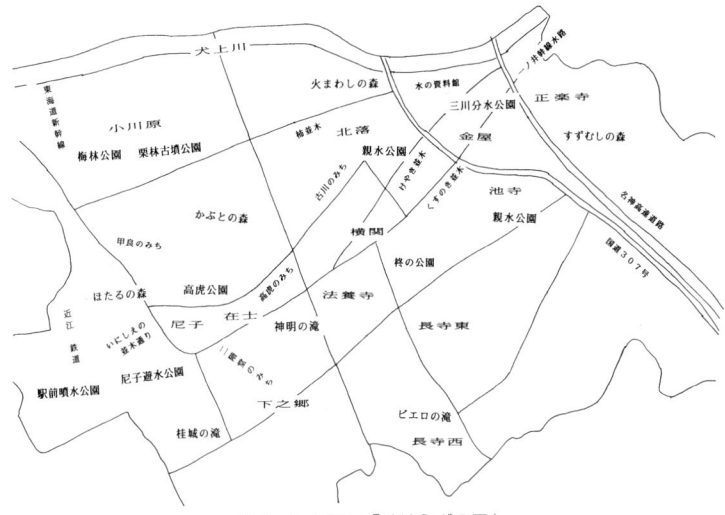

図8　甲良町の「せせらぎの里」
出所：甲良町リーフレット

公園を14ヶ所、集落内水路を7路線整備する計画ができた。圃場部分はパイプライン、集落内は開水路として、少なくとも日常生活空間ではうるおいのある景観が維持・創造されることになった。さらに、圃場整備区域内の林を「虫たちの森」として3ヶ所保存したり、「ふるさとの道」を6路線整備したりしている（図8、写真22）。

写真22　分水公園の一例（下之郷）（1996年撮影）

　「せせらぎの里」の意義は景観形成にとどまらない。そこでは、企画段階から住民が参加し、住民のアイデアを反映させ、住民自ら汗と資材を提供し、完成した親水公園や水路を手入れしている。従来の都市公園のように、行政が主導して事業を実施し、維持管理も責任を持つという仕組みとは一味違っている。甲良町の「せせらぎの里」は与えられたものではなく、先人の蓄積

の上に自分たちが磨き上げた地元の財産である。だからこそ、そこに発見と創造による「共楽」の世界が開けるのである。このような景観形成とそのための社会システムの組み替えは、生産の効率化と生活の快適化の結合や、住民全員の参画といった点において、今後の新しい土地利用の在り方を示唆している。

(池上甲一)

Ⅳ-10 甲良町の水利用とグランドワーク

犬上川の水利用

　犬上川流域の開発は古い。甲良町では、1981年に始まる圃場整備事業以前には条里制が残存していた。開発の古さは、水利コントロールの相対的容易さによると考えられる。しかし、そのことは同時に流水量の少なさをも意味する。かつて甲良町は「川原の荘」と呼びならわされた。水田の水もちが非常に悪かったからである。だから、水田開発が進むと、たちまち地区間の水利紛争が発生する。犬上川の歴史は延宝4 (1676) 年から1932年に至るまで、大小多くの水利紛争に彩られている。

　犬上川には、上流から順に一の井、二の井、三の井、四の井の井堰が設けられていたが（図9）、中心は一の井と二の井だった。一の井は甲良町、豊郷町、彦根市の一部を併せて約1000町歩を、二の井は対岸の多賀町敏満寺、大尼子、猿木地区の約130町歩を潤した。二の井は一の井の漏れ水を利用し、一の井は漏水がゼロになるようなことはしないというのが、長年の紛争で培われた原則である。ところが、いったん渇水年になるとそれどころではない。一の井は下流に水を流したくないし、二の井はどんなことをしてでも水を入手しようとする。そこで、時に武力衝突が起こることになる。

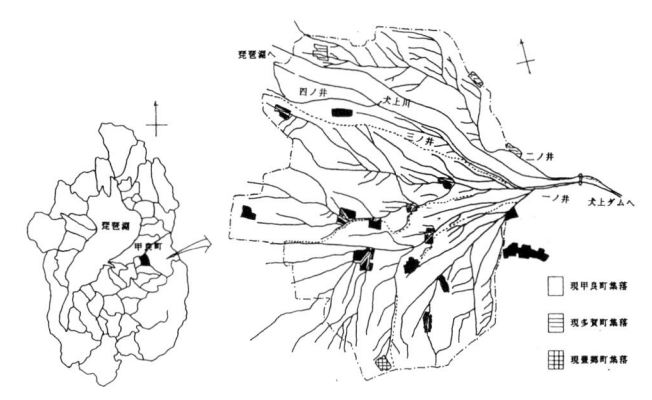

図9　甲良町の位置と灌漑排水事業前の水路網

　最後の大きな水利紛争は1932年のことだった。このときは警官隊数百名出動というほどの大きな騒動となった。この水利紛争は二つの点で大きな意味をもった。

　ひとつは犬上ダムの建設と合同井堰（一の井と二の井の合口）の実現である。犬上ダムの竣工は戦後の1946年まで待たなければならなかったが、合同井堰は1934年にコンクリート製の恒久的施設として築造された。ほかの水利紛争頻発地域でもよく見られることだが、井堰がひとつになると、どんなに激しかった紛争もたちまち終わる。

　しかし、紛争の記憶が消えてしまう訳ではない。甲良町の住民のなかには、いまも水にこだわる鮮烈な記憶が残っている。また地元青年団が、合同井堰の建設にともなう幹線水路（写真23）の建設に汗を流したことも、自ら水を守ってきたという意識の醸成に一役買っている。言わば「地域に内在された記憶」として、住民の中に身体化されている。これがもうひとつの意味である。その含意は、ほとんどの地域住民が

写真23　一の井幹線水路

少なくとも親や年配者の語りによって、あたかも実際に参加したかのように、水の重要性を肌で感じ得るということである。そして、この「地域に内在された記憶」が甲良町のグランドワークにとって非常に重要な役割を果たしているように思われる。

そのような記憶は、甲良町の農業水利がもつ3つの特徴によって強化されてきた。まず、用水配分は「割取」で行われ、渇水時にはとくにそこを舞台に「合子(ごうし)」ばかりによる番水がしかれた。それは、水の貴重さを骨身にしみ込ませたに違いない。第2に、農業用水は集落内の水路を巡り、日常の生活用水としてあるいは「環境形成用水」として機能していた。家々はその水路に井戸（洗い場）を設けたり、時には水路から庭先に水を引き込んだりもした（写真24）。現在でも、農業用水＝生活用水＝環境用水という一体的な利用が続けられている。第3に、その法制度的根拠として慣行水利権が合同井堰や犬上ダムの築造後も確保されている。許可水利権であれば取水時期が限定されるが、慣行水利権だと年間を通じて取水できるために、灌漑時期が終わっても、生活用水・環境用水としての利用が可能なのである。そのことは、水にかかわる生活文化がいまも残る根拠となっている。

写真24　屋敷内に水路の水をめぐらす

これら3つの特徴は、甲良町で展開している「水を生かしたまちづくり」と「まちづくりは人づくり」という地域形成運動の主な柱をなしていると言うことができる。

甲良町のグランドワーク

1983年に滋賀県は甲良町の灌漑排水事業計画を公表した。その主眼は、圃

場整備（1981年採択）にあわせて既存の開水路をパイプライン化し、水路網を根本的に再編することだった。この計画が実施されれば、集落内水路には家庭排水だけが流れ込むことになる。そのことは集落の環境悪化をもたらすだけでなく、連綿と続いてきた水の文化を失うことをも意味する。

このため、住民の中から計画の見直しを求める声があがった。そこで滋賀県は「犬上地区灌漑排水事業環境検討委員会」を設置し、同計画が集落環境や生態系に与える影響を評価することにした。その結果を受けて、灌漑排水計画は、①集落内の水路については地域用水の役割を守るために開路のまま残す（写真25）、②分水工地点に親水性の公園を設置することになった。特筆すべきは、農業水利に景観形成や地域用水の視点を持ち込んだことである。

写真25　割取（分水装置）の現代的再生

景観形成の動きは、1989年から「花いっぱい運動」や「集落の顔づくり事業」といった形で始まった集落単位の事業によって活発化する。折しも水環境整備事業などの国の補助事業も始まり、併せて町の単独事業も仕組まれていく。また、90年策定の町総合計画にも景観形成が盛り込まれた。

しかし制度をいくら整えても、それだけで暮らしに根ざす景観形成が実現できるわけではない。実現のためには、それぞれの集落にふさわしいような計画を自分たちで立てなければならない。そこで、13集落全てに村づくり委員会が設置された。その組織構成は集落ごとに異なるが、いずれも景観形成を含むまちづくり運動の中心的担い手であり、住民参加の内実をなしている。そうした村づくり委員会の成果は、「せせらぎ遊園のまちづくり」として結実した（図10）。

村づくり委員会は、集落の点検調査から維持管理にいたる一連の過程に関

与する。この過程で大切なことは、学習活動が並行的に行われていることである。それは大略以下のようである。第1に伝統的な水文化や子供のころの思い出を掘り起こす。第2に町行政、土地改良区、専門家からの情報と助言を受ける、第3に、日本グランドワーク協会のような機関や大学などと交流する。第4に、「せせらぎ夢現塾」で定期的な学習を行う。

　この学習活動は専門的な知識の習得ももちろんであるが、それよりも地域環境認識の共有を促していることに意義がある。それなしに、持続的な住民参加は期待しにくい。というのは、親水公園にしても水路にしても、日常的な維持管理が必要だからである。一般に、お仕着せで作られた施設であれば自分たちのものとして認識しにくい。そうでなく、甲良町のように自分たちで立案・設計し、補助事業以外のところにも自己の資材と汗による手作りの事業を追加するのであれば、できたものは「自分たちで作り上げたコモンズ」として理解される。しかも、それは地域環境とコミュニティに対する想いを強化する。

　こうして、子供の提案をヒントにした親水公園を作ったり、畦畔木を街路樹として植え替えたり、あるいはホタルを呼び戻そうといった具合に、暮ら

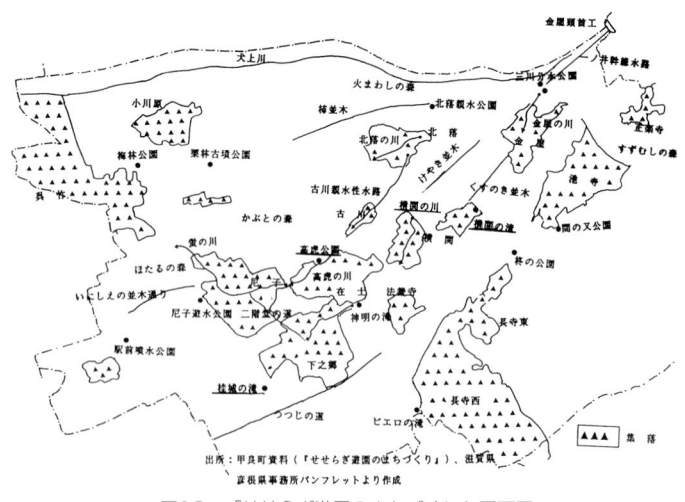

図10　「せせらぎ遊園のまちづくり」平面図

しの空間が整えられていく。鯉を放すところもあれば、昆虫が生息できるようにあまり手を入れない親水公園もある。水路には沢蟹が戻り、水棲動物も多様化しつつある。そうなると、子供たちの環境学習の舞台にもなる（写真26）。

以上のように、甲良町のまちづくりは景観形成（器作り）と学習運動（人づくり）との2本柱からなっている。このことが、単なる景観の整備や行政のみの事業に終わりがちな親水事業の限界を超え、「せせらぎ遊園のまちづくり」を住民の側にとどめる条件となっている。言い換えれば、それは住民と行政とのパートナーシップを基本に据え、そこに専門家・関連機関の知恵や協力を集めていくというネットワーク型のグランドワークであるといえる。

写真26　集落内水路は格好の環境学習の場

（池上甲一）

IV-11 彦根の給水系

城下町・彦根

慶長8（1602）年、井伊直勝により、佐和山から彦根山（金亀山）への城の移築が決められ、翌年から元和8（1622）年にかけて築城と城下町の建設が進められた。花居清心原図とつたえる「彦根古絵図（図6）」によると、築城前は数ヶ村と田畑、薮地などがある。芹川は築城時に付け替えられており、城東を松原内湖に流入していた旧芹川の下流部付近には盲亀ケ淵、犀ケ淵など湧水の顕著な湿地があり、図中に「サイガフチ　此淵は今にては長光

寺裏手の堀となりし所なり。石田家の時は十三郷の湯水の元にてありし由。水上はねざめの沢より抜水の由、いか程かんばつにても此水絶ゆることなし」と記されている。

彦根には城郭内と下瓦焼町に別系統の給水施設があったことが『彦根市史』[13]に記されている。前者は為政者が建設・管理したもので、後者は民営である。筆者は土木史の視点から研究した[14]。

城郭内への給水系

城郭内への給水系については文化元（1804）年の絵図が残されている（図11）。竹樋筋、石樋筋および新樋筋の3系統が描かれており、竹樋筋は元桝から分岐なしで表御殿へ至る。石樋筋は竹樋筋の第一の桝で分岐し、竹樋筋と同じ経路を辿って裏門手前で表御殿と槻御殿方向とにわかれる。途中には武家屋敷、町家への配水支線、給水樋、溜桝らしきものがみえる。新樋筋は竹樋筋、石樋筋とは独立の元桝をもち、竹樋筋、石樋筋とは異なる経路を通り表御殿に至る。表御殿では泉水に給水した後、内堀へ排水する。

この絵図は文化元年に新樋が完成時に作製されたといえよう。竹樋筋、石樋筋はそれ以前ということになり、石樋筋は竹樋筋の途中から分岐しているので、竹樋筋が最初のもので、石樋筋は樋管を石製に改修したか、増設されたと考えられる。

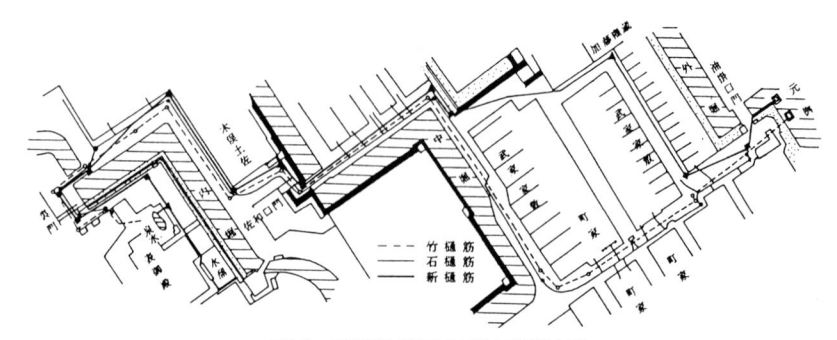

図11　彦根の城郭内の文化元年給水系
「油掛口御門御外堀元桝より御本奥泉水まで御樋筋絵図」（彦根市立図書館蔵）より作製

表・槻御殿の水利用は泉水が主である。槻御殿・玄宮園の泉水は湖水利用との説もあるが、誤りであろう。絵図には泉水まで樋管が延びている[15] (図12)。石樋筋がどの程度の規模で武家屋敷・町屋に給水していたか不明であるが、おそらく生活用水と防火用水に使われたであろうから、表・槻御殿とは水利用形態が異なるといえる。

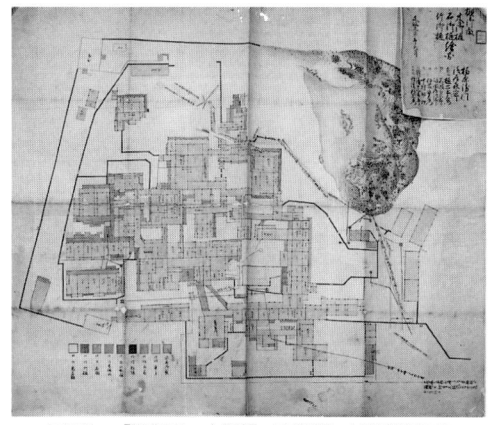

図12 「槻御殿　木御樋、石御樋、竹御樋絵図」
（文政元（1818）年、彦根市立図書館蔵）

元桝は油掛御門の外堀に設置されているが、外堀の水を流したのではない。外堀の底をさらに掘り下げて圧力の高い湧水を導いたようである。

下瓦焼町の給水系

下瓦焼町の給水系は宝暦5（1755）年に建設された。安養寺仲町の地下湧水を元井戸4ヶ所で取水し、約800mの竹樋で配水するものである。建設の願書に、「樋筋を掘樋ニ而水流申度奉願候、尤町御奉行様江も御願申上候処、用水無之候而者出火之節別而難儀可仕候間、御普請奉行様江御願申上候様ニ被仰付候間、願之通何卒御赦免被下置候様」とあり、建設の契機が出火対策であったことをうかがわせる。

その管理・運営は定書に基づいて行われた。水を汚さない、泉水用水にしない、世話人を決め見回りをする、改修修理のための積み立て、負担額については水商売（水を多量に使うという意味であろう）をする者からは相応の負担を実地検分して決め、定に従わない者からは過料を取るなど、厳しくも合理的な管理運営が行われている。

この給水系は昭和30年代には存続しており、同じ頃、類似の施設が彦根で

多数分布していた[15](図13)。為政者が管理運営した城郭内給水系はいつの頃か消滅し、その配水を受けていたであろう武家屋敷・町屋では、地域住民によって小規模な給水系が建設されたようにもみえる。

（神吉和夫）

図13　親井戸よりくる溜井戸数の分布
彦根市衛生課（1957）彦根市の上水道より作製

IV-12　湖東三川流域の工業立地

　湖東三川地域は、城下町である彦根を中心として古くから栄え、現在、県を代表するいくつかの工業の産地となっている。特に、仏壇・バルブ・ファンデーション業は、「彦根」という地の利を生かし、独特の発展を遂げている。また、同地域では、大規模な工場を誘致し、新しい工業の進出を積極的に受け入れている。

最大規模を誇るバルブ業

　彦根市を中心とするバルブ業では、主に水道用、産業用、船舶用を製造しており、その起源は、1887年に仏壇の錺金具師門野畠吉による創業にまでさかのぼる。
　当業は、仏壇の金属細工の技術をもとに「七曲り」地区で展開された後、

東海道本線や近江鉄道の開設や国道の整備により、駅周辺かつ国道に近い城南地域で発展していった。

第一次・第二次大戦を経て、バルブ業界における生産流通体系は大きく変化した。戦時下での企業整備による問屋支配の崩壊は、直接取り引きによる企業間格差を増大させ、生産の合理化のための下請生産体制へと移行させたのである。

生産額は、1970年代半ばまで着実に伸びつづけ、290億円を記録するが、その後造船業界の不況のため、船舶用弁の受注が減少し、大幅にダウンを続けた。ところが、生産の中心が船舶用弁から水道用弁に移行するなかで、生産額は徐々に増えていった。1996、1997年には過去最高の生産額を更新した（図14）。

しかし現在、同業は海外生産委託による輸入品の増加などの影響を受け、次第にシェアダウンしている状況にある。そのため、1997年時点で3社が生き残りをかけ、海外生産に乗り出している。

伝統ある仏壇業

彦根仏壇の起源は、江戸時代中期とされており、武具・武器の製作にたずさわっていた塗師、指物師、錺金具師などが仏壇製造に転向したのが始まりといわれている。彦根藩主の庇護のもとに、職人たちは問屋制家内工業の形態とこれにともなう分業組織を完成させた。そして、彦根の城下町と中山道

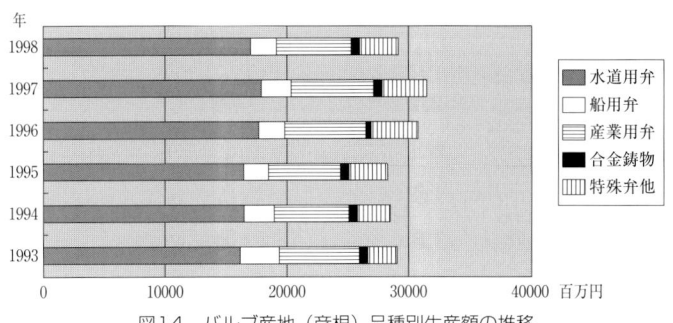

図14 バルブ産地（彦根）品種別生産額の推移

とを結ぶ重要点である「七曲り」で発展の基礎が整備された。その後、明治維新を契機に仏壇需要が増大し、仏壇や武具の職人による同地区への移住が集中するが、度重なる芹川の氾濫により同地区への集中はおさまりをみせる。

　戦時下において同業は一時停滞するが、第２次大戦後は戦没者のための仏壇需要を機に復興していく。その後、七曲り地区で盛んであった仏壇業も仏壇需要の変化のなかで移転するケースが増えていった。中級品の彦根仏壇は、高級品である京仏壇とプラスチックやカシュー塗料を用いた徳島・静岡の間にあったために、京仏壇を補完する伝統仏壇としての地位を強化する一方、量産仏壇製造に対抗しなければならなかった。そのため、量産壇を製造する企業は、七職と呼ばれる職人により分業されている七曲り地区ではなく、大規模の工場を郊外へ移転をはかる必要があったのである。

　現在、仏壇業は、他産地や海外の低価格商品との競争激化のため、大型高級仏壇の売り上げが伸びず厳しい状況が続いている。1998年の生産額は、前年比４％減少の48億円であった（図15）。しかし、狭いスペースで仏具などが収納できる「合収壇」や年忌などに使う「荘厳壇」といった新製品の開発で巻き返しをねらっている。

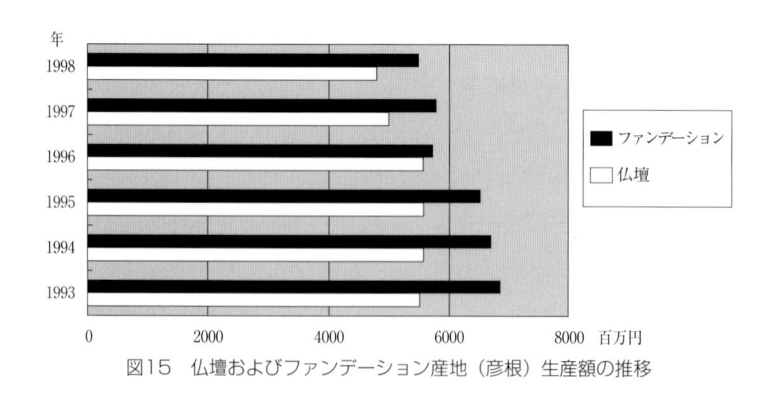

図15　仏壇およびファンデーション産地（彦根）生産額の推移

家内工業的なファンデーション業

　足袋産地として有名だった彦根に、大手下着メーカーの協力工場として、ブラジャーを生産する企業が設立されたのがファンデーション業の始まりといわれる。これは後三条周辺で始まり彦根全域に広がっていった。

　工場の市外への分散は、1960年代に入り、同市のファンデーション業界に影響を与えていたワコールの京都工場の設立を機に広がりをみせている。主な理由としては、土地に余裕のある郊外に大規模工場を求めたことや他種業の大型企業の進出によって発生した若年女子労働力の不足が挙げられる。

　工場の分散は、1970年以降、県外だけでなく国外へと拡大していき、同市のファンデーション業は生産拠点としてではなく、企画・管理部門としての働きが強くなっていった。

　最近のファンデーション業は、受注生産だけでなく企画・生産も行っているが、安い海外の商品の輸入による影響だけでなく、消費の低迷も相重なって苦しい状況にある。1998年の生産額は、55億円と前年比5.1%の減少となっている。

優良企業の立地

　同地域を代表する地場産業以外にも、立地条件の良さから多くの企業が進出してきた。名神高速道路建設を機に1961年に新神戸電気、松下電工、1962年に大日本スクリーンが彦根市内に工場を立地した。その後も、東名高速道路の建設、東名・名神の全線開通の周辺整備が進むなかでブリヂストンタイヤ、昭和アルミニウム工業がそれぞれ1966、1970年に進出してきた。

　多賀町は、工業団地造成の承認を受けるなどして企業誘致をすすめ、キリンビール（1974年操業開始）などの誘致に成功した。

　現在、経済不況の波は、同地域にも確実に押し寄せている。多賀町の「びわ湖東部中核工業団地」は、1996年に行われた分譲が1社も決まらなかった。1997年には住友大阪セメント彦根工場が閉鎖されたが、その背景には「設備

の老朽化や生産コストの相対的高さ」があった。2000年4月にフジテック㈱滋賀製作所の操業が開始されたものの、同地域の置かれる状況は依然として厳しい。

（真鍋保史）

Ⅳ-13 濁水に悩む宇曽川

　宇曽川（本流）は鈴鹿山系の山裾に源を発し、秦荘町、湖東町、愛知川町、豊郷町、彦根市の水田地帯を経て、彦根市須越町と三津屋町の境界あたりで琵琶湖に流れ込む中規模河川である。宇曽川は、東海道新幹線と交差するあたりで岩倉川や豊郷川と合流するまでにも、多数の小河川と合流する。排水が宇曽川へと流入する水田の総面積は4650haといわれ、秦荘町、湖東町のほぼ全域、愛知川町の東部、豊郷町の東部、それに愛東町、甲良町の一部に渡る。この集水域に大きな市街地はなく、山林の占める割合もさほど大きくない。水田からの排水流入がきわめて大きな割合を占める河川である（図16）。

ゴールデンウィークの風物詩─濁水

　5月のゴールデンウィークが近づくと、琵琶湖の東岸域では、中小河川からの濁水流入がめだつようになる。周辺の水田で一斉に田植えが始まり、代かきの際に発生する濁水が河川に排出されるからである。雨も降っていないのに紺碧の琵琶湖に薄茶色の濁水が流入し、それが河口を中心に半円形に広がる光景は、この時期に湖周道路を走るとイヤでも目に入り、異様にさえ感じられる。

　東岸域の河川の中でも、宇曽川はこの時期の濁水がもっとも甚だしい河川の一つである。先に述べたように、全流量に占める水田排水量の割合が高い

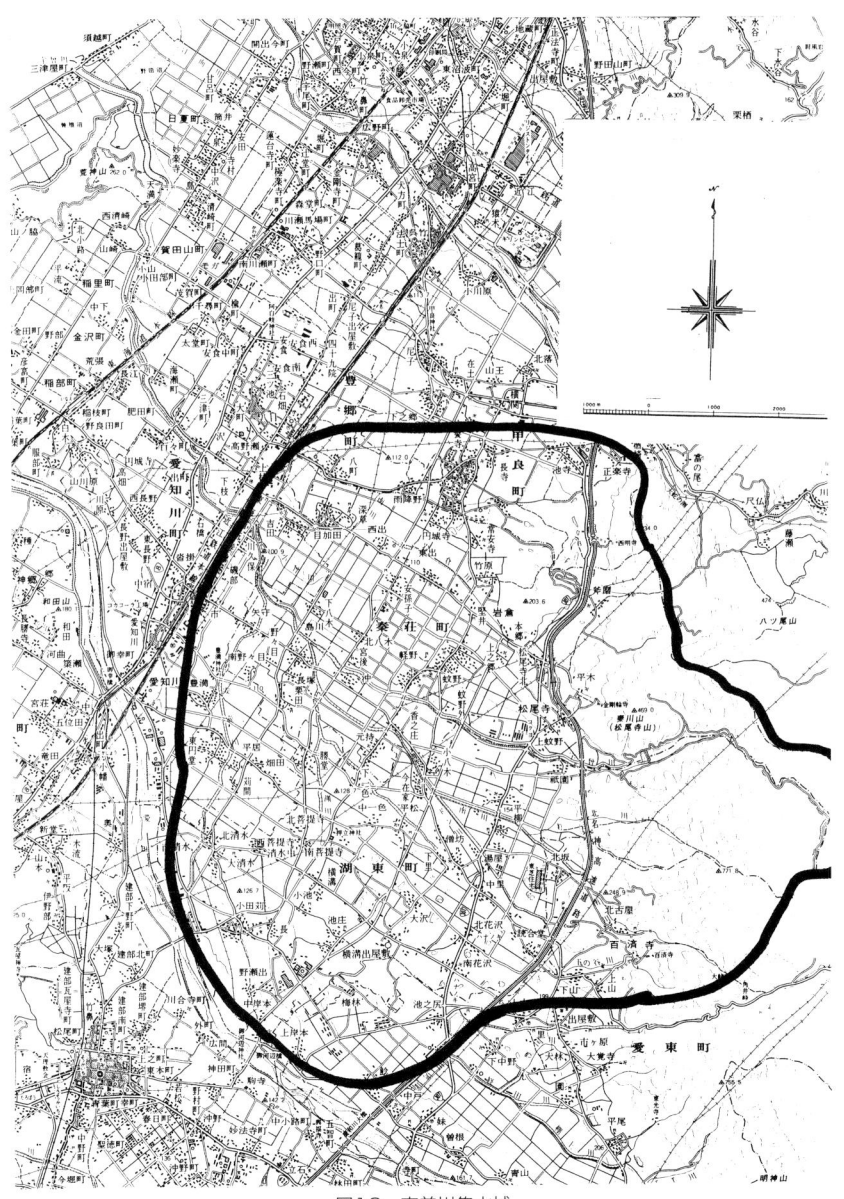

図16　宇曽川集水域

のに加え、水田土壌がきわめて粒子の小さい粘土から成るという、この地域固有の事情がある。このため、いったん生じた濁りがなかなか澄まない。

宇曽川の環境基準（B類型）ではSS（懸濁物質）の濃度は25mg／ℓ以下となっているが、実状は年平均で6～7mg／ℓであるので基準をはるかに下回っている。しかし、4～5月の月平均は25mg／ℓ前後となり、ピーク時には200mg／ℓ近くに達するのが常態である（図17）。

濁水は、河口付近で営まれる漁業に顕著な被害をもたらす。最近は本流でのヤナ漁こそ行われなくなったが、沖合500～1000mではエリによるアユ漁が行われる。このエリの網に濁水中の粘土が付着し、網が「毛布のように」なる。この泥（粘土）を落とすため、1～2日おきに網を取り替えて洗浄しなければならない。水の通りが悪くなるため、湖流の勢いで網が倒れてしまうこともある。

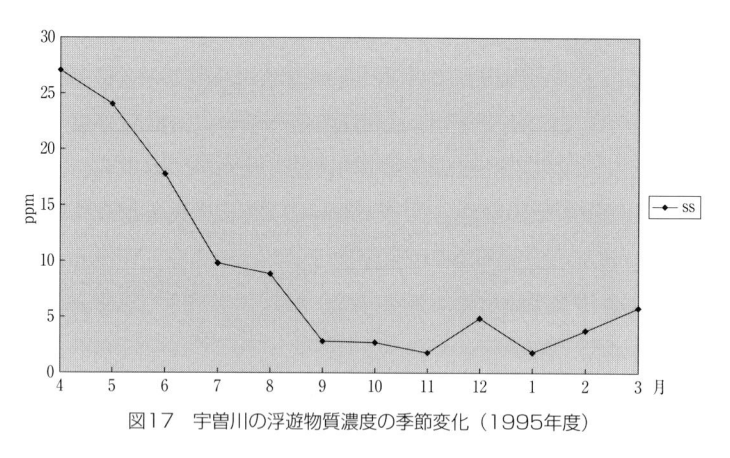

図17　宇曽川の浮遊物質濃度の季節変化（1995年度）

濁水の原因

濁水の原因が水田農業にあることは明らかである。しかし、稲作はずっと昔から行われていたが、濁水が昔から問題になっていたようではない。よって水田農業が濁水問題を引き起こすようになった、より限定された原因があるはずである。

漁業関係者によると、濁水がめだつようになったのは、下流から始まった水田の圃場整備が中流域に達し始めた頃からだという。県営圃場整備事業は、「湖東北部」地区が1973〜1984年に、「秦荘」地区が1974〜1987年に、「湖東」地区が1975〜1989年に行われている。おおむね1980年前後に宇曽川集水地域で圃場整備が進められたとみて良い。圃場整備は用水路と排水路とを分離して整備することによって個別的な水利用を可能にするが、これは同時に、それまで行われていた田越し灌漑による反復水利用をなくすことでもある。圃場整備による反復的な水利用から「使い捨て」式の水利用への転換が濁水問題を発生させたという推定が的を射ている蓋然性はかなり高い。

　もう一つ、見落としてはならないのが農業用水の供給システムである。宇曽川集水域の水田は、豊郷町の一部と甲良町とを除いて、ほぼ全域が愛知川ダムの受益地域に当たる。愛知川ダムは1965年に着工し、1973年から受益地域への送水が始まり、1983年に国営事業が完了した。このように、愛知川ダムからの用水が供給されるようになった時期は、圃場整備が進展した時期とほぼ重なる。ダムからの送水は水不足を解消した反面、水の無駄遣いに対する歯止めを弱めることにもなりうる。このことが濁水の発生を助長したということも十分考えられる。

　1965年、台風にともなう洪水で宇曽川が氾濫した。周辺は水害に見舞われ、河口付近の須越町あたりでは床上浸水もみられた。この水害を契機に、上流に宇曽川ダムが建設される（1979年完成）とともに、下流部で河川改修が行われた。下流でヤナ漁が姿を消したのもこの時期である。この結果、「水害に強い」河川にはなったが、河川敷にみられたヨシ帯などはなくなり、排水が速やかに琵琶湖に排出されるようになった。これらのことが琵琶湖流入水の水質にも影響を与えたかもしれない。

濁水対策

　1979年に富栄養化防止条例が制定されたのを契機に、農業排水においてもさまざまな排水負荷削減対策がとられた。当初はもっぱら富栄養化防止対策

であったが、1982年には宇曽川地区を対象に早くも濁水防止実践促進事業が開始された。この頃から宇曽川の濁水問題は深刻になっていたようである。

　農業排水対策は大きく3つに分けられる。農業者への啓発（農政課担当）、営農技術の開発と普及（農産普及課）、用排水施設の整備（耕地課など）である。

　啓発活動はしつこいくらい行われている。内容は施肥方法の改善と水管理の徹底である。濁水防止の観点からは、代かき水を落水しないこと、そのために浅水で代かきすること、そして畦畔からの漏水を極力抑えることが強調される。この地域にとくに多い2回代かきを1回にすることなども含まれる。

　営農技術の普及策としては、代かき時に濁水発生の少ない駆動型水田ハローや、省力的に畦畔を管理できる畦塗り機の導入に対して補助するなどの対策が行われている。新しい営農技術としては、駆動型水田ハローによる浅水代かき、無代かき移植栽培、部分耕・不耕起移植栽培、表層代かき同時移植栽培、浅水一回代かきなどの試験や展示圃の設置が行われ、いずれも濁水対策として効果あり、という結果が出された。

　農業排水への対策でもっとも多くの予算がつぎ込まれてきたのが用排水施設整備である。濁水関連では、排水路の水を再び用水路へ揚水し、濁水の軽減を図るためのポンプ施設やゲートの整備が進められた。宇曽川水系では、定置式のものが愛知川町豊満、湖東町菩提寺、今在家、横溝、豊郷町吉田、秦荘町目加田、下八木、香の庄の8ヶ所、可搬式のものが20ヶ所整備されている。また、一部の水田を排水の沈殿池として利用する「水すまし水田」の設置も進められつつある。

　滋賀県における農業排水対策予算は近年増加傾向にあり、年額10億円近くに達している。その大部分は用排水施設整備関係である（図18）。

改善しない濁水汚染

　これらの努力にもかかわらず、濁水問題はいっこうに改善される兆しがない。県は代かき・田植え期間中に県下の主要河川で透視度の調査を毎日行っ

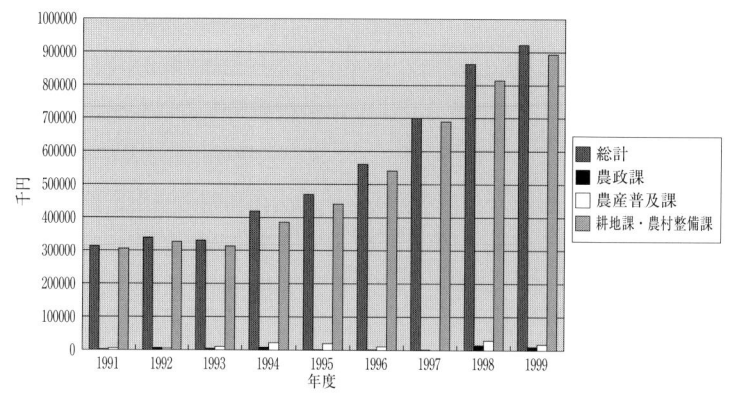

図18　滋賀県における農業排水対策予算の推移

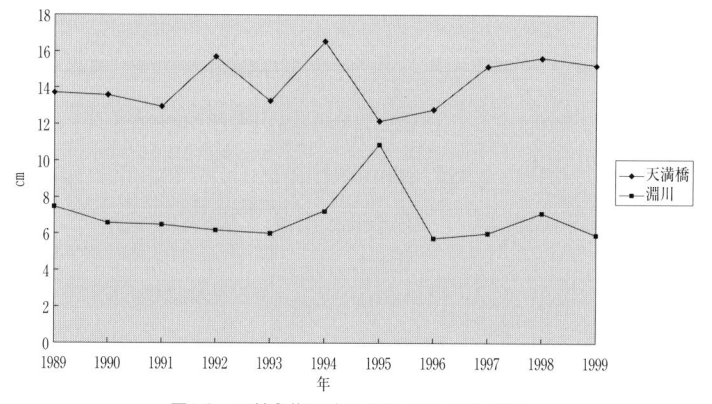

図19　田植え期間中の宇曽川の平均透視度

ている。それによると、宇曽川下流（天満橋）の期間中の平均透視度は15cm前後で横ばいが続いている（図19）。

2010年に向けて

このような事態を受けて、県は1998年度から「宇曽川水系水質改善2010アクションプログラム」を開始した。これは目標年次の2010年までに宇曽川の水質が環境基準である「ＳＳ=25mg／ℓ」を、「いつでも、どこでも」満たすようにしようというものである。この基準は透視度でほぼ25cmに相当する。

代かき・田植え期間中の宇曽川支流での水質のこれまでの推移を考えると、これはきわめて野心的な目標である。

この対策がどのような成果を上げるか、今後の成り行きを見守りたい。

(富岡昌雄)

注

1) 山縣毅 (2000) 鈴鹿山脈北部, 美濃帯の海洋性岩石の混在. 地質学論集第55号: 165-179.
2) 大八木和久 (1991) 鈴鹿山脈北部 (近江カルスト) の二畳紀化石群について. 「滋賀県自然誌」, 滋賀県自然保護財団. 309-385.
3) 池田碩・大橋健・植村善博・吉越昭久 (1979) 近江盆地の地形. 「滋賀県の自然」, 滋賀県自然保護財団. 1-112.
4) 霊仙洞窟調査隊・ひみず会 (1989) 洞窟記載. 「多賀町の石灰洞」, 多賀町. 64-141.
5) 後藤聡・松本光一郎 (1989) 多賀町の石灰洞リスト. 「多賀町の石灰洞」, 多賀町. 57
6) 霊仙洞窟調査隊 (1984) 彦根東部地域石灰洞調査報告. 「鈴鹿山脈北部石灰岩地域自然科学調査報告書」. 藤原岳自然科学館. 155-203.
7) 市橋甫・天春明吉・清水実 (1984) 鈴鹿山脈北部石灰岩地域内の石灰洞穴及び鉱山跡洞穴に生息する節足動物. 同上報告書. 藤原岳自然科学館. 209-273.
8) 小牧實繁・直良信夫・藤岡謙二郎 (1941) 近江佐目の洞窟遺蹟. 古代文化, 12巻8號: 385-393.
9) 浅井融 (1989) コラム「壺」. 「多賀町の石灰洞」, 多賀町. 53-56.
10) 出口幸雄 (1976) 篠立風穴の地形測量並びに作図. 「篠立風穴自然科学調査報告書」. 藤原岳自然科学館. 21-38.
11) 近江地方史研究会 (1993) 木村至宏編「近江の川」, 東方出版.
12) 甲良町「せせらぎ遊園のまちづくり」(リーフレット)
13) 彦根市役所 (1960) 彦根市史. 上冊.
14) 神吉和夫・三和啓司 (1986) 彦根藩における水道について—彦根と長浜—. 第6回日本土木史研究発表会論文集.
15) 彦根市衛生課 (1957) 彦根市の上水道. 表題「彦根の給水系—城郭内と下瓦焼町—」神戸大学工学部建設学科, 神吉和夫.

参考文献

Ⅳ-3) 村松七郎 (1980)「彦根の植物」.
Ⅳ-3) 川崎健史 (1981)「湖畔の花と実」. サンブライト出版.
Ⅳ-8) 池田碩 (1986) 彦根の地形. 「彦根の自然」, 地形・地質編 (彦根市), 1-15.
Ⅳ-8) 藤本秀弘 (1989) 多賀町の地形・地質概観, 「多賀町の石灰洞」, 4-11.
Ⅳ-8) 橋本雅昭・岡本巌 (1978) びわ湖の南部における諸水の電気伝導度 (Ⅱ). 滋賀大学紀要 (自然科学), 28: 46-55.
Ⅳ-8) 池田・大橋・植村 (1991) 滋賀県・近江盆地の地形, 「滋賀県自然誌」, 滋賀県自然保護財団.

Ⅳ-8） 水山・池田・大橋（1975）「近江盆地・琵琶湖周辺の地形」，建設省近畿地方建設局琵琶湖工事事務所．
Ⅳ-8） 斎藤享治（1988）「日本の扇状地」，古今書院．
Ⅳ-12） 宮川泰夫（1985）城下町彦根における配置その（一）．愛知教育大学研究報告（人文科学編），34：121-136．
Ⅳ-12） 彦根市史編纂委員会（1987）「彦根市史,下冊」，706-739．臨川書店．
Ⅳ-12） 多賀町史編纂委員会（1991）「多賀町史,下巻」，480-527．
Ⅳ-12） 京都新聞滋賀本社（1997）「滋賀の産業ルネッサンス」，p 48,66-71,96-101,108-115．

V. 愛知川編

V-1　愛知川流域の水資源
V-2　水分条件と植生
V-3　愛知川流域の農業用水利用
V-4　扇状地の地下水利用
V-5　愛知川流域の土地利用
V-6　環濠集落・新海の記録
V-7　近江鉄道
V-8　近江商人―五個荘―
V-9　木地屋のふるさと
　　　　　―蛭谷・君ヶ畑―
V-10　八風街道
V-11　布施の溜池

概　　要

　愛知川は、延長41km、流域面積196km²で湖東平野の代表的な河川である。古くは、愛智川と書いた。図にみるように、鈴鹿山脈の中央部から流下する茶屋川と御在所山・雨乞岳から流れ出る神崎川が永源寺町の杠葉尾(ゆずりお)で合流し愛知川となる。

　愛知川流域は、湖東平野の東北部に位置し、開発の歴史は古い。条里地割が広域に展開して、古くからの稲作地域であった。愛知川が永源寺町をぬけると、中流部には扇状地が広がり、水は伏流水となる。灌漑はあまり河川に依存できなかったが、扇端部には湧水地帯が形成され、古くから多様な灌漑形態が展開してきた。今日も、流域の各地に残っている大小の溜池は、この流域の自然条件とそれに規定された水田耕作の歴史を示すシンボルであろう。湖東平野は、奈良盆地・大阪府泉州地域・加古川流域などとならんで近畿圏のなかでは溜池灌漑が卓越した地域として知られているが、愛知川流域では1972年に永源寺ダムが完成してから、この性格は一変した。今日では、愛知川の左右両岸に本川からの配水系統が備わり、流域の水田を潤している。

　吉田東伍の『大日本地名辞書』には、「………小椋谷の山中に発源し、愛知神崎の二郡の間を貫流し、湖水に帰す………」とある。また、愛知川が一般に江南江北の境界とみなされたのは、六角家と京極家の境となったというところからきていると指摘した。現在も、ほぼこのあたりが湖北と湖南の性格を分かつ境界線とみることができる。滋賀県の気候は南北で異なるが、その境界がほぼこれと近似しているのは興味深い事実であろう。

　愛知川流域は、大半が農村地域であるが、そこを中山道が縦断していた。近江商人の発祥も、この条件と無縁ではない。当地周辺で生産された麻織物などが、

近江商人の手を経て古くから関東地方以北へも流通した。1965年に名神高速道路が開通する前後から、大型の工場がこの地域にも立地を始め、就業形態を大きく変えることになった。この頃以降、ほとんどの農家が兼業化し、景観上はそれほど変化のない農村に基盤の変化が生じている。広々とした農村景観とそこをつらぬく道路に多様な車が走っているさまは、生活の組み立て方が変わってきていることを実感させる。

（秋山道雄）

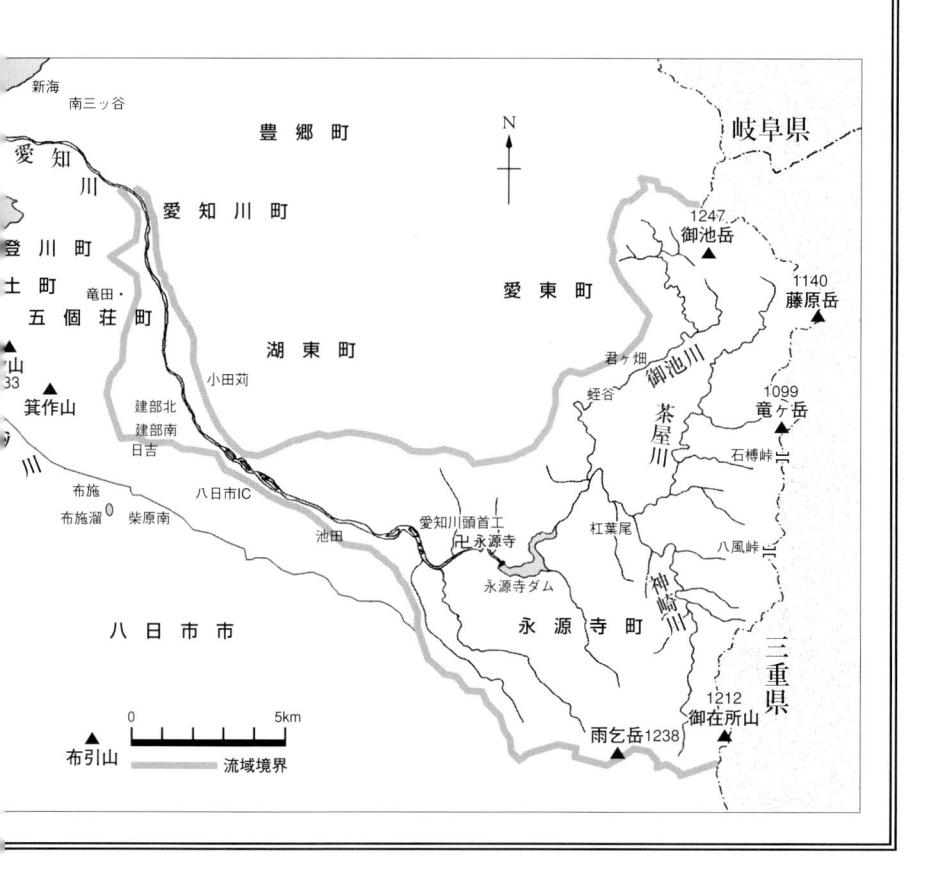

V-1 愛知川流域の水資源

雨ごい信仰

　愛知川上流の石榑峠の北に、竜ヶ岳のどっしりした姿が望まれる（写真1）。竜の字のつく山名は雨ごい信仰と結びつくことが多い。永源寺町南部の神崎川源流には雨乞山があり、これは、山名そのものに雨ごいの願いがこめられている。

　永源寺町の人たちは雨乞山に登り、山上の池に雨ごいの神酒を供えたという。ところがある年、神酒ではいっこうに効きめがない。そこで腰巻や蛇、はては人骨までも池に投げこんだら、やっと祈願がかなったそうだ[1]。近くの竜王山や御池岳でも雨ごい信仰が行われていたのである。

　雨ごい信仰から、昔の人も水資源問題で苦労してきたことの一端がしのばれる。そこで、愛知川流域の自然からみた水資源の特徴について考えてみる。

写真1　石榑峠からの竜ヶ岳

水資源量

　滋賀県の年降水量分布（Ⅱ章の図3、Ⅹ章の図7）をみると、北部の伊吹・野坂山地や西部の丹波高地と東部の鈴鹿山脈で雨が多く、中央の琵琶湖から南部の田上山地で雨が少ないのがわかる。愛知川上流の鈴鹿山脈では2,400mm以上のところがあるのに、下流の湖東平野では1,600mmほどしかない[2]。湖東平野は滋賀県のなかでも雨の少ない地域なのである。

　雨や雪として地上に達した水は地面や植物などから蒸発する。植物からの

蒸発は蒸散といい、蒸発量と蒸散量の合計が大気へもどる水の総量、蒸発散量である。鈴鹿山脈の年蒸発散量は850mm、湖東平野では800mmほどになる[3]。

　水資源にとって、降水量はプラス、蒸発散量はマイナスである。降水量から蒸発散量をさし引いた値が、川水や地下水として、琵琶湖へ流入する水資源量になる。私たちが利用できる水資源量は、ほかの流域から水をひき入れていないかぎり、降水量－蒸発散量（水収支）によって決まる。

　愛知川流域の降水量と蒸発散量の年平均分布から水収支を概算すると、上流の鈴鹿山脈で1,550mm以上、下流の湖東平野では800mmほどになり、その違いは約2倍にも達する。したがって、八日市などの湖東平野の水利用にとって愛知川上流域の水資源量が重要になる。

　各地点の水収支の値を合計すると、流域全体の水資源量が求まる。愛知川流域全体の年平均の水資源量は2億6,000万トンほどで、滋賀県では姉川・安曇川・野洲川についで4番目である[4]。

地形・気候条件

　石榑峠に立つと、東の三重県側は四日市方面にむかって急角度に切れ落ち、視界をさえぎる山も少ないので伊勢湾まで見わたせるが、西の滋賀県側は山が深く、湖東平野も琵琶湖も見えない。このように、鈴鹿越えの峠は山地の東寄りに位置することが多い。鈴鹿山脈は「西方にやや傾斜しながら隆起したスラスト（衝上断層）性の地塁山地」[5]のため、三重県側では地形が急で、川は短い。一方滋賀県側では地形が比較的緩やかで、川は長いので山が深くなる。

　山が深いと、流域面積は大きい。こうした地形条件に、梅雨期から台風期の雨が多いという気候条件が加わる。例えば、7月の鈴鹿山脈の月平均降水量は400mm以上にもなり、滋賀県で最も多い[2]。淡海府志に「東風吹けば水増し渡り難し」と記された愛知川のように、鈴鹿山脈の夏の大雨の特徴は東からの強風をともない、最大降雨域が山脈の滋賀県側に分布することである[6]。つまり愛知川流域の水資源量をふやす要因になる。

愛知川上流域は鈴鹿山脈の地形、気候条件によって、①流域面積が大きく、②雨が多いので、水資源量が豊かである。だから水資源量のとぼしい湖東平野の水利用にとって上流域の水資源的価値がとくに高い。愛知川の永源寺ダムをはじめ、犬上川や野洲川などにもダムが建設されてきたのは、鈴鹿山脈の地形・気候条件を利用した現代の雨ごいといえるだろう。

昔の人の渇水時における雨ごいの願いはいかばかりであったろうか。「鈴鹿山脈には多くの雨乞対象があるので雨乞信仰センターの感がある」[7]というのもうなずけるのである。なにせ、湖東平野は近江米の産地として水資源確保がいつの時代でも切実だったのだから。　　　　　（伏見碩二）

V-2　水分条件と植生

あかねさす　紫野行き　標野行き……

万葉集の中でも、ひときわ良く知られている額田王の歌、ここに現れる標野としての蒲生野（がもうの）は、布引山と布施山の北、箕作山（みつくりやま）と愛知川南岸の低い崖線の南に広がる一段高い同一地形面全域が考えられている[8]。その地域は、旧愛知川が現在とは異なり西方へ流下し、近江八幡市方向へ達していた約1～2万年前ごろに形成された八日市面[9]と呼ばれる段丘化した扇状地である。扇状地は、粗粒な砂礫からなるために、地表水が地下に浸透しやすく乏水性の土地となる[9]とともに、現在の愛知川は、より低い位置を流れているため、取水が困難で、古来、この地域は稲作には不適であった。そのため、たとえば紫草が畑作物として栽培されていたのであろう。

いま、このあたりを歩いてみても、野生化したムラサキを見つけることはできないが、乾性立地を好むアカマツ林が、八日市の市街地の南側に広く分布しており、かつて遊猟に供した蒲生野のおもかげを、わずかにしのぶこと

写真2　八風街道（中央）沿いに広がっていたアカマツ林は、工場などに急速に置き換わりつつある

写真3　箕作山から見た愛知川とその氾濫原に点在するケヤキ林

ができる。しかし人工的に開さくされたと考えられる筏川や蛇砂川（へびすながわ）による水田面積の増加、そして近年では工場の進出によって、その広がりは急速に減少してきている（写真2）。

ケヤキ林

　では次に、現在の愛知川の氾濫原にあたる箕作山、愛知川とその南の崖線に挟まれた地域を見てみよう。多くの広葉樹が水田の中に分布していたことが、1900年の地形図に示されている（図1）。水田の中の広葉樹といえば、畔（あぜ）に植えられたハンノキなどの稲架木（はざぎ）が一般的であるが、特にこの氾濫原にあたる地域では、それ以外にケヤキ林が小規模ながら点々と分布しているのを、今日でも見ることができる（写真3）。

　ケヤキは本来、水分条件に恵まれ、かつ排水のよい土地に生育する。ここが水の豊富な地域であることは、湧水の存在からも知ることができる。注意深く地形図を見ると、建部村、五個荘村のあたりには、愛知川から導水した水路とは別に、水田などの中から突然始まっている小河川がいく筋も流れていることに気づく（図1）。これらが、伏流となった愛知川の水を水源とする湧水に端を発する河川である。流路にそって幾つもの水車が見られることから、少なくとも当時はかなり豊富な地下水が流れ、湧き出していたのであろう。

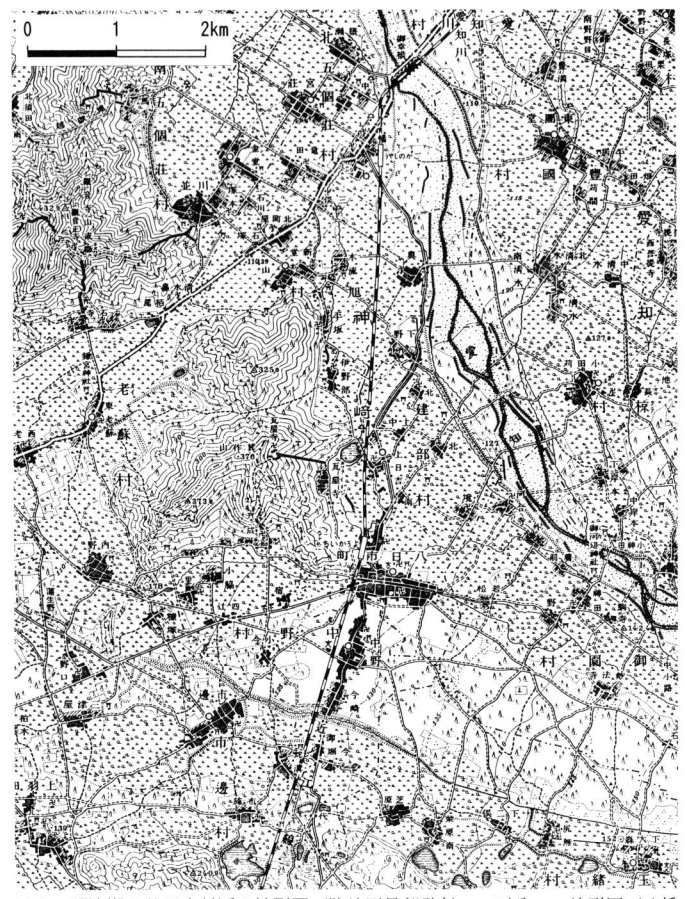

図1　明治期の八日市付近の地形図（陸地測量部発行の5万分の1地形図（八幡町・1900年発行）を使用）八日市市街の南東部には針葉樹林（アカマツ林）が広く残っていた．

　水分条件において、蒲生野とは対照的なこの地域では、条里制が敷かれ、水田として利用されてきた。滋賀県での条里制は土地の傾斜に従った方位の地割が行われ、犬上・愛知・神崎の三郡では里を分ける縦線の方位が北に対して33度東に傾いていたとされており[8]、この現在の氾濫原において、その方向に平行に走るいくつかの道の存在から条里の跡を読みとることが可能である。

愛知川河辺林

　琵琶湖に流入する河川の多くは、河辺林と呼ばれる林によって、かつて縁どられていた。しかし、その大部分が失われてしまい、比較的連続した形での河辺林は、この愛知川や湖西の石田川などのわずかな河川でしか、見ることができない。

　愛知川が山麓をはなれ、湖東平野に入る時、標高はすでに約200mしかない。それゆえ、平野部の流域は照葉樹林帯に属する。しかし、平野部に入ってからの愛知川を縁どる河辺林の特徴は、植栽起源と思われるマダケ、ハチク、モウソウチクなどのタケ類を除くと、照葉樹林帯に属していながら、ケヤキやエノキ、ムクノキといったニレ科の種類や大きなどんぐりをつけるナラガシワといった冬期に葉を落とす落葉広葉樹が優占する林となっている点である。長年この河辺林を調べてこられた南さんの調査によると、木本ではシナノキが、また林床の草本植物ではキクザキイチゲやクガイソウといった主に冷温帯に分布の中心をもつ種類が多く含まれていることがわかってきている[10]（写真4）。

　また、河辺林を含め、この付近のケヤキ林を調査された布谷さんは、ケヤキの大径木が上層を覆っている林でも、

写真4　春の河辺林の林床を飾るキクザキイチゲの群落

写真5　常緑樹では低木のアオキなどが見られる程度のナラガシワ林

亜高木層にはタブノキ、ヤブツバキ、カゴノキ、アラカシ、モチノキといった常緑広葉樹が非常に多く、逆に種子の発芽に強い直射光を必要とするケヤキは若木が少ないことを明らかにした。そしてこれらのケヤキ林は、この地域の気候的極相である照葉樹林への遷移の途中相であり、人間が治水を始める以前、洪水による大規模な土壌移動、森林破壊によって裸地が生じるという不安定な立地に、一時的にかつ繰りかえし成立してきた林相であるとされている[11]。

しかし、冷温帯系の植物の多く見られるナラガシワ林（写真5）などはそれだけでは説明がつかない。南さんが調査された愛知川河辺林の中で、胸高直径が40〜50mを越える、ナラガシワやクヌギの優占する発達した林では、常緑広葉樹は低木を除くとほとんど見られず、構成樹木の大部分は落葉広葉樹であることから、一概には照葉樹林への途中相とは言い切れない。地温などの環境条件が測定されていないので推測の域をでないが、近くのジャリ採取場で、高い地下水位を観察できることから、こうした豊富な地下水が冷涼な環境を作り出しており、それがこうした冷温帯性の森林を維持している一つの要因になっているのではないかと思われる。

彦根市の荒神山と琵琶湖岸との間にある曽根沼で花粉分析された松下さんと前田さんの分析結果は、約1万2,000年前以降の森林植生の変遷を示している[12]。大きくは温暖湿潤化の傾向をもち、特に6,300年前は、それまで優勢であったコナラ林からカシ林への交替期にあたるとしている。なかでも興味深いのは、近畿地方に広く共通する点であるが、その交替期にエノキ—ムクノキ属といった今日の河辺林の林相を思わせる種類が高率で出現する点である。愛知川などにわずかに残る河辺林はこうした過去の時代の森林が、その特殊な環境条件が幸いし、今日まで持続されてきたものであるのかもしれない。たとえ直系の子孫でなかったとしても、これらの河辺林は過去の森林の様子や環境条件を理解する上で貴重な情報を提供してくれるにちがいない。しかしこれまでのところ、河辺林についての研究は十分にはなされておらず、その上、堤防ぞいの人間の居住地側の地域（堤内地）に残されている林がジ

ャリ採取事業や、工場の進出によって面積を減少させてきているとともに、最近では提外地においてでさえ堤防の改修や公園化などによって、林の伐採が進んでいるという状況にあり、一刻も早い総合調査と保護の手を打つことが望まれる。

集水域と散水域

　扇状地部分を流れる愛知川の中下流部では、水が干上がり白い河床の露出した光景がよく見られる。そのような時でも、愛知川集水域から琵琶湖への水の供給がないわけではなく、伏流水となって水は流れている。それらの一部は湧水となって地上に姿をあらわし、新たな小河川となり、また一部はその地下水の状態で琵琶湖へ流入する。川というと、私たちは堤防に囲まれた狭い範囲の中を流れている水だけを想像しがちであるが、集水域からの栄養塩の負荷量を推定するような場合、本流河口部での表流水の流量と水質の測定だけでは十分とはいえない。一度本流に集められた水が伏流水となり、再び湧水として新たな河川を形成したり、地下水として琵琶湖に流入するといった多様な水の経路を考えなければならない。特に近年ではダムが造られ、河川水が強制的に取水され、完備された農業用水路によって、広い面積に水が供給されている。これら人工水路のおかげで、かつての蒲生野のかなりの部分が、稲の生育期間中は湿地と化しており、その意味では愛知川は以前よりもはるかに広い地域に影響を及ぼしている。愛知川のような扇状地に広がる河川については「集水域」とともに、「散水域」とでも呼べる地域の認識が必要であろう。
　　　　　　　　　　　　　　　　　　　　　　　　　　　（浜端悦治）

V-3 愛知川流域の農業用水利用

愛知川流域の農業水利系統

　愛知川は複合扇状地を形成し、本川の河川水は、高水時を除いて通常は扇央付近で全て伏流する。扇状地の表流水は愛知川本川だけでなく左右岸の蛇砂川や宇曽川から流出する。また、下流部では天井川となり、伏流水などは、小河川などから琵琶湖へ流出する。そのために愛知川の集水域としての「流域」は、中下流部で急に狭くなる。ここでは、この厳密な意味での流域ではなく、利水に関して愛知川と関係を有する範囲の農業用水をみる。

　この範囲の水利システムの構成の概要は図2のようになっている[13]。永源寺付近を扇頂として形成される広大な扇状地部分は、永源寺ダムで貯水・取水された用水を、基本的に自然流下方式により送配する河川灌漑システムと

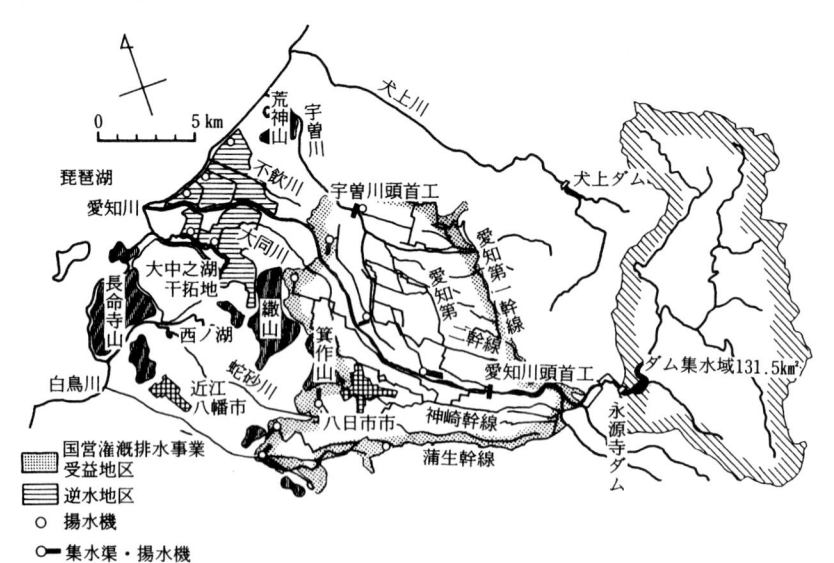

図2　愛知川流域の農業水利システムの概要[13]

なっている。しかし、溜池・湧水・地下水揚水などの小規模な補助的システムが併存している。

下流湖岸部は、左右両岸とも逆水パイプラインシステムとなっていて、左岸側は、大同川に数ヶ所、右岸側は3ヶ所の湖水の揚水機がある。左岸の自然堤防帯部分は、愛知川の伏流水を湧水井により取水する地下水灌漑システムとなっている。

また、右岸側の自然堤防帯は、伏流水が流出していると思われる小河川と、上流扇状地部から流下する宇曽川から取水しており、河川灌漑システムの形となっている。なお、この右岸地区は、逆水パイプライン地区を統合した新たな逆水システムが形成された。

大規模農業水利事業

愛知川では、扇状地部分を中心に大規模な農業水利事業が行われた。国営灌漑排水事業（愛知川地区）（1954～83年）で、扇状地に拡がる1市8町、水田面積約8,000haが受益地区である。

この地域は従前より、極めて錯雑とした用水源・用排水系統を有していて、用水供給は非常に不安定であった。この地区の、主に右側の、国営事業実施以前の灌漑施設の状況を示したものが図3である[14]。本川沿いの氾濫原や段丘低位部では本川取水がなされ、段丘上は野井戸と一組になった溜池、小河川の扇状地は小規模の井堰を水源とした。そして、地下水位が高いところでは大断面の井戸（大型井戸）からポンプ取水するなど、地形に極めてよく対応した灌漑方式が形成されていた。

用水供給の安定を図るべく実施された国営事業では、上流に発電との多目的ダムである永源寺ダム（有効貯水量2,198万㎥）が建設された。用水は、このダムから直接取水し、左右両岸に分水した後、4本の幹線用水路により地区内に送水する。また、本川下流に豊椋・豊国の2つの集水渠と揚水機を設けて伏流水を取水し、宇曽川には堰と揚水機を設けて反復利用を図っている。

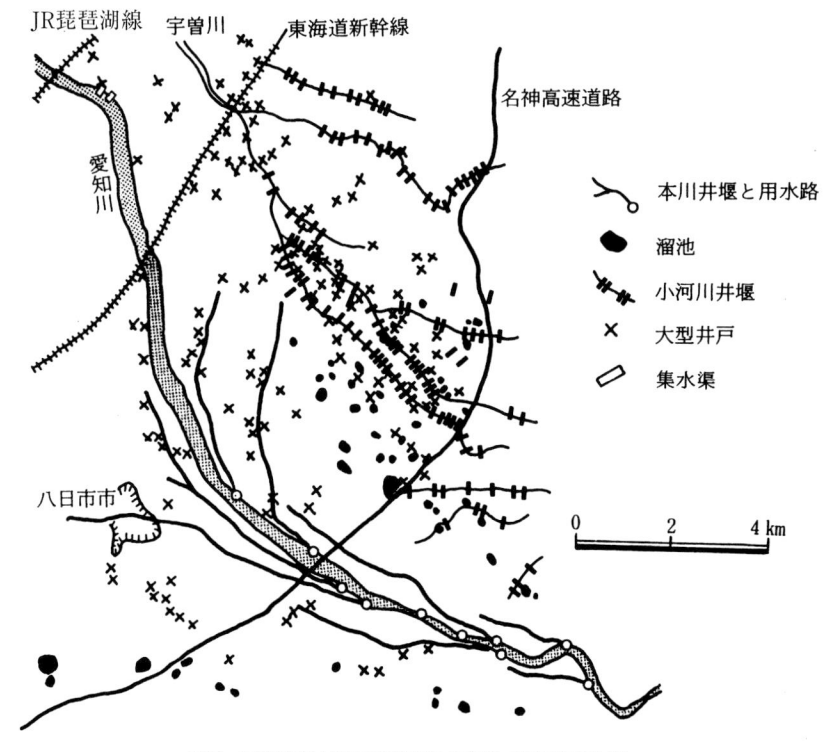

図3 国営農業水利事業前の用水施設（原図高谷14））

　国営事業付帯の県営灌漑排水事業によっては、支線用水路32路線が建設されたほか、残流域の流出水などを取水する愛知川頭首工が設けられ、両岸の幹線用水路へ補水されている。また、計画では、扇端付近の各幹線末端に位置するところに、5つの集水渠と揚水機や、小河川から取水する揚水機を整備することになっていて、多くは1985年までに稼動している。さらに、既存の溜池や湧水取水施設を改修整備して、水源として見込む計画となっている。小規模な地下水揚水機は、事業の完了に伴い廃止の予定であったが、用水供給がなお安定しないため、1985年でなお936台が稼動している（写真6）。この農業水利事業により計画された用水系統の概要は、図2に示した。
　用水施設整備は進んだが、同時に進行した圃場整備に伴う必要水量増もあ

写真6　小地下水場水機による用水補給
（ダムからの用水路分水と地下水揚水機：八日市市上羽田）

写真7　豊椋集水渠
（左が本川堤防、右奥が揚水機場）

り、用水供給は安定したとは言い難く、頻繁に「節水体制」が採られ、ダムからの送水は左右岸や幹線系ごとの輪番でなされる。この状況に鑑み、用水管理の効率化や豪雨時などの気象変動時の対応の敏速化を図る目的で、「用水管理システム」が1980年に導入され、施設を管理する愛知川沿岸土地改良区事務所内に設けた用水管理センターにおいて、地区内主要地点の流量の遠方監視が可能となった[15]。

愛知井天明川の復活

　愛知川扇状地においては、当初、国営事業により、水源はダムに統合され、本川の取水堰はじめ、様々な取水施設は廃止されるはずであった。しかし、事業区域の拡大や水田用水量の増大などによって、また、ダムからの送配水が十分に安定しなかったため、多くの既存の取水施設が存続し続け、上述のように事業計画の中にも取り入れられるに至った。

　とくに、扇央から扇端にかけての地域では、表流水・湧水の反復利用や、集水渠や揚水機による地下水利用が積極的になされている。

　本川中流部の名神高速道路橋梁下流に建設された豊椋集水渠はその代表例である。愛知川本川には、扇状地部に10の井堰があり、不安定な河川流水を

めぐって水利紛争が絶えなかった。これらの井堰も、水利事業とともに統合廃止されることとなった。しかし、伏流水を有効に利用する目的で、事業計画を変更し、10ヶ井堰の一つ「愛知井（えちゅう）」地点に、集水渠と揚水機が設けられた。

この愛知井は、頻発する干ばつを見かねて、小田苅村（こたかりむら）の菱沢孫右衛門が、彦根藩の許可を得て、天明5（1785）年から天明7（1787）年にかけて、自普請にて開さくしたものである。本川に、長さ二百間・深さ一丈二尺の溝を掘削し、木製の樋を埋め並べて、上流井堰の残水や伏流水を集め、用水路に導入するものであった。この井からの用水は、天明川と呼ばれ、約1,000haの水田の貴重な水源であった。

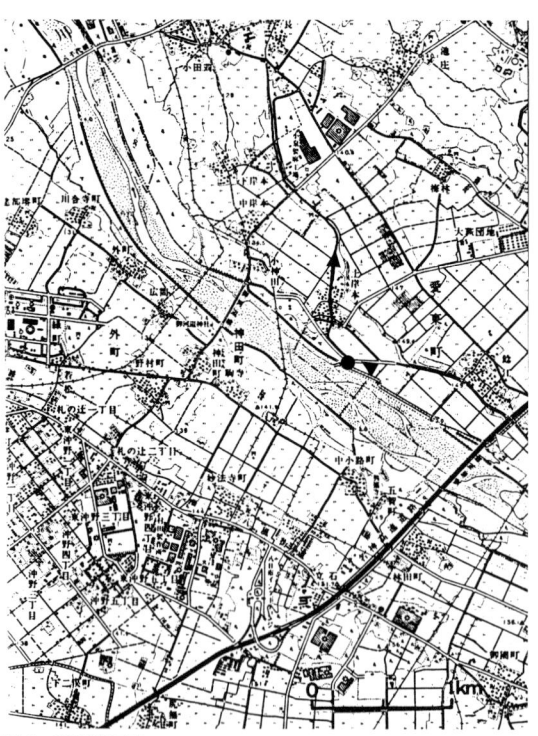

国営事業においては、この地点の比較的安定した伏流水を有効に利用すべく、集水渠を建設することにしたと考えられる。愛知井の位置の堤防内に、本川沿いに長さ812m、深さ約4.5mの集水渠が堀られ、ブロックなどで護岸されている。この集水渠に集められた水は、小河川の加領川からの導水を含め、必要に応じて揚水機を利用して、天明川を改修した愛知西幹線へ流下させる。

このようにして、愛知

図4　愛知川扇央
旧愛知川・現豊椋集水渠▼印、揚水機場●印、愛知西幹線↑印、加領川▽印
（国土地理院発行2万5千分の1地形図を使用）

井・天明川は、近代技術のもとに、豊椋集水渠・愛知西幹線用水路として変身、復活したのである（図4、写真7）。

農業水利2期事業の展開

　愛知川流域では、上述のように、農業用水の供給は、扇状地部分を中心になお安定したとは言い難い。復活した愛知井=豊椋集水渠でも、取水できる伏流水は非常に少ないのが実情である。

　このため、ダム貯水量をより効果的に送配水するために、幹線水路中に調整池を設置することや、新規に水源ダムを建設することなどを図るため、新たな国営農業水利事業（国営新愛知川農業水利事業）が実施されている。上流での水源開発は、愛知川本川の流況だけでなく、扇状地の地下水流動と地下水利用可能量に大きく影響すると思われ、水循環機構を考慮し、それを有効に利用した農業用水利用方式が検討されている。

　また、本川下流部右岸の低平水田地帯は、愛西地区と呼ばれ、比較的早い時期に圃場整備と琵琶湖を水源とする逆水灌漑システムが整備された。しかし、琵琶湖総合開発事業に伴う湖水位の低下や、用水需要の変化に対応するために、新たな県営灌漑排水事業が行われて、大規模な逆水パイプラインが整備された。その事業範囲は、上流扇状地のダムの受益地区との境界にまで及んでいる。

　愛知川流域でも、琵琶湖集水域のほかの流域と同様に、農業用水は、上流からはダムを中心とする河川灌漑、下流からは逆水パイプライン灌漑が整備され、基本的に2つのシステムに統合再編される方向で進んできた。この両者の境界部分、すなわち扇状地の扇端から自然堤防帯付近は、両水源から遠く、完全にどちらかに統合されるのは難しく、また、地下水の豊富な地帯であり、地下水を有効に活用したシステムの形成が必要と考えられる。

　愛知川流域の農業用水は、安定に向けての動きがなおしばらく続くものと思われる。

（渡辺紹裕）

V-4 扇状地の地下水利用

愛知川扇状地の地下水状況

　八日市市を中心とするこの扇状地は、琵琶湖周辺で最も大きな扇状地の一つであるとともに、古くから大規模に地下水が利用されていた地域として有名である。竹内常行[16]によれば、1950年代の前半には、総灌漑面積のうち、何らかの形で地下水に依存している区域は約67%にも達していたとされている。

　愛知川扇状地といっても、厳密には、宇曽川、加領川などの小河川によって形成された扇状地も含む複合扇状地であり、本流自身による扇状地も、古愛知川[17]によってできた古期扇状地と現在の河川による新期扇状地に大別される。愛知川上流部の特に右岸側には、古期扇状地が侵食されてできた段丘が発達している。いずれにしても、地下水の高度利用が可能であるのは、これらの扇状地の下に卓越した帯水層が存在するためである。この地域には、JR琵琶湖線、新幹線、国道8号、名神高速道路など、我国の幹線交通路が横断しており、近年における土地利用変化には激しいものがある。さらに1983年度には、永源寺ダムを主水源とする愛知川農業水利改良事業が完了し、地下水から河川水への水源切り替えを含む農業水利体系の変更にともなって、地域の水利用も変化しつつある。

　一般に、この地域のような水田地帯の地下水は、非灌漑期終了付近で最低水位をとり、灌漑期に入って上昇、最高一定水位期を迎え、その後再び、非灌漑期に入り低下していくという上下変動サイクルを繰り返す。このような変動の例として、八日市市内の東浜町にある井戸の地下水位変化を見ると図5のようになっている。これまでのところ、最高水位・最低水位ともに特に大きな経年的変動は認められない。このことは、1年をサイクルとして地下水収支には、収入超過期と支出超過期があるものの、年間でほぼ収支均衡が

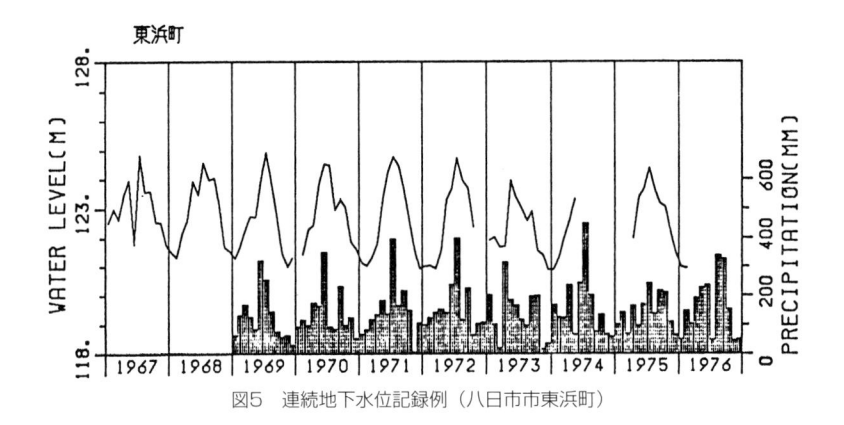

図5 連続地下水位記録例（八日市市東浜町）

とれていることを示している。また、地域全体の地下水位状況を見てみると（図6）、扇頂部から扇央・扇端部へという扇状地での典型的な地下水流動のほかに、東端の段丘部から愛知川に向かう流動も認められる。さらに扇端部では、八日市市街の北西にある箕作山にぶつかって、地下水の流れは2つに分岐している。8月7日と2月24日とを比較してみると、先の水位変動は愛知川の左岸側で大きいことが明らかになっている。

農業用地下水利用の実態

ダム完成前、愛知川には高井、駒井、吉田井、愛知井など、10ヶ所の井堰が存在し、水田灌漑に寄与していた。しかし、愛知川は扇状地途中で伏流し、一部水無川になってしまうため扇端部付近では愛知川から取水することができず、用水の確保に苦労していた。このため、明治の末期に我国にポンプが導入され、さらに蒸気機関型から電動型の小型ポンプに変わると、この地域では一斉に井戸を掘り始め、地下水を利用するようになった。昭和に入ると、特に10年代から20年代においては、毎年数十台以上の揚水機が新設され続け、地下水を汲み上げるための井戸は、ほぼ地域全体に分布するようになった。1965年頃にはそのピークとして2,100ヶ所以上に達したと言われている。例えば、1964年では2,154井から1億1,000万m^3の[18]、1977年には1,995井から

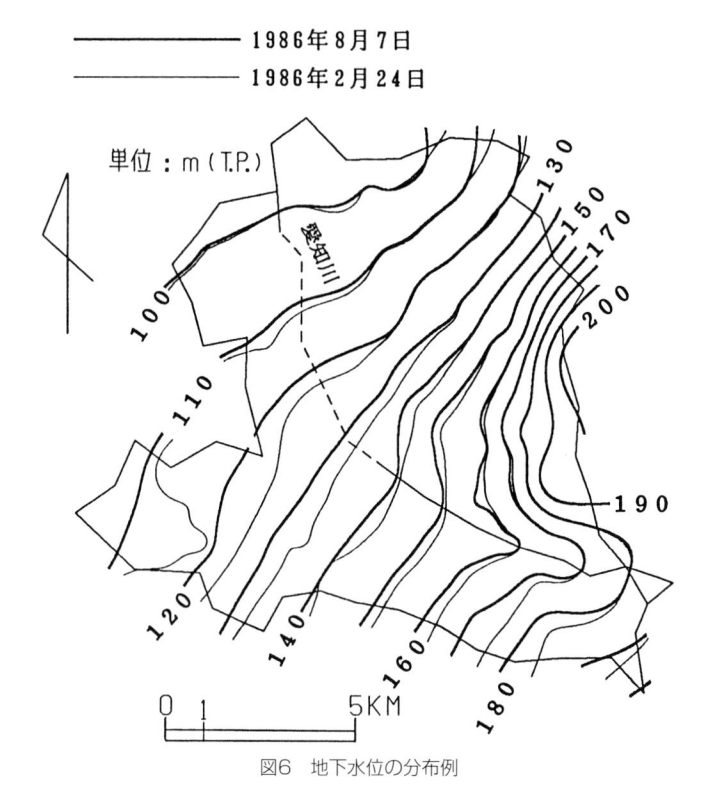

——— 1986年8月7日
——— 1986年2月24日

単位：m（T.P.）

図6 地下水位の分布例

写真8 上羽田地区の揚水井（1988年9月2日撮影）

6,550万m^3の[19]地下水が汲み上げられている。1977年の工業・水道用の汲み上げ量は年間約2,300万m^3となっており、灌漑期における1日当たりの汲み上げ量を比較すると、この年の農業用地下水利用は工業・水道用の約7倍に匹敵する。

先の改良事業計画当初は、ダムの建設により地下水利用をすべて廃止する

予定であった。しかし、やはり地下水の魅力には捨て難いものがあり、また用水不足も手伝って、現在の計画では、総取水量の内20％程度が地下水に依存している。近年の取水実績として1985～87年の平均をみると、900～1,000の井戸から約2,300万m³の地下水が利用されている。これらの井戸の中には、一般的な井戸とは様相を異にする、集水渠に近いような井戸も数多く見られる（写真8）。今後もこの地域では、恵まれた地下水資源を活かした地下水の利用が続けられていくことであろう。

（堀野治彦）

V-5 愛知川流域の土地利用

　愛知川の河川延長は県下で5番目の約40km、流域面積は高時川や日野川と並ぶ200km²強におよぶ。湖東有数の河川である愛知川は、鈴鹿山中に源を発するいくつかの支流が集まって、永源寺町、愛東町、湖東町、愛知川町、八日市市、彦根市、五個荘町、能登川町の田を潤したのち、栗見出在家付近で琵琶湖にそそぐ。

　愛知川と犬上川に挟まれた山際には、西明寺（さいみょうじ）、金剛輪寺、百済寺（ひゃくさいじ）の湖東三山と呼ばれる古刹がある。いずれも開山は古い。愛知川沿いの道は八風街道として知られ、中世以後、近江商人が伊勢へ通う通商路として賑わった。また上流には、惟喬親王伝説が各所に残り、とくに木地師の里、小椋谷は永らく隆盛をきわめた。

　愛知川は平野部に入ると、典型的な天井川となる。そのため、常時は水が伏流する「空川（からかわ）」であるが、降水時には一変して「暴れ川」となる。記憶に新しいところでは、1990年9月の台風19号によって能登川町の2ヶ所で堤防が決壊し、大被害が発生した。

　上流の永源寺ダムは、灌漑用水不足と洪水の両方を防ぐことを目的に建設

表1　用途別土地利用の変化（1987-1994年）単位：ha

市町名	田	畑	宅地	山林	原野
永源寺	-17	-4	18	-83	-47
湖東	-9	1	18	-10	-1
愛知川	-35	-2	46	-6	-2
八日市	-67	1	103	-62	-20
五個荘	-53	-7	39	-5	-1
能登川	-88	-20	36	-43	-11

出所：滋賀県『滋賀県統計書』各年次

された多目的ダムである。1952年の着工以来、20年以上をかけて76年に竣工した。堤高73.5ｍ、堤長392ｍ、貯水量2,274万m^3の大型ダムで、灌漑面積は1市8町の約8,000haにおよぶ。周辺部は紅葉の名所として知られ、観光レクレーション施設が整備されている。

愛知川の特徴のひとつに、中下流に点在するケヤキ、コナラ、ヒノキなどの河辺林がある。とくに、八日市市北部と湖東町西部には貴重な自然植生が残っており、チョウなど昆虫が多数棲息する。このため、89年に環境省の「ふるさといきものの里」に指定された。こうした河川は日本でも珍しく、良好な状態で次の世代に継承することが現世代の責務だろう。

しかし表1によると、愛知川左岸に位置する八日市市、五個荘町、能登川町の地目構成は田、山林、原野が大きく減り、宅地が急伸している。とりわ

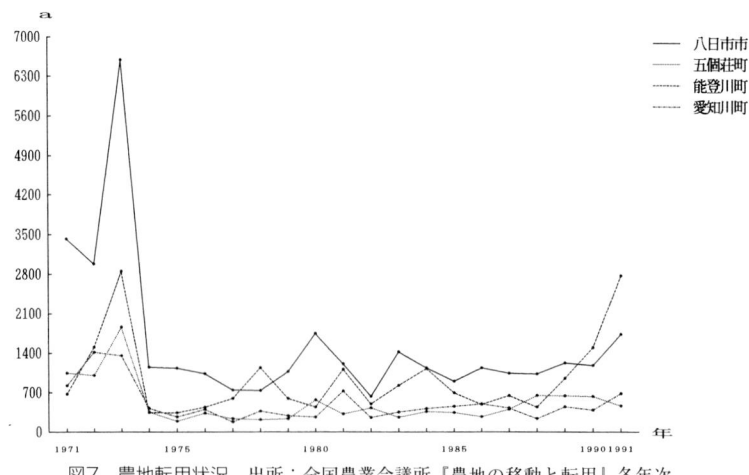

図7　農地転用状況　出所：全国農業会議所『農地の移動と転用』各年次

け名神高速道路と八日市インターチェンジを中心に、物流拠点が整備されてきたからである。これらの市町では、農地の転用が70年代初めに急増し、その後やや鎮静化していたが、80年代後半くらいから再び増加傾向を示して、90年代に入っても衰える兆しを見せない（図7）。また国土利用計画法による土地売買届け出件数・面積は、「バブル経済」の崩壊後もめだって減少していない。このように、愛知川下流域では、人工的土地利用への転換が著しい。

そこで、八日市市、五個荘町、能登川町について、いくつかの社会経済的指標の変化を示したものが、図8である。地目別面積については、市町によって若干の凹凸があるが、全体として自然的・半自然的土地利用が急減している。とくに、もともと山林の少ない能登川町で、山林が30％強も減っていることが注目される。その一方で、宅地はめざましく増えている。この間に、工業用地（敷地面積）は横ばいないし微減傾向にあるので、宅地の増加は住宅、各種施設用地、事業所用地の伸びによるものであるといってよい。

こうした土地利用の変化は、社会経済構造の変化を反映している。田や山林の減少は、その管理主体である農民の減少と照応しているし、住宅・施設

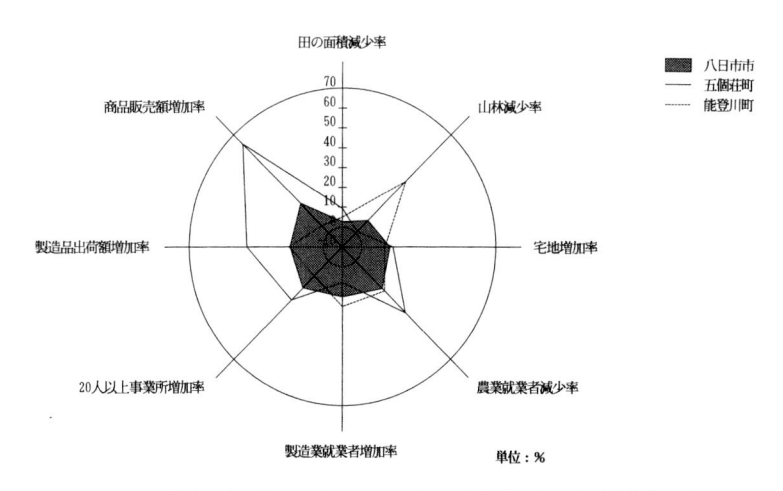

図8　主要社会経済指標の変化　　出所：滋賀県『滋賀県統計書』各年次

用地・事業所用地などの増加は人口や商品販売額の増加と対応している。なお、工業用地は増えていないけれども、製造品出荷額は著増している。このことは、20人以上の相対的に大規模な事業所が増え、中小規模の事業所が減少しているためであろう。ついでながら、こうした経済活動の活発化と人工的土地利用の増加にともない、愛知川の水質が悪化しつつある。こうして、次の世代に引き継ぐべき歴史的な土地利用の蓄積が失われ始めていると言えよう。

(池上甲一)

V-6 環濠集落・新海の記録

　琵琶湖東岸愛知川河口デルタの末端には、滋賀県でも数少なくなった環濠(かんごう)集落が残っていた。左岸側の出在家(でざいけ)、右岸側の新海(しんがい)、三ッ谷の3集落で（図9）、中でも新海の堀（写真9左）は立派であった。

図9　明治中頃の愛知川河口付近
（陸地測量部発行の2万分の1地形図（葉枝見村・1894年発行）を使用）

写真9　埋立てられる新海の堀
左：1984年野田耕氏提供
右：1988年埋立てを終わり、側溝がつくられアスファルト舗装されて集落道に生まれ代わる．

　愛知川が蛇行し広々とした水田が広がる神崎・愛西地区には、条里制遺構や地名が今も数多く残されており、開田の歴史は古代律令制の時代にまで遡ることができるといわれている。律令制度はその後、人口が増加すると共に崩れ、代わって開墾地の私有を認める荘園制度が誕生する。この地に環壕集落が形成された当時の模様は、寺田所平[20]によるとおおよそ次のようだ。東近江は平安時代当初は奈良東大寺領が、鎌倉時代初期には比叡山延暦寺・日吉神社領が多くなり、新田開拓は湖辺湿地にまで及んだ。南北朝時代になると、愛智・山崎・長江・神崎・本荘・田附・新開らの土豪勢力が割拠するようになり、戦国時代に入ると、これらは京極氏と六角氏の勢力圏に入って、荘園領主の支配と対抗した。

　環壕はこの時代に築かれたと推定されている。領土拡張にしのぎを削る荘園領主と土豪勢力の争いは、比叡山延暦寺領愛智荘と新開氏の戦いに象徴される。このころ佐々木六角泰綱の一族・新開源兵衛が新開村三百石を領しており、その館には今も「お城堀」と呼ばれる堀が巡らされていた。この新開（後に新海と改められる）村は、延暦寺領であった本庄・田附・栗見庄に取り囲まれており（図9）、田附村には山法師岡田千甚坊が代官として派遣されていた。両者は開田・湖上交通をめぐって互いに反駁し合っていたが、永禄元（1558）年正月、ついに千甚坊は新開村に攻め入り、源兵衛とその息子を殺害してこれを占領してしまった。千甚坊は佐々木氏一族の反攻に備えて、

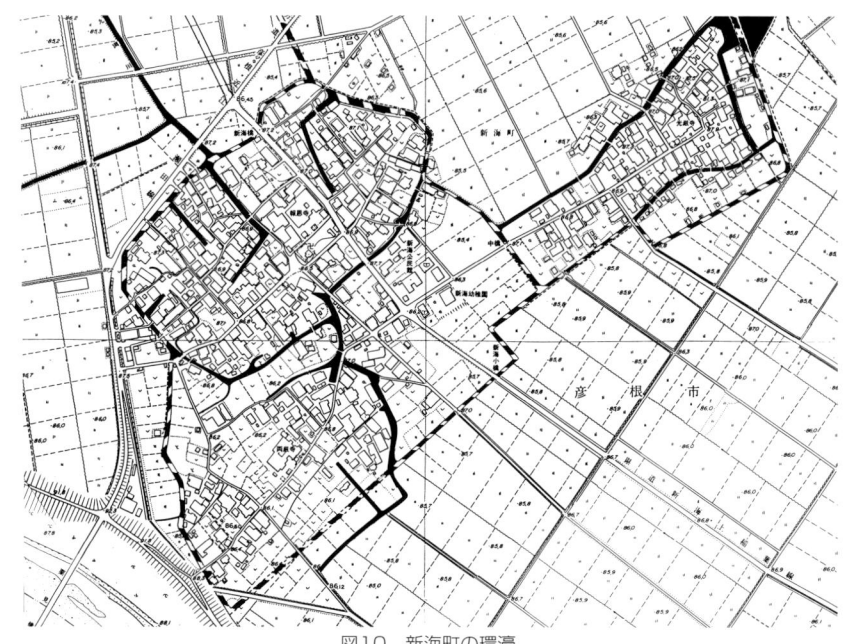

図10 新海町の環濠
黒く塗り潰した部分は埋立てられて道路や田となった堀．
白黒の部分は改修（一部付け替え）され、排水路として残った堀．

　さらに二重の堀と土塁を築かせた。同年2月24日、佐々木氏は近郷の土豪勢力を率いて新開村を攻め、翌25日寅の刻から申の刻まで合戦を挑んだが、この小さな村を容易には攻め落とすことができず、その夜ようやく探しだした間道から夜討ちをかけて、千甚坊一党を滅ぼした。後にこの戦いは「新開崩れ」と呼ばれ、多くの百姓が犠牲にされた新開村開拓史上の悲劇として、今に語り継がれている。
　新海の環濠は、総延長3.8km以上に及ぶ立派なものであった（図10）。愛知川の伏流水を湧出させる井から引いた灌がい水が潤し、外堀は旧渕川を約400m北西に下って琵琶湖とつながっていた（図9）。井は天井川に発達した独特の灌がい施設で、河床を横断するように堀削し、その底面と側面を粘土で固め、中に竹・そだを詰めて埋め戻した底樋を通して伏流水を集め、その一方から二重に築堤して通したトンネルと樋門で堤外に導き、湯口から湧出

写真10 湯の花井の湯口（1988年9月撮影）
背景の土手は愛知川の堤、中央の湯には錦鯉が遊んでおり、驚かせると右側にある湯口に逃げ込む．

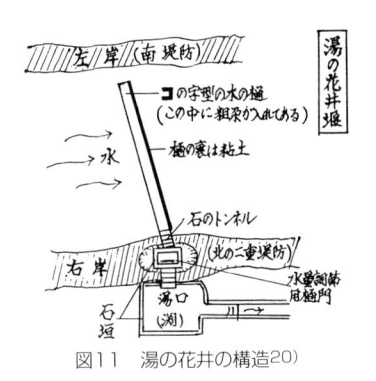

図11 湯の花井の構造[20]

させる[20]（写真10、図11）。愛知川は河床が高く、しばしば空川となるため、中下流右岸に愛知川、黒井川、瀬首井川、落尾井、湯の花井、大薮井の6ヵ所[20),21]の井がつくられ、今も大薮井以外は清らかな水を湧出している（図9参照）。

一方、この地域はもともと湿地帯であったため、洪水で愛知川が氾濫したり、琵琶湖の水位が上昇する「呑込み」（湖水の逆流）による野洪水にしばしば悩まされた。江戸幕府は土木技術上の理由からではなく、戦略上、度重なる嘆願・直訴にも拘らず本格的な瀬田川の堀削を認めなかったといわれている。上洛出兵に必要な瀬田川の徒渉地点（供御瀬(くごせ)）を確保するためであった。また、下流大坂の百姓・町衆にも淀川氾濫の危険が高まるとして、拒否され続けたのである[22]。明治政府が成立して29年後、210日間の長きにわたって湖水位が最高3.76mも上昇し、浸水面積が16,600haにも達する未曾有の大洪水に見舞われた。これを機に、近江百姓衆の悲願であった瀬田川の掘削（1900年）が行われることになり、以降、琵琶湖の常水位が約0.6m下げられた（それ以降これまでの運用実績で、施設の計画は3尺、約90cmであった[23]）。当然のことながらこれと連動して、以来、新開の堀の水位も低下することとなり、さらに愛知川の河床も下がった。そのためにそれまで豊富に湧き出ていた伏流水が細くなり、堀を潤す水量は激減した。

写真11　新築家屋の庭の隅に掘られた「吸い込み」
（1988年9月田附町で撮影）
猫が乗っている鉄板の蓋の下に、吸い込み「井戸」が掘られており、家庭排水が流れ込む。向いの石段は湯の花井からの水路に設けられている洗場と井戸。

戦後は環壕も例に漏れず、家庭排水による汚濁負荷が増大し、近年は全くのドブ川と化していた。隣の田附では家庭排水を敷地内に掘った竪穴から土壌に浸透させて処理する「水門」または「吸い込み」が今も使われている（写真11）。そのため湯の花井を出て町内を巡る水路は今も清澄に保たれ、多くのニシキゴイが遊んでいる。ただ、水路がすべてコンクリート三面張りに改修されてしまっており、何の風情もなくなっている。まことに残念なことである。

新海にはこれがなかった。水はけが悪かったためであろうと想像されるが、工夫すれば堀の水質をここまで悪化させることはなかったように思われる[24]。それでも田舟によって農作業が行われていたころは、堀の機能はまだ維持されていた。自動車がこれに取って代わると、当然、それまでの集落内道路は相対的に狭くなり、堀は住民にとって全く無用の長物に見えはじめた。

これに拍車をかけたのが、農村基盤総合整備事業による圃場整備とそれに伴う用排水分離事業（1974〜79年）であった。これによって秋から春の水田の非灌がい期は、お城堀に流入する補給水はほとんど断たれてしまった。折しも、琵琶湖総合開発による補償事業（10年に1度の確率で起こると予測される1.5mの湖水位の低下に対する補償）として、湖水を揚水して外堀に循環させるポンプ施設が設けられた。しかし、集落内の堀は床が高くなっており、浚渫しない限り期待した効果は得られなかった。

堀の存続に止めを刺したのは、1980年から行われることになった生活環境基盤整備事業であった。その基本構想[25]には「時代の変遷にともない交通機関は車に代わり、クリークの水位は低下し、悪臭・蚊・ハエの発生など集

落機能の低下および生活環境の阻害など深刻な問題が生じている。このような現状に対処するために、…農業を基盤とした緑の活力ある地域社会を目指し、豊かな町づくりを進めるもので…排水路整備を重点的に行い、排水路幅の広いクリークは同時に集落道として利用し、日常生活や農作業の利便性を高める。」と書かれている。ここに至って500年の歴史を秘めた遺構は、ついに外堀を残して総て埋め戻され、何の変哲もない集落道路に変わることになった（図10）。

　今まさに、歴史とは何のかかわりもないブルドーザーが先人の血と汗の跡を蹂躙して憚らない（写真9右）。地元には基本構想にあるように、他所者には分からない苦労と不便があったことと思う[24]。それにしても、もう少し工夫すれば別の方法があったのではなかろうか。さらに残念なことは、そこにはこれに係わった技術者の誇りの痕跡すら感じとれないことである。泥まみれになって這いずり回る黄色い鉄塊の馬力に圧倒されて、迫り来る暮色の中を無力感がひたひたと広がるのを禁じ得なかった。

　新海に残されたかけがえのない文化遺産・祖先が営々として築いた開田の歴史を今に伝えていた「お城堀」は、500年の間に沈積したヘドロとともにアスファルトの下に消えようとしている。豊かな稲穂に囲まれ、かろうじて残ったみすぼらしい外堀の流れも、刈り取りが終わる頃には徐々に細くなり、家庭排水がぶくぶくと泡立っていることであろう。1週間に1度程度の湖水の補給は焼石に水であろう。

　新海の歴史の中でこれ以上の愚行は二度と起こり得ないであろう。何の変哲もなくなったこの小さな集落のどこにも、もう歴史の面影は見あたらないからである。1988年のことである。

謝辞
　本稿をまとめるにあたり、新海町野田耕氏には一方ならずお世話になった。深甚の謝意を表します。
　　　　　　　　　　　　　　　　　　　　　　　　　　（國松孝男）

V-7 近江鉄道

　湖東平野を黄色の小さな電車が走っている。近江鉄道である。田園風景の中をゴトゴトと走る姿は、昨今のスピード時代には、何やら懐かしさを感じさせる（写真12）。

　総営業キロは59.5km、駅の数は29。路線は、近江本線（米原—彦根—高宮—八日市—日野—貴生川）、八日市線（八日市—近江八幡）、多賀線（高宮—多賀）の3路線で構成されており、米原、彦根、貴生川、近江八幡の各駅ではJRにも連絡している（図12）。

開業から今日まで

　開業前は、湖東地方にはこれといった交通機関がなく、中山道、御代参街道沿いに鉄道交通を求める声があった。そこで、彦根出身者の大東義徹、林好本、西村捨三や、近江商人の小林吟右衛門、中井源三郎らの尽力により鉄道建設が進められることになった。まず、1898年6月に彦根—愛知川間が最初に開業。今年（2003年）が開業105周年にあたり、約1世紀にわたって地域の足として利用されてきた。1900年には、八日市—貴生川間が開通。1926年に一時、宇治川電機㈱の系列へ移り、さらに、1943年に箱根土地（現、国

写真12　湖東平野を走る近江鉄道　　　図12　鉄道路線図

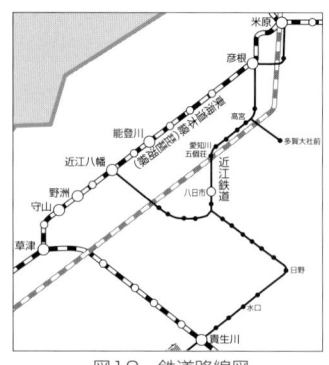

土計画）の系列に移った。社長は滋賀県出身の堤康次郎が就任し、西武グループの一員となる。翌、1944年、八日市―近江八幡間を走っていた湖南鉄道と合併してほぼ今日の状況にいたっている[26),27)]。

開業当時は、3時間に1本という運行本数のため歩いた方が早いとまで言われ、評判もいま一つであった[27)]。一方、庶民の間では、農閑期に伊勢参りをするのが流行となり、近江鉄道も積極的にパッケージ・ツアーを組むなど、"北陸方面から、お伊勢参りの近道"としてPRに務めた。また、江洲米をはじめとする沿線の農作物の運搬にも大いに利用されていた。関係者の話では「つい最近まで、愛知川の漬物出荷にも、社員の応援体制を組んで作業がおこなわれていた」そうだ。しかし、昨今は、車社会の波に押されて利用客の減少は避けられず、経営環境としては厳しいものがある。1956年と1986年の30年間を比較してみると、車輌で半減、1日平均輸送人員が30％減、貨物は40％減に落ち込んでいる。

筆者が取材のため乗ったのが昼すぎ。車内にはお年寄りと子供など10人前後の乗客がいる程度。2両編成だから、合計20人そこそこというところだろうか。これに反して、朝夕の通勤通学時間帯は大変な込み様と聞く。朝夕と昼間の利用客の差が大きすぎるし、かと言って昼間だけ運休する訳にもいかない。地方鉄道共通の悩みである。

鉄道建設と水害

鉄道建設にあたっては批判の声もあった。愛知川流域もその例外ではなかった。神崎郡旭村（現、五個荘町）の「近江鉄道敷設ニ対スル沿地水害状況書」に注目したい。

図12にみられるように、五個荘―八日市ルートは、東は愛知川を境界とし、西は繖山、箕作山にはさまれた狭い地域である。しかも、愛知川は天井川になっており、沿線付近はちょうど窪地状で水が溜りやすい構造になっている。「状況書」は次のように指摘している。

「（ここに）擁環ナル堤塘ヲ設ケ線路敷カントスルハ袋中ニ入レタル水ニ

等シクシテ出ルナクンバ理…（中略）…故ラニ水害ヲ招キ線路下人民ヲシテ死地ニ陥ラシメント欲スルト云フモ敢テ過言ニアラズ」28) 強烈な批判である。建設計画の段階から、水利体系に与える影響が危惧された状況が察せられる。が、建設は予定通りのルートで行なわれ、「状況書」の指摘が、やがて現実のものとなった。五個荘町大字奥、木流(きながせ)付近では、八日市市建部の日吉溜（吉住池）から流れる川と愛知川伏流水が合流して、雨が降ると水位が上がりやすい地形になっている。1972年に、永源寺ダムが完成するまでは、大雨が降るとこの地区の田畑がたびたび冠水したという。 （高田俊秀）

V-8 近江商人-五個荘-

近江商人のふるさと

　五個荘(ごかしょう)は、JR能登川駅からバスで10分、農業が中心の町である。人口は9,600人、面積16km²と小さいが、近江八幡、日野と並んで近江商人発祥の地として広く知られている。

　町の中央を中山道と御代参街道(ごだいさんかいどう)が走っており、昔から交通の便がよかった。このため、五個荘商人は諸国の事情に通じ、商品の運搬にも地の利を発揮することができた。

　金堂、塚本地区には、白壁の蔵、舟板塀で囲まれた屋敷が残され、町全体が落ち着いた雰囲気につつまれている。近江商人は、こういう環境の中で生まれたのである。どの屋敷もハデさはなく、むしろ控え目ではあるが、しっかりとした造りである。

写真13　近江商人屋敷（五個荘町金堂）

五個荘商人は、八幡商人や日野商人よりも遅れて発展している。その多くは明治時代のものであるが、江戸期の創業の中には、近江商人の代表格といわれる松居遊見も、この地から輩出している。業種は、呉服太物、繊維製品などを関東や信濃方面に持下り、東国で仕入れた生糸、絹糸、苧麻布などを上方で売りさばく

写真14　天秤棒を肩に全国を行商して歩いた
　　　　（五個荘町歴史民俗資料館）

のが一般的であった。また、金融業にも手を拡げる者も多く、彦根藩、大垣藩、加賀藩などへ多額の大名貸しをしていた[28],[29]。

近江商人の経営理念

　近江商人は、江戸期を中心に活躍し、苦労の末、他国に多くの店を持った。その商圏は、江戸・大坂はもとより、北海道から九州にまで及び、中には遠くベトナムにまで活躍した者もあった。「びわ湖のアユは、外にとび出して大きく育つ。」近江商人をアユにたとえた話だが、実に的を射た表現である。
　近江商人といえば、まず、天秤棒を肩に行商する姿を思い浮かべる。行商することにより、市場の動向、消費者のニーズを体で察知できる。時代の流れを的確につかみ、それを商売の中に危機管理として反映させる能力に長けていた。大名貸しのリスク対策や、棄損令への対処策などは、すでに武家社会の経済的破綻を見抜いていた、近江商人の先見性ともいえる。
　また、近江商人は、始末に心掛けたことでも知られている。行商に出ても、食事は大根をかじり、小川の水で喉をうるおし、経費節減に努めた。始末は、ケチとは異なる。たとえば、晴着を新調するのでも生地は正絹の上のものを買う。値段は高いが長持ちするので、結局安くつく。始末とは、生活のすべてに、合理的考え方を貫徹することであった。さらに、始末は商売の自動制御装置でもあった。店では大金が動き、ともすれば金銭感覚が麻痺しがちで

ある。一旦贅沢をはじめると、消費は歯止めを失い、気がついたときは破産していたということになりかねない。近江商人は、商売永続のためにも、始末という自動制御装置をシステムとして組み込んだのである。

豪商、松居遊見

　五個荘の近江商人といえば、松居遊見をあげねばならない。明和7（1770）年大字竜田(たつた)に生まれる。本名は松居久左衛門で、遊見は法名である。家号は「星久」、商標は「∴」を使った。真中の斜線が天秤棒で、上下の点は星を表わしている。天秤棒をかついで、朝星が出ている頃から、夜星が出るまで商売に精出したという意味である。

　遊見にまつわるエピソードは多い。食事は粗食、着物はつぎはぎの木綿、帯はワラナワ、はき物はワラジという具合に、どう見ても豪商のイメージではない。毎朝早起きして、村内を歩き、使えそうなものは何でも拾って帰った。そうかと思えば、税金が払えない者には、代納してやるし、生活に困っている者には援助の手を差し出した[30]。

　86歳で大往生をとげたが、村人は父母の死と同じように悲しんだと伝えられる。金儲けという行為、そして、富を社会に還元するという行為、その二律背反のテーマを矛盾なく調和したのが、松居遊見の生涯であった。

（高田俊秀）

V-9　木地屋のふるさと―蛭谷・君ヶ畑―

　木地屋とは、木地師などと称されることもあるが、盆・椀などの木製品をロクロという独自の道具を使用して製作する技能集団のことである。また、木地屋はこの特殊な技術を保持する目的から、同業者による通婚を好んだ。

その結果、小椋・大蔵など同姓のものが多いという特色がみられる。さらに木地屋は、当初原木を求めて全国山中を移動するという移動生活に従事する、典型的な山棲み集団であった。しかし、江戸時代以降になると種々の事情から山中に定着しはじめ、集落を形成するようになった。このような木地屋で構成される集落を木地屋集落と呼ぶ。木地屋集落の特徴は、集落名が「オグラ」あるいは「キジ」など木地屋の姓と同音のものが大半を占めるということである（図13）。

　以上のような特色をもつ木地屋は、鈴鹿山中小椋谷にある蛭谷(ひるたに)・君ヶ畑（神崎郡永源寺町）の両集落を発祥地（根元地と称す）とし、両集落から全国各地の山中に分散していったとされる（図14）。このように、両集落が全国木地屋の発祥地と目されているのは、ほぼ以下のような同一の内容が両集落に伝承されてきたからである。

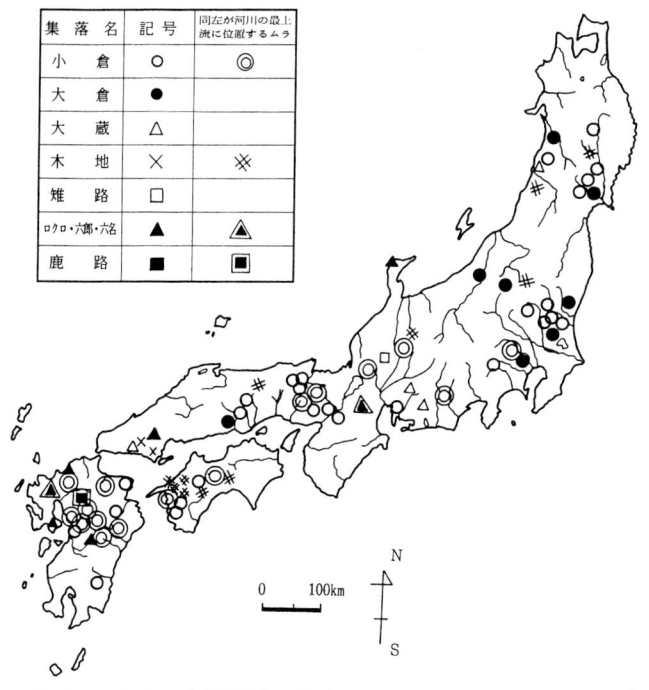

図13　地形図に見られる木地屋集落　出所：国土地理院5万分の1地形図より作図

その伝承というのは、文徳天皇の第1皇子惟喬親王に関するものである。
　すなわち、惟喬親王は第4皇子の惟仁親王が立太子し、清和天皇に即位されたことなどから、仏の道を求めて旅立たれることになった。そして小椋谷に流寓した惟喬親王は、当地で出家された。親王が御読経をしておられるとき、経軸の形から連想されたのがロクロであった。そこでこのロクロを日頃世話になっている付近の山民に教え、生活の糧とさせた。
　このようにして、小椋谷の住民たちは木地業に励むこととなった。その後、多少紆余曲折があったが、蛭谷と君ヶ畑の両集落が逗留され出家された筒井峠あるいは小松ヶ畑に近いこともあり、両集落が発祥地となったのである。
　蛭谷の筒井神社は宇佐八幡神と惟喬親王を祭神とし、筒井峠に鎮座していたのを集落内に移転したものである。帰雲庵は筒井神社の本地堂である。ま

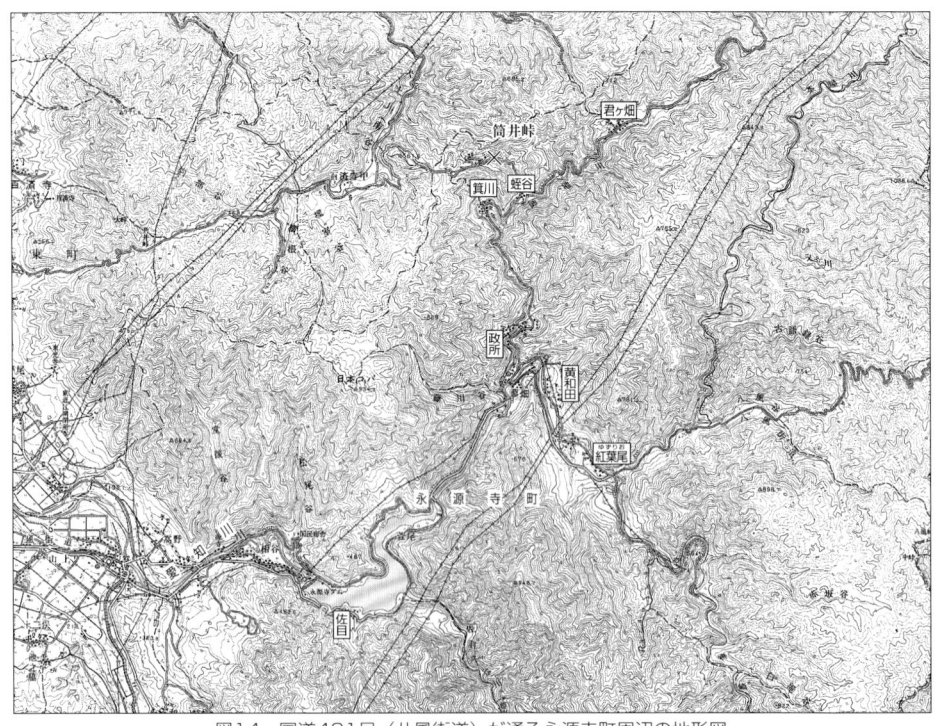

図14　国道421号（八風街道）が通る永源寺町周辺の地形図

た君ヶ畑は古くは小松ヶ畑と称されたが、親王が当地において留まられたので君ヶ畑と改称したという。君ヶ畑には惟喬親王を祭神とする大皇器地祖神社（古くは大皇大明神）が鎮座している。この神社の別当寺が金龍寺（通称高松御所）である。

　この両神社から、全国の山地に分散して居住する木地屋に対して神社の再建や修理のために、持参の神薬をみやげとして寄付金を勧請した制度を氏子狩（氏子駈などともいう）と呼んだ。その記録が一般に『氏子狩帳』と称されている冊子である。蛭谷に残っているのは正保4（1647）年から1893年までの合計34冊、君ヶ畑には元禄7（1694）年から1873年までの合計51冊が残っている（図15）。

　両『氏子狩帳』によれば、木地屋は北海道を除く日本列島のほぼ全域にわたり木地業を行なっていた。北海道が除かれるのは原木として広葉樹のみが使用されるためである。また『両氏子狩帳』には「今ハ百姓ナリ」という書

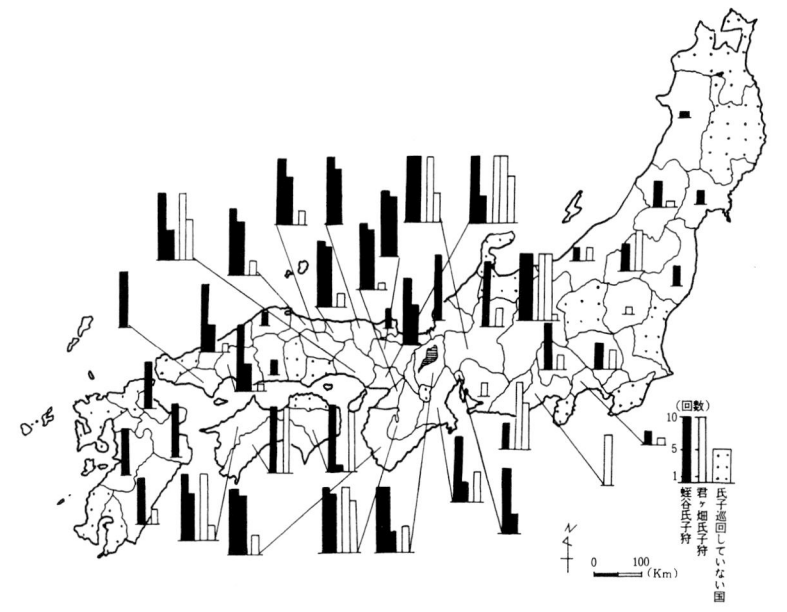

図15　氏子狩規模　出所：杉本壽（1972）『木地師支配制度の研究』ミネルヴァ書房、橋本鉄男（1970）『木地屋の移住史　第一分冊　君ヶ畑氏子狩帳』民俗文化研究会などより作成

き込みが特に江戸時代後半からめだつ。このことからも、木地屋の定着過程が知られる。さらに両『氏子狩帳』には木地屋の名前が記入されているため、個々の木地屋の移動経路なども知ることができる。このように、蛭谷・君ヶ畑の『氏子狩帳』は史料として大変価値があるものといえよう。

　木地屋は、両『氏子狩帳』からも分かるように、明治時代中期で終了している。主力製品である椀が陶器の碗にとって代わられ、販売能力が急減したことによると推定できる。このことは、明治初年に蛭谷では戸数が27戸（小椋姓23戸など）、君ヶ畑では67戸（小椋姓19戸、大蔵姓8戸など）であったが、現在では前者がわずか3戸、後者は20数戸に減少していることからも裏付けられる。

（田畑久夫）

V-10　八風街道

　湖東と伊勢とを結ぶ八風(はっぷう)街道は、京の都から東国に向う街道の一部であった。八風街道という名称は、八方から風が吹当たるということに由来する八風峠（938m）によるとされる。別名を田光(たひか)越あるいは日光越と呼ばれた。そのコースは、八日市から東に折れた旧中山道武佐宿（現近江八幡市）を起点とした。そして愛知川に沿ってさかのぼり、近江国と伊勢国との国境となっている前述の鈴鹿山系の中でも有数の高所に位置する八風峠を越えて、桑名宿（現桑名市）に達した。「輿地志略」の記載によると、全長18里余であった。八風街道は、鈴鹿山系の峠道の中でも、すぐ南側に位置する千草越とともに古くから人びとに知られ、盛んに利用され続けてきた。

　八風街道には、高所に位置する八風峠をはさむ箇所が険阻きわまりない難所であった。しかし、このように通行に非常に不便であるにもかかわらず、往来が盛んだったのは、次のような理由が存在したからであった。というの

は、京の都から東国に向うには、鈴鹿関（土山）か不破関（関ヶ原）を越える方がはるかに容易であった。しかし、鈴鹿・不破の両所に設置された関所は、中世に起った戦乱の結果しばしば閉鎖され、通行に大きな支障をきたした。さらに、例えばある時期には鈴鹿峠周辺地域には30ヶ所余りにわたる関所が設けられた。そして各関所を通過するごとに商品に対して通行税や寄進料が徴収されるなど、両関所を無事に通行するためには、多くの課税が徴収された。その結果、近江商人（山越四本商人または保内商人とも称された）などを中心に、これらの課税から逃れるために、険阻きわまりない山道であるが、八風街道が積極的に利用され続けたのであった。近江商人は、塩をはじめとする海産物や紙、布などの商品を輸送するのに使用した。その時期は鎌倉時代からであり、室町時代を全盛期とし、安土桃山時代を最後に衰退の一途をたどった。

　すなわち、織田信長・豊臣秀吉などが商品の流通を円滑に実施するため、各地に設置されている関所の廃止政策を実行した。そのため、鈴鹿や不破の両関所も解放されることになった。そうすると、八風街道に比べて通行が容易で、商品に課税されることがなくなった鈴鹿越えや不破越えの方が大変にぎわうようになった。

　下って江戸時代になると、幕府の東海道や中山道の宿駅の整備によって、険しい山間部を通過する八風越えつまり八風街道には旅人や商人の姿はほとんどみられなくなった。とはいっても、それ以降も湖東の八日市から近江側の鈴鹿山系の村むらに生活必需品を輸送する道路としては細々ではあるが利用されていた。このことは『明治物産誌』などの記述からも知ることができる。現在でも、八風峠に鎮座している山神（やまのかみ）は茶器をはじめとする土器を大変嫌う。そのため旱ばつが起これば、その土器を峠の土中に埋めると必ずその土器を洗い流すほどの大雨が降るという。一種の雨乞いに関する伝承である。

　なお、現在の八風街道は図14にみられるように、八風峠を通らず峠の手前で左折し、北側の石榑峠（いしぐれとうげ）を通過して桑名に出ている。この道路は地元では江勢道路と称され、国道421号となっている。

このように、江戸時代以降、八風街道は利用がほとんどされなくなるが、木地屋の根元地の1つとされる蛭谷（現神崎郡永源寺町）および街道筋の集落に残っている史料から、当時の八風街道を紹介してみよう。

下記の史料(1)は、蛭谷の帰雲庵（臨済宗永源寺派、筒井神社の本地堂であったとされる）の住職が慶長2（1597）年に、弋子と筆名で書いた『愛知太山草』の一部である。当時では文中傍線（a）で示したようにすでにぬけ道になってしまっており、人びとの往来は非常に少なかったと推察できる。しかし、街道の風景はすばらしく、峠から富士山、浅間山もみえるという。

史料(2)は、八風街道筋にある旧東小椋村黄和田（現神崎郡永源寺町）共有文書の一部である。この文書から、江戸時代になると通行がほとんど行なわれなくなったため、街道は荒れ、傍線（b）で示したように、牛馬すら通行することができないという状態であった。

史料(1)

八風峠迄、伊勢堺、峯雨分

　この所八風越とて伊勢の国へのぬけ道なり（a）。高山の嶽にて東西南北坤乾艮巽は、此八つの風の吹きあてる所にや八風峠とはいふ。惣じて風の出るは八方といへども風の名はいろいろ多し。坤の風は、「ひかた」といふ。乾の風は「しなど」といふ。艮の風は「やまじ」といふ。巽の風は「をしやな」といふ。東風をば北国かたにては「あゆ」といふ。西風をば「はとふき」とも「さき風」ともいふ。其外きたう、北うらこし、なつさひ吹、あらまし風とは像にふくをいふ。しののをふきは冬しげく吹く風なり。北方風のふきさらしにて木の葉のちりもなきところに、いつの頃か天照神の垂迹鳥居のうちに鎮ある先これより見ゆるなり。遠景は富士やあさまはかすかなり。

史料(2)

一、今度、道間打ニ御越シナサレ候ニ付道案内仕リ候、牛馬ノ通フ道、只今御打チナサレ候道筋ニテ御座候、則チ黄和田村南面ナル壱里山ヨリ、かたせノ茶屋ヨリ拾七町先ニ壱里山御座候、又八風峠、伊勢さかへニ

壱里山御座候、是ヨリ伊勢切畑村西ノ入口迄壱里御座候、此壱里山ヨリ同在所中、庄屋ノ彦左衛門迄、壱町三拾間御座候、則チかたせの茶屋ヨリ伊勢うら迄弐里の間、牛馬通イ申サズ候 (b)、但シ道ノ町、壱里三十町ヅツニナサレ候、右ノ趣案内仕リ御打チナサレ候処実正ナリ、少モ偽リ御座無ク候、仍テ件ノ如シ

　　慶安3（1650）年
　　　　とらノ十二月九日

　　　　　　　　　　黄和田村　庄屋　九郎右衛門
　　　　　　　　　　　　　　　横目　五右衛門
　　　　　　　　　　かたせ　　　　　元兵衛

（文中の傍線は筆者 ── 注）

　　　　　　　　　　　　　　　　　　　　　（田畑久夫）

V-11 布施の溜池

古代のロマンを秘めた広大な溜池

　布施の溜池（布施溜、布施大溜）は、八日市市の南部、布施山北東麓に位置する灌漑用溜池で、布施山や布引丘陵西半部を集水域としている（図16）。改修工事が行なわれる以前の面積は12万4千㎡もあり、灌漑面積は南の新溜（上溜）と合わせて48万6千㎡におよんでいた。このような大規模な溜池は、県内ではほかに類例をみない。

　布施の溜池の歴史は古い。平安時代末期の俗謡を集めた『梁塵秘抄』（1169）には和歌にうたわれる近江の名所として、「近江にをかしき歌枕、老曽轟、蒲生野布施の池、安吉の橋、………」とあり、当時すでに布施の溜池がその周辺に広がる蒲生野とともに、歌人の興趣をそそる著名な池であった

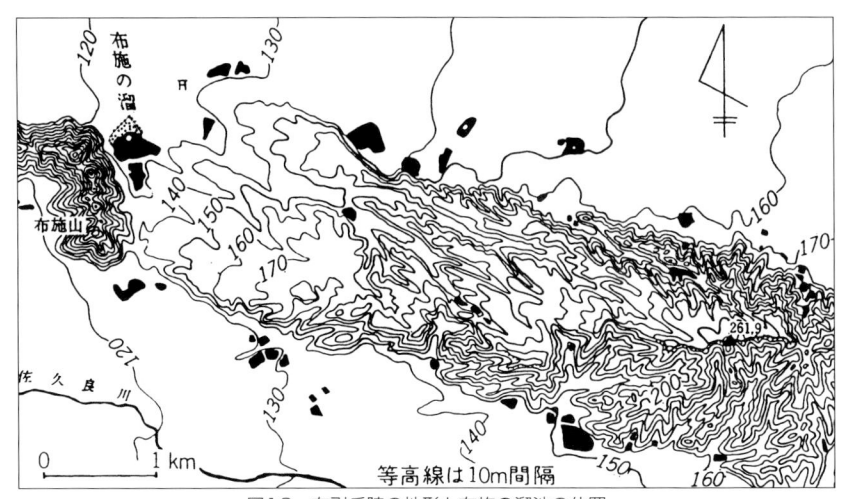

図16　布引丘陵の地形と布施の溜池の位置
『八日市市史第一巻』第4章の図68（足利　1983）8) に一部加筆修正。黒塗りの部分は丘陵周辺の溜池を示す。布施の溜池の南側の池は新溜で、溜池北部の点線部分は埋立てられ、広場や駐車場などになっている．

ことがうかがわれる。

　その理由のひとつが溜池の広大さにある。江戸時代の近江の地誌である『淡海温故録(おうみおんころく)』（1684〜87）には、「布施ニハ湖ノ如クナル溜池アリ布引山ノ谷合ノ流水落合ノ処也是ヲ布施ノ湖ト云」とあり、その大きさが強調されている。

築造年代とその立地条件

　布施の溜池の築造年代に関する文献などはなく、特定は困難であるが、溜池の周囲に6基の後期古墳（布施古墳群）が確認されており、そのうちの1基が布施新溜の西側堤防上にあることは、溜池や古墳が6世紀前後に相接して築造されたことを推測させる。

　今のところ、古代この地を開拓した人びとが朝鮮半島からの渡来技術によって造営し、奈良時代末期の天平宝字(てんぴょうほうじ)8（764）年に造池使に命じられ、近江の国に赴いた刑部卿淡海真人三船(ぎょうぶきょうおうみのまひとみふね)によって修造（拡張）されたとの説が有

力である（『続日本紀』に使を遣して近江の国などに築池させたとの記載があるが、場所は特定されていない）。

『近江輿地志略』（1734）には「布施淵」の名で「湖の如き溜池あり。布引山の谷合の水流積り自然の淵となる。これを布施の湖ともいう」と記されているが、布施の溜池は位置的に布引丘陵西半部にのびる長い谷の水が集まる場所にあり、おそらく自然に形成された沼沢地を利用して築造されたと思われる。築造当初は現在の2〜3倍の大きさであったと推定されている。

水利に恵まれない土地・蒲生野

ところで、八日市市南部の布引丘陵沿いには布施の溜池をはじめ、20数ヶ所の大小さまざまな灌漑用溜池がある。これほど多くの溜池の存在は、八日市の平地がいかに水利に恵まれない土地であったかを物語っている。

八日市の平地の大半は、愛知川左岸の扇状地性の段丘面上に位置している。一般に扇状地では地表水が地下に浸透して保水性に乏しく、愛知川から直接水を引くことも難しい。さらに、南方にほぼ東西にのびる布引丘陵の水を利用しようにも、地形的に利水源とはなり得なかった（図16）。すなわち、丘陵の西半部（長谷野）は、丘陵をつらぬく長い谷の存在によって降水のほとんどが西方に流下し、また、東半部では丘陵の分水嶺が北側に偏っているため降水の大部分は南方に流下し、北方に流下する水量はわずかにすぎない。

写真15　溜池というより沼地と化した1984年頃の布施溜

写真16　水生植物が生育し、自然が回復した布施溜の8年後の様子（2000.8.4）

水利に恵まれなかったこの地域では、水田開発が周辺地域に比べて遅く、野草や雑木が生い茂る「野」の景観が卓越していた。これが古代より遊猟の地として著名な「蒲生野」である。

そして、布引丘陵から西方に流下する水を集めて造られた布施の溜池をはじめ、いくつかの大小さまざまな灌漑用溜池の築造によって用水を確保し、蒲生野は周辺の山麓部から水田開発の手が加えられていったと考えられている。なお、より広範な開発には愛知川に井堰を立てて引水し、狛井（筏川）、高井とよばれる井（用水路）の開削を待たねばならなかった。

溜池利用の変遷

布施の溜池は古代から中世、近世にいたるまで地元の布施村をはじめ下流村の用水源としての役割を果たしてきた。江戸時代には堤防補修などの工事は彦根藩の藩営普請として行なわれたようで、享保9（1724）年から享保12（1727）年にかけては浚渫と土手石垣の積み直し普請が、また延享3（1746）年や宝暦2（1752）年、明和4（1767）年などにも石垣普請をはじめとする補修工事が行なわれたとする記録が残っている。

近代以降は用水源としての役割はしだいに低下していくが、かわって漁業権が入札されたり（コイ、フナ、ナマズ、スッポンなどが生息）、ジュンサイなど水生植物の採取売渡などが行なわれるようになってきた。

『近江蒲生郡志』（1922）には、1913年6月の史蹟調査の折、「池中舟を浮べて人の作業するあり、之を問へば蓴菜を採るにて年々京都人の来りて数十日を此池中に費し京坂に送りて営業をなす」とある。また、琵琶湖博物館開設準備室の聞き取りによれば、大正時代にはジュンサイ売渡証書があり（たとえば1919年）、ジュンサイ採取は戦後も数十年にわたって続けられてきたほか、マコモの肥料利用やヨシの売却なども行なわれていたという。

1972年に愛知川上流に永源寺ダムが完成した後は湖東地方の灌漑形態が一変し、1980年代以降、布施の溜池は灌漑用水池としての役割を終えることとなった。また、溜池の生物利用も少なくなる中で一面にヨシやヤナギ、セイ

タカアワダチソウなどが繁茂し、かつての満々と水を湛えた溜池景観は姿を消していった（写真15）。

　そこで、洪水調整と都市公園としての機能を有する溜池としてよみがえらせるため、八日市市は1989年度から4ヶ年にわたって、「布施溜池整備事業」を実施した。池の中央部分を浚渫するとともに、池の北側部分3haを埋め立てて公園として整備し、さらに護岸工事を施して周辺に植樹し、池を半周する散策道を設置した。工事に先立って1990年には自然環境調査が実施され、生態系回復に考慮した工法で溜池改修が行なわれた。

　その結果、溜池には浮葉植物や抽水植物が生育し、カモ類やカイツブリなどが飛来する水鳥の楽園としてよみがえった（写真17）。

水生・湿生植物の宝庫

　元来、布施の溜池や新溜、その南畔の湿地はジュンサイのみならず、各種の水生植物や湿生植物が多産する場所として古くから注目されていた。日野町出身の植物研究者・橋本忠太郎も1932年と33年に現地調査し、『滋賀縣天然記念物調査報告第二冊』（1935）に結果の報告を行なっている。その中で、①食虫植物が9種も産すること、②水生植物および湿地性植物が豊富な植物群落が成立していること、③ヤチスギランの南限地であることなどを指摘し、京都の深泥ヶ池と同等の価値を認め、天然記念物に指定して保存することを強く求めている。

　しかし、残念ながら戦前、戦後を通して布施の溜池が天然記念物などの指定を受けることはなく保全の対象とはならなかった。そのため、水源である長谷野の開発に伴う立地の乾燥化やラン科植物をはじめとする貴重植物の乱獲などによって、植物相や植生は大きく変化し、いくつかの種はすでに姿を消してしまった。

溜池およびその周辺植生の現状と課題

　筆者は1996、97の2ヶ年度にわたって八日市市内全域の植生調査を実施し

写真17　水鳥が憩う冬の布施溜（1996.2.4） 　　写真18　水生植物の宝庫・布施新溜
　　　　　　　　　　　　　　　　　　　　　　　（右手奥に湿地がある）（2000.7.27）

たが、その結果をもとに布施の溜池とその周辺の植生の現状と課題について概説する。

(1) **布施の溜池（旧溜、下溜）（写真16、17）**

　前述のように1989年度から4ヶ年かけて浚渫・護岸などの改修工事が行なわれた。改修から5年ほどが経過した今回の調査では、池畔にはヨシやマコモ、ガマ、カンガレイなどの抽水植物群落、池の中央にはガガブタやヒシなどの浮葉植物群落がみられ、植生の回復が比較的順調に行なわれていた。しかし、改修以前に生育していたヒメコウホネやミズアオイなどは姿を消したようである。溜池の南西部には放棄水田があり、池畔にはハンノキ林が成立している。なお、改修後、池には給餌が施され、冬には水鳥の楽園となっている。

(2) **布施新溜（上溜）（写真18、19、20）**

　新溜は周囲をコナラやアカマツの二次林でおおわれ、改修されることもなく自然の状態に保たれてきたので、多様な水生植物群落がみられる。ヨシやカンガレイ、アゼスゲなどの抽水植物群落、ガガブタ、ジュンサイ、ホソバミズヒキモ、ヒルムシロ、ヒメコウホネなどの浮葉植物群落のほかセキショウモやノタヌキモ、スブタなどの沈水性の植物も生育している。八日市市内では柴原南町の馬溜（うまだめ）とともに水生植物の宝庫であり、自然保護区域として水源環境や周辺植生を含めて今後も良好な状態で保護されることを望みたい。

写真19　全国的に絶滅が心配されるガガブタ
　　　　（布施溜、新溜とも多い）（1996.8.18）

写真20　昔から食用に採取されていた
　　　　ジュンサイ（新溜に多い）（1996.7.26）

(3)　新溜南畔の湿原

　新溜の上流部には、中間湿原の代表的な植生であるヌマガヤ群落が生育している。群落内には氷河期の遺存植物とされるヤチスギランやミカヅキグサのほか、モウセンゴケ、トウカイコモウセンゴケ、サワシロギク、キセルアザミ、サワヒヨドリ、サワギキョウ、カキラン、サギソウなどの貴重植物が生育している。これらの植物の多くは湿潤で酸性、貧栄養という立地条件の下で存続が可能であったが、水源地の開発などに伴って立地が乾燥化し、つる性植物や木本類の侵入が顕著になっており、群落の存続が危ぶまれている。今後、早急に新溜と一体化した保護施策が必要である。

おわりに

　近年、各地に巨費を投じて自然観察施設が造られているが、無理やり水を引いて湿地や池を造ったり、樹木を伐採して草原にしたり、あまりにも自然の生態系を無視した施設が多い。

　しかし、布施の溜池とその周辺には池あり、湿地あり、放棄水田あり、コナラやアカマツなどの二次林（薪炭林）あり、丘陵地や低山地あり、田畑あり、葉タバコの栽培地あり………、多様な自然や人との共生の場が存在している。橋本忠太郎が先の報告書で「此の附近は勿論本縣下にも亦となき生態研究の好適地である」と述べたように、自然観察には格好のフィールドであるといえる。願わくは布施公園が芝生広場を中心とした都市公園整備ではな

く、フィールドミュージアムとしての「布施の溜池とその周辺域」の価値を十分生かした自然観察・保護施設の充実を望みたい。　　　　　　　　（大谷一弘）

注

1) 高谷重夫（1982）「雨乞習俗の研究」．法政大学出版局．
2) 中島暢太郎・枝川尚資・大西慶市（1985）琵琶湖流域の気候分布と各小気候区の気候特性の抽出．琵琶湖研究所プロジェクト研究報告書．
3) 鈴木雅一・福嶌義宏（1985）滋賀県陸地面の蒸発散量メッシュデータ化に関する研究．琵琶湖研究モノグラフ（英文），琵琶湖研究所．
4) 琵琶湖研究所（1988）「琵琶湖データカタログⅡ水文収支」．
5) 池田碩・大橋健・植村善博・吉越昭久（1979）近江盆地の地形．「滋賀の自然」，1-112，滋賀県自然保護財団．
6) 後町幸雄・中島暢太郎（1971）鈴鹿山脈周辺の降雨について．京大防災研年報，14-B：103-117.
7) 西尾寿一（1988）鈴鹿山地の雨乞─湖東・養老をふくめて─．京都山の会出版局．
8) 足利健亮（1983）4章.古代の景観．「八日市市史第一巻古代」（八日市市史編さん委員会編），320-370．八日市市役所．
9) 池田碩・植村善博（1983）1章.八日市周辺の地形と地質．「八日市市史第一巻古代」（八日市市史編さん委員会編），13-70．八日市市役所．
10) 南尊演（1984）愛知川河辺林の植物─平地性温帯林をさぐる─．「滋賀科学'84」，1-13，滋賀県高等学校理科教育研究会．
11) 布谷知夫（1981）琵琶湖湖東のケヤキ河辺林について．大阪市立自然史博物館研究報告，35：27-36.
12) 石田志朗・河田清雄・宮村学（1984）彦根西部地域の地質．地域地質研究報告（5万分の1図幅），地質調査所．
13) 渡辺紹裕（1987）湖東平野の水管理．「水利システムと水管理」，145-190．公共事業通信社．
14) 近畿農政局淀川水系農業水利調査事務所（1983）「淀川農業水利史」．
15) 吉井勘一（1984）現場管理からみた大規模用水計画とその節水について．農土誌52-8：33-41.
16) 竹内常行（1971）扇状地の水利と土地利用．「扇状地─地域的特性（矢沢大二ほか編）」，181-217．古今書院，東京．
17) 植村善博・横山卓雄（1983）第Ⅰ章，二地形と地層・地質．「琵琶湖その自然と社会」，39-52．サンブライト出版，京都．
18) 近畿農政局計画部（1966）「昭和39・40年度中規模土地改良調査報告書（愛知川地区）」．
19) 近畿農政局愛知川農業水利事務所（1984）「愛知川事業誌」．
20) 寺田所平（1984）「稲技の歴史」．148-152,167-171．サンライズ出版．
21) 里上譲衛（1988）「土地改良の歩み」．永井源・里上譲衛編著，1-33．愛西土地改良区．
22) 國松孝男・長朔男（1985）湖と農業のかかわり─琵琶湖と近江盆地を中心にして．環境情報科学，14(4)：15-24.
23) 近畿地方建設局（1988）「琵琶湖・淀川百年史」，150-153.
24) 野田耕（1984）「楽書童」資料．
25) 近畿農政局建設部整備課（1985）「近畿の農村整備─魅力あるむらづくり」．67-68.

土地改良事業団体連合会近畿協議会・近畿農村総合整備推進協議会.
26) 八日市市編さん委員会（1987）「八日市史第四巻近現代」. 八日市役所.
27) 中村直勝（1964）「彦根市史下冊」. 彦根市役所.
28) 小倉栄一郎（1988）「近江商人の経営」. サンブライト出版.
29) 渡辺守順（1980）「近江商人」. 教育社.
30) 八代松居久左衛門（1965）「松居遊見伝」. 星久.

参考文献

V-9) 杉本壽（1967）「木地師制度研究序説」. ミネルヴァ書房.
V-9) 文化財保護委員会（1968）「木地師の習俗1、滋賀県・三重県」. 平凡社.
V-9) 田畑久夫（1993・1994）木地屋集落の地域分析(2),(3). 民俗と歴史25,26.
V-9) 田畑久夫（2002）「木地屋集落　系譜と変遷」. 古今書院.
V-10) 永源寺町教育委員会（1965）「中世地方文化による八風街道筋の歴史」（永源寺町の史跡と文化財Ⅲ）.
V-10) 中川眞澄・水本邦彦（1991）神埼郡永源寺町、滋賀県の地名.「日本歴史地名大系25」, 675-690. 平凡社.
V-10) 平凡社地方資料センター（1991）「日本歴史地名大系25, 滋賀県の地名」.
V-11) 村長昭義（1990）「布施溜池自然環境調査概要」（中間報告. 未発表資料）.
V-11) 大谷一弘（1998）「八日市市の植生～植物社会学的調査研究報告～」. まちを語れる人づくり事業自然部会.
V-11) (仮称) 琵琶湖博物館開設準備室（1993）水辺の観察会～ため池の生き物と人のくらし～［野外観察会パンフ］.
V-11) 八日市市史編さん委員会（1983）「八日市市史」. 八日市市役所.

琵琶湖流域を読む　上　【執筆者一覧】

青木　　繁	（あおきしげる）	㈲グリーンウォーカークラブ
秋山　道雄	（あきやまみちお）	滋賀県立大学環境科学部※
阿部　勇治	（あべゆうじ）	多賀町立多賀の自然と文化の館
池上　甲一	（いけがみこういち）	近畿大学農学部
泉　　峰一	（いずみみねいち）	滋賀県湖北地域振興局
海老沢秀夫	（えびさわひでお）	朝日新聞社総合研究センター
大谷　一弘	（おおたにかずひろ）	近江八幡市立西中学校
大橋　　健	（おおはしけん）	大阪経済法科大学
神吉　和夫	（かんきかずお）	神戸大学工学部
木村　康二	（きむらこうじ）	琵琶湖研究所
國松　孝男	（くにまつたかお）	滋賀県立大学環境科学部※
近藤　月彦	（こんどうつきひこ）	滋賀県農政水産部※
斎藤　重孝	（さいとうしげたか）	滋賀県琵琶湖環境部※
島田佳津比古	（しまだかつひこ）	㈶森林文化協会
高田　俊秀	（たかだとしひで）	びわ湖ホール事業部※
高橋　啓一	（たかはしけいいち）	滋賀県立琵琶湖博物館
高橋美久仁	（たかはしよしくに）	滋賀県立大学人間文化学部
田畑　久夫	（たばたひさお）	昭和女子大学文学部
富岡　昌雄	（とみおかまさお）	滋賀県立大学環境科学部
中川　秀一	（なかがわしゅういち）	明治大学商学部
野間　直彦	（のまなおひこ）	滋賀県立大学環境科学部
浜端　悦治	（はまばたえつじ）	琵琶湖研究所
林　　博通	（はやしひろみち）	滋賀県立大学人間文化学部
伏見　碩二	（ふしみひろじ）	滋賀県立大学環境科学部※
藤本　秀弘	（ふじもとひでひろ）	東山中高等学校
藤岡　康弘	（ふじおかやすひろ）	滋賀県農政水産部
堀野　治彦	（ほりのはるひこ）	大阪府立大学大学院農学生命科学研究科
真鍋　保史	（まなべやすし）	滋賀県立大学環境科学部大学院生
水野　章二	（みずのしょうじ）	滋賀県立大学人間文化学部
宮地　新墾	（みやじあらき）	故人・元滋賀総合研究所※
吉岡　龍馬	（よしおかりゅうま）	元京都大学防災研究所
吉見　静子	（よしみしずこ）	岐阜女子大学家政学部
米田　　健	（よねだつよし）	鹿児島大学農学部
渡辺　紹裕	（わたなべつぎひろ）	総合地球環境学研究所

（50音順）

※元琵琶湖研究所

琵琶湖流域を読む 上 多様な河川世界へのガイドブック

2003年2月13日 初版発行

編 者／琵 琶 湖 流 域 研 究 会
発行者／岩 根 順 子
発行所／サンライズ出版
　　　　〒522-0004 滋賀県彦根市鳥居本町655-1
　　　　TEL 0749-22-0627　FAX 0749-23-7720
印　刷／サンライズ印刷株式会社

定価はカバーに表示してあります
Ⓒ 琵琶湖流域研究会　2003
ISBN 4 - 88325 - 223 - X
落丁本・乱丁本は送料当社負担にてお取り替えさせていただきます